“课程思政”建设探索特色教材
新形态融媒体教材
省级精品课程配套教材

# 工程制图与 CAD

主　编　宋小春　谢喜峰
副主编　彭紫沁　陈　钺　易治国
主　审　井国庆

北京交通大学出版社
·北京·

## 内容简介

本书是根据教育部高等职业院校工程类专业教学标准和高等学校工程图学课程教学指导委员会的教学要求，结合育人引领、职教特色以及产业需求，遵循工程制图国家标准，为高职院校工程类专业学生学习制图而编写的教学用书。全书共分为工程制图基础和 CAD 制图两个模块，其中，工程制图基础模块主要介绍图框设计与绘制、图元样式与应用、尺寸标注与应用、三面投影体系、点线面的投影、形体的投影、工程制图表达方法等内容；CAD 制图模块主要包括 CAD 制图基础、CAD 制图实践等内容。

本书文字精练、图文并茂，配有大量图例和实训任务，能让学习者在实操中加深对工程制图的理解与运用，实用性强、适用面广，可作为高职院校工程类专业工程制图相关课程的教材，亦可提供给其他相近专业师生和工程技术人员参考使用。



图书在版编目（CIP）数据

工程制图与CAD / 宋小春，谢喜峰主编. -- 北京 : 北京交通大学出版社，2025. 8. -- ISBN 978-7-5121-5578-7

Ⅰ. TB237

中国国家版本馆 CIP 数据核字第 2025JH5943 号

**工程制图与 CAD**
GONGCHENG ZHITU YU CAD

策划编辑：张　亮　　责任编辑：郭东青
出版发行：北京交通大学出版社　　电话：010–51686414　　http://www.bjtup.com.cn
地　　址：北京市海淀区高梁桥斜街 44 号　　邮编：100044
印 刷 者：艺堂印刷（天津）有限公司
经　　销：全国新华书店
开　　本：185 mm×260 mm　　印张：13　　字数：336 千字
版 印 次：2025 年 8 月第 1 版　　2025 年 8 月第 1 次印刷
印　　数：1～2 000 册　　定价：59.00 元

本书如有质量问题，请向北京交通大学出版社质监组反映。对您的意见和批评，我们表示欢迎和感谢。
投诉电话：010-51686043，51686008；传真：010-62225406；E-mail：press@bjtu.edu.cn。

# 前　　言

随着现代工程技术的飞速发展，工程制图与计算机辅助设计（CAD）已成为工程类专业人才必备的核心技能。为契合高职院校工程类专业人才培养目标，深化产教融合，突出职业教育特色，编者依据教育部高等职业学校工程类专业教学标准、高等学校工程图学课程教学指导委员会教学要求，结合行业标准与工程实践，编写了《工程制图与CAD》一书。

**1. 编写框架与内容体系**

本书以“夯实基础、强化实践、对接行业”为原则，构建两大核心模块：

○ 工程制图基础模块：系统讲解制图标准、投影法理论、形体表达等核心知识，通过任务驱动教学模式，引导学生掌握图框设计、尺寸标注、三视图绘制等技能，培养空间想象力与规范制图能力。

○ CAD制图模块：以AutoCAD 2020为操作平台，从基础操作到复杂图形设计，逐步解析图形绘制、编辑等实用技术。结合建筑工程、交通工程等领域典型案例，强化学生计算机辅助设计能力。

**2. 教材特色与创新**

○ 图文案例丰富：全书配备500余幅图例，将抽象概念直观化，降低学习难度。

○ 数字化资源配套：配套省级在线精品课程资源，涵盖习题、操作视频及拓展素材，支持线上线下混合式教学模式。

○ 职教特色鲜明：以岗位能力需求为导向，设计“知识驿站—任务实战”教学链条，通过任务驱动实现技能培养。

○ 产教深度融合：引入建筑、交通等行业实际案例，助力学生对接产业前沿需求。

**3. 编写团队与致谢**

本书由湖南铁路科技职业技术学院宋小春、谢喜峰担任主编，湖南铁路科技职业技术学院彭紫沁、陈铖、易治国担任副主编，湖南铁路科技职业技术学院戴圣兰、湖南汽车工程职业大学彭杨、湖南铁道职业技术学院王刚巧参与本书部分内容的编写。具体分工如下：项目一、项目四由宋小春编写，项目二、项目三由彭紫沁编写，项目五的任务一由谢喜峰、陈铖编写，项目五的任务二由易治国、戴圣兰编写，项目五的任务三由彭杨、王刚巧编写，全书由宋小春统稿定审。

北京交通大学井国庆主审全书，提出了许多宝贵意见，在此表示衷心的感谢。

此外，为深化产教融合，推动校企协同育人，深圳市建筑设计研究总院有限公司罗云、湖北省交通规划设计院股份有限公司刘国星等企业专家提供了大量资料和编写建议，共同开发了本书，在此致以诚挚的谢意。

由于编者水平有限，书中难免存在不足之处，恳请广大师生与读者批评指正。

编　者

**2025年5月**

# 目　录

# 模块一　工程制图基础

工程制图基础主要包括工程制图标准和投影法理论两大部分。投影法是工程制图的核心技术，它通过特定规则，将空间中的三维形体转化为二维平面图形，实现用平面图形表达空间形体的目的。绘制出的工程图样能够清晰呈现工程对象的形状、大小、结构，还能标注材料以及制造、装配等关键信息。工程制图标准则是一系列规范性准则，对工程制图的图样格式、表达方法作出明确统一的规定。这些标准的存在，确保工程图样能准确、规范地传达工程设计者的意图与技术指标，从而满足技术交流、设计、施工、运维及存档等各环节的要求。

## 思政园地

2024 年，习近平总书记参加十四届全国人大二次会议江苏代表团审议时强调，要切实办好职业教育，弘扬工匠精神，培育出一批批优秀的大国工匠。“大国工匠是我们中华民族大厦的基石、栋梁。”总书记的重要讲话，将大国工匠的地位提升到了前所未有的高度。

“没有金刚钻，揽不了瓷器活”这句古老谚语，在工程制图基础的学习中焕发新的时代光彩。工程制图基础作为工程技术的语言基石，也是淬炼工匠精神的理想平台。从北宋李诫的《营造法式》模数制营造法则，到当代航天焊接大师高凤林对毫米级精度的极致追求，中华匠学“致广大而尽精微”的精神脉络，在工程制图基础的学习实践中不断传承发展。

在制图课堂上复原应县木塔斗拱结构时，《营造法式》中“材分八等，以材为祖”的模数智慧清晰地展现于图纸之上。那些精巧的榫卯节点，不仅是力学领域的伟大创举，更蕴含着“天有时、地有气、材有美、工有巧”的生态营造哲学。高凤林以精湛技艺用焊枪精细操作火箭发动机的事迹，将工匠精神具象化为工程图纸上精准无误的每一根轮廓线。在工程制图领域，一个尺寸的细微误差就可能致使整个结构失效，这种“差之毫厘，谬以千里”的严谨工匠思维，既是工程制图标准的硬性规定，也是对高质量发展的生动诠释。

随着时代发展，从传统丁字尺绘图到现代绘图屏操作，虽然绘图工具不断更新迭代，但“匠心”始终如一。工程制图基础课堂正探索创新育人模式，让“工匠精神”在工程制图教学中持续传承、蓬勃发展。

# 项目一　基本制图标准

## 项目简介

为使工程图纸更好地满足技术交流、设计、施工、运维、存档等要求，需要制定一系列制图标准，基本制图标准包括图幅、图框、标题栏、图线、文字、尺寸标注等内容，制图时应严格遵守这些标准。本项目主要以图框设计与绘制、图元样式与应用、尺寸标注与应用三个任务展开对基本制图标准内容的介绍。在后续项目中，还将进一步穿插介绍制图标准相关内容。

| 学　习　目　标 | |
|---|---|
| 知识目标 | （1）掌握图幅、图框、标题栏的基本概念；<br>（2）熟悉图线、填充、文本的样式属性；<br>（3）明晰尺寸标注的组成内容与基本规定 |
| 能力目标 | （1）能根据工程实际选择合适的图幅与图框；<br>（2）会正确选择和应用图形元素；<br>（3）可熟练在图中应用尺寸标注 |
| 素质目标 | （1）培养工程制图时细致严谨的态度；<br>（2）提升规范意识与标准化思维；<br>（3）提高标准化应用与创新能力 |

# 任务一　图框设计与绘制

| 图框设计与绘制任务单 | |
|---|---|
| 任务描述 | 受某单位委托，需绘制某工程图纸，包含图框的设计与绘制 |
| 知识点 | （1）图幅、图框、标题栏的基本概念；<br>（2）图幅、图框、标题栏的尺寸规格；<br>（3）图框、标题栏的线型和线宽要求 |
| 技能点 | （1）根据工程实际需求选择合适图幅；<br>（2）选择合适的图框、标题栏并确定其线型和线宽；<br>（3）规范设计并绘制标题栏，确保标题栏包含必要信息 |
| 任务实施 | （1）选择合适图幅、图框以及标题栏；<br>（2）选择适合图框、标题栏的线型和线宽；<br>（3）设计标题栏的内容，并绘制图框 |
| 评价标准 | （1）基础知识掌握 20 分；<br>（2）图框设计与绘制技能要点运用 20 分；<br>（3）规范意识与标准化思维等职业素养体现 20 分；<br>（4）任务成果 40 分 |

## 一、知识驿站

### （一）图幅

图纸幅面的简称，指图纸的大小规格。为使图纸具有统一的标准和规范的尺寸，国家或行业标准规定了一系列不同大小的图幅，不同图幅适用于不同规模和复杂程度的任务。

图幅的大小不仅决定图纸所能容纳的图形内容的多少，还影响着图纸的打印、存储和携带。选择合适的图幅可使绘图更加高效、规范，并且便于图纸的交流和使用。基本图幅规格包括 A0、A1、A2、A3、A4，具体尺寸见表 1.1。

表 1.1　基本图幅尺寸表

| 尺寸 | 幅　　面 | | | | |
|---|---|---|---|---|---|
| | A4 | A3 | A2 | A1 | A0 |
| $b \times l$ | 210×297 | 297×420 | 420×594 | 594×841 | 841×1189 |

注：（1）$b \times l$ 单位为 mm×mm；

（2）工程制图中图纸存在加长、加宽情况时，应按基本图幅的短边成整数倍增加。

工程制图中，图幅常用的使用方式包括横式和立式，其中，A0～A3 图幅宜使用横式，必要时可使用立式；A4 图幅只能使用立式，如图 1.1 所示。

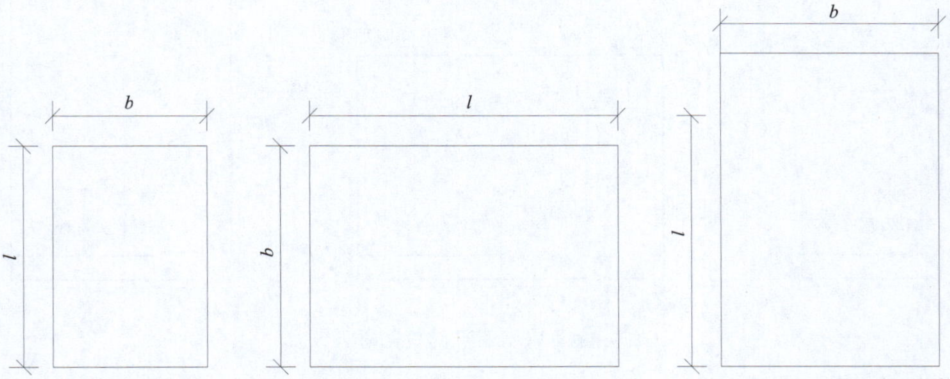


(a) A4 立式图幅　　(b) A0～A3 横式图幅　　(c) A0～A3 立式图幅

图 1.1　图幅形式

## （二）图框

图框是在图幅上用来限定绘图区域的边框，可明确界定图幅上图形内容的边界，确定绘图的有效区域，避免绘图区域混乱及格式不规范等问题。

掌握图框的设计和绘制，对于界定绘图范围、规范图纸格式、提供信息载体具有重要作用。针对常见 A0、A1、A2、A3、A4 图幅规格，有不同的图框设计标准，具体标准见表 1.2。

表 1.2　常见图框尺寸表

| 尺寸 | 幅　面 | | | | |
|---|---|---|---|---|---|
| | A4 | A3 | A2 | A1 | A0 |
| $b \times l$ | 210×297 | 297×420 | 420×594 | 594×841 | 841×1189 |
| $c$ | 5 | | 10 | | |
| $a$ | 25 | | | | |

注：（1）$b \times l$ 单位为 mm×mm，$c$ 单位为 mm，$a$ 单位为 mm；

（2）工程制图中图纸存在加长、加宽情况时，应按基本图幅的短边成整数倍增加。

图框的边界通常由特定的线型组成，一般外边框为粗实线，内边框为细实线，线型的区别有助于区分图纸的边界和内部绘图区域。此外，图框形式分为带装订边和不带装订边两种，分别如图 1.2 和图 1.3 所示。

## （三）标题栏

标题栏是图纸上用于标识和说明图纸相关信息的特定区域，包含图纸的名称、编号、比例以及设计与制作等信息。

工程图纸通常在右下角设置标题栏，其中填写图纸名称、工程名称、设计单位、设计人员、图纸编号、图纸比例等信息。标题栏在图纸中的位置通常为右下角，示例可参考图 1.2 和图 1.3。

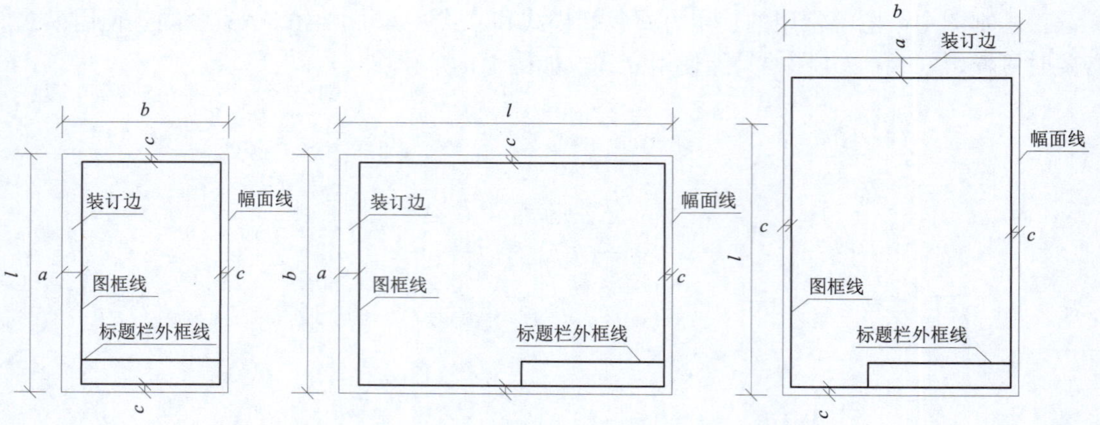


图 1.2　带装订边的图框

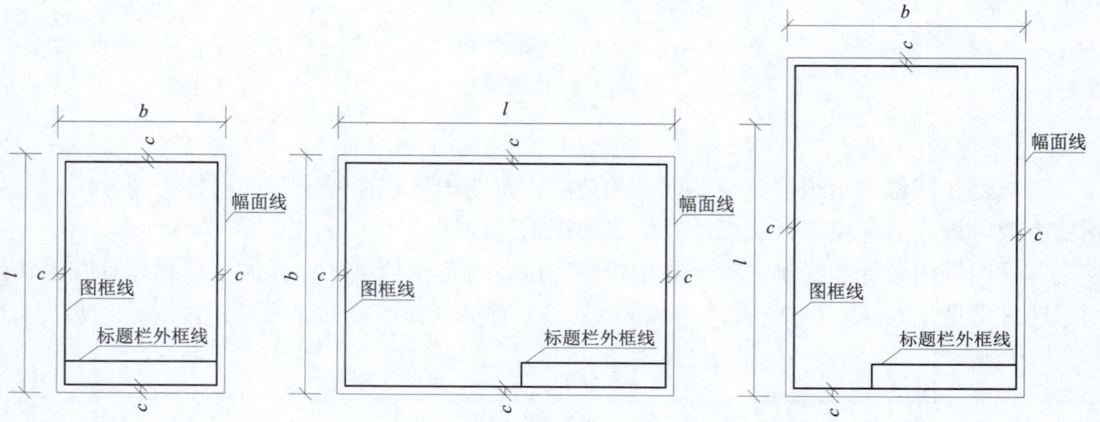


图 1.3　不带装订边的图框

在工程制图标准中，规定了标题栏的基本位置（通常位于右下角）、核心内容框架（如设计单位、图纸名称、编号、比例、责任人签名等）及尺寸参考建议，但允许根据行业或实际需求调整具体细节（如增设特殊栏目）。

标题栏各区的基本布置如图 1.4 所示，其中核心内容需符合标准要求，具体细节可根据图纸实际情况设计。图 1.5 所示为本书推荐使用的标题栏实训模板，仅供参考。

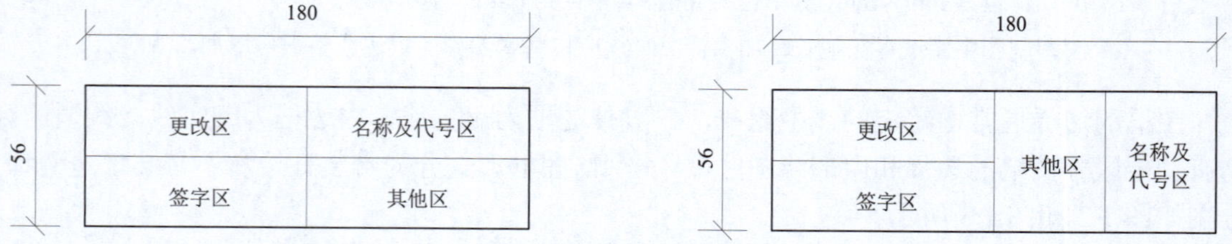


图 1.4　标题栏分区布置

| | | | | |
|---|---|---|---|---|
| 姓 名 | 张 三 | XXX学院<br>XXX图 | 图号 | 结施01 |
| 班 级 | A 班 | | 比例 | 1:100 |
| 组 名 | B 组 | | 日期 | 2025.1.1 |
| | | | 第 张 共 张 | |

图 1.5　标题栏实训模板

## 二、任务实战

### （一）基础实践

（1）根据所学知识，选择 A4 立式图幅，其图幅方向如图 1.1 所示，绘制带装订边图框，其图框样式如图 1.2 所示，尺寸应符合国家标准，并采用本书推荐的标题栏实训模板，如图 1.5 所示，在 A4 纸上组合绘制完整图框（含图幅、图框、标题栏），本任务完成效果如图 1.6 所示。

（2）根据所学知识，选择 A4 立式图幅，其图幅方向如图 1.1 所示，绘制不带装订边的图框，其图框样式如图 1.3 所示，尺寸应符合国家标准，并采用本书推荐的标题栏实训模板，如图 1.5 所示，在 A4 纸上组合绘制完整图框（含图幅、图框、标题栏），本任务完成效果如图 1.7 所示。

图 1.6　基础实践一

图 1.7　基础实践二

### （二）能力提升

（1）根据所学知识，选择 A3 横式图幅，其图幅方向如图 1.1 所示，绘制带装订边图框，其图框样式如图 1.6 所示，尺寸应符合国家标准。参考标题栏分区布置示例如图 1.4 所示，自行设计标题栏内容，需包含图纸名称、工程名称、设计单位、设计人员、审图人员、图纸编号、图纸比例等信息。在 A3 纸上完整绘制图幅、图框及标题栏，本任务完成效果如图 1.8 所示。

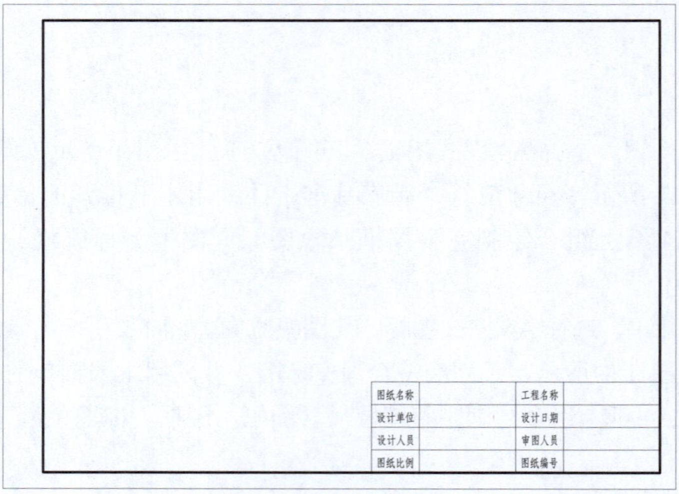


图 1.8　能力提升一

（2）根据所学知识，选择非常规的 A3 立式图幅，其图幅方向如图 1.1 所示，绘制不带装订边图框，其图框样式如图 1.8 所示，尺寸应符合国家标准。参考标题栏分区布置示例如图 1.4 所示，自行设计标题栏内容，必须包含图纸名称、工程名称、设计单位、设计人员、图纸编号、图纸比例，可根据需要增加审图人员等信息。在 A3 纸上完整绘制图幅、图框及标题栏，本任务完成效果如图 1.9 所示。

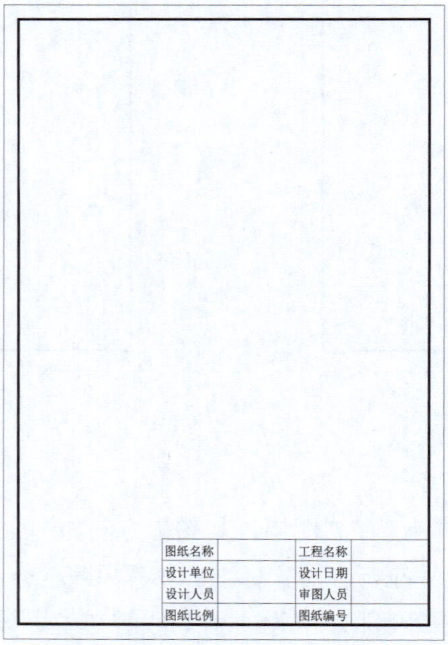


图 1.9　能力提升二

任务实战成果参考

# 任务二　图元样式与应用

| 图元样式与应用任务单 | |
|---|---|
| 任务描述 | 受某单位委托，需绘制某工程图纸，图纸包含图线、填充等图形元素 |
| 知识点 | （1）图线、填充、文本的基本概念；<br>（2）图线、填充、文本的样式属性 |
| 技能点 | （1）选择合适的图线、填充、文本；<br>（2）图形元素应用于工程制图 |
| 任务实施 | （1）根据工程实际需求选择合适的图线、填充、文本；<br>（2）将所选图线、填充、文本应用于工程制图 |
| 评价标准 | （1）基础知识掌握 20 分；<br>（2）图形元素选择与应用技能要点运用 20 分；<br>（3）规范意识与标准化思维等职业素养体现 20 分；<br>（4）任务成果 40 分 |

## 一、知识驿站

### （一）图线

根据 GB/T 14689—2008《技术制图 图纸幅面和格式》、GB/T 50001—2017《房屋建筑制图统一标准》，图线是指在图形表达中用于描绘形体形状、轮廓、边界及各种关系的线条，是构成图形的基本要素之一。通过线型（如实线、虚线、点画线）、线宽（如粗线、细线）和线条样式（如连续线、波浪线、双折线）的组合，可准确传达图形信息。如图 1.10 和图 1.11 所示为图线用途示例，涉及图形轮廓、图形中心、图形断开、图形截面等信息。

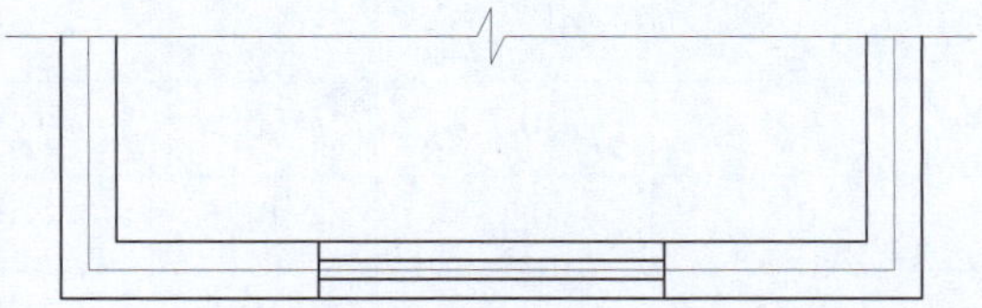

图 1.10　建筑工程图

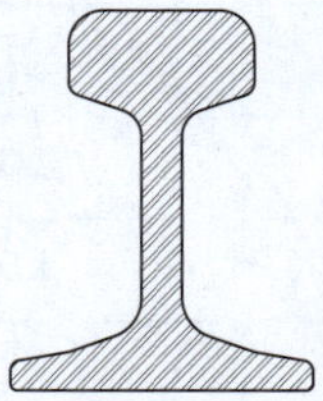

图 1.11　钢轨截面图

工程制图中常用图线形式及一般用途见表 1.3。

表 1.3　图线形式及一般用途

| 线名 | | 线型 | 线宽 | 一　般　用　途 |
|---|---|---|---|---|
| 实线 | 加粗 | | 1.4$b$ | 详见相关专业制图标准 |
| | 粗 | | $b$ | 主要可见轮廓线 |
| | 中 | | 0.5$b$ | 可见轮廓线 |
| | 细 | | 0.35$b$ | 可见轮廓线、图例线、尺寸线、尺寸界限等 |
| 虚线 | 加粗 | | 1.4$b$ | 详见相关专业制图标准 |
| | 粗 | | $b$ | 详见相关专业制图标准 |
| | 中 | | 0.5$b$ | 不可见轮廓线 |
| | 细 | | 0.35$b$ | 不可见轮廓线、图例线 |
| 点画线 | 粗 | | $b$ | 详见相关专业制图标准 |
| | 中 | | 0.5$b$ | 详见相关专业制图标准 |
| | 细 | | 0.35$b$ | 中心线、对称线等 |
| 点实线 | | | 0.35$b$ | 详见相关专业制图标准 |
| 折断线 | | | 0.35$b$ | 断开界线 |
| 波浪线 | | | 0.35$b$ | 断开界线 |

根据 GB/T 50001—2017《房屋建筑制图统一标准》，工程制图中图线的基本线宽 $b$（即粗线宽度）宜从以下系列中选取：2.0 mm、1.4 mm、1.0 mm、0.7 mm、0.5 mm、0.35 mm。每个图样需根据图形复杂程度、比例大小及行业标准（如机械制图、建筑制图），先确定基本线宽 $b$，再按 $b$:$b$/2 的比例确定对应细线宽度，组成完整的线宽组。工程制图常用线宽组见表 1.4。

表 1.4　常用线宽组

| 线宽比 | 线　宽　组 | | | | | |
|---|---|---|---|---|---|---|
| $b$ | 2.0 | 1.4 | 1.0 | 0.7 | 0.5 | 0.35 |
| 0.5$b$ | 1.0 | 0.7 | 0.5 | 0.35 | 0.25 | 0.18 |
| 0.35$b$ | 0.7 | 0.5 | 0.35 | 0.25 | 0.18 | 0.13 |

## （二）填充

填充是指在封闭图形区域内添加颜色、图案或材质纹理，以增强图形的表现力，区分结构层次或材料属性的一种方法。根据 GB/T 17453—2005《技术制图　图样画法　剖面区域的表示法》及 GB/T 50001—2017《房屋建筑制图统一标准》，工程制图中常用工程材料图例（金属、非金属、混凝土等）的画法需遵循以下规则。

（1）图例尺寸与比例。剖面线（图例线）的间距应与图形比例匹配，通常为 2～6 mm（例如，1:10 比例图样中可取 4 mm，1:50 比例图样中可取 2 mm），确保视觉清晰。

（2）常用图例参考。常用工程材料图例见表 1.5（如金属材料采用与水平线成 45° 的细线，钢筋混凝土材料采用三角形与点组合）。

（3）自编图例要求。若需使用国标未规定的图例，需确保其不与标准图例冲突，并在图纸标题栏附近或单独图例表中明确标注其含义（例如：自定义复合材料图例时，需注明“自定义复合材料”）。

填充操作广泛应用于剖视图、断面图中，通过材料图例可直观传达零件的材质信息或结构特征，提升图纸的规范性和可读性。

**表 1.5　常用工程材料图例**

| 序号 | CAD 图例名称 | 图例样式 | 用　　途 |
|---|---|---|---|
| 1 | ANSI31 |  | 铁、砖、石 |
| 2 | ANSI32 |  | 钢 |
| 3 | ANSI33 |  | 青铜、黄铜、紫铜 |
| 4 | ANSI34 |  | 塑料、橡胶 |
| 5 | ANSI35 |  | 耐火砖、耐火材质 |
| 6 | ANSI36 |  | 大理石、板岩、玻璃 |
| 7 | ANSI37 | 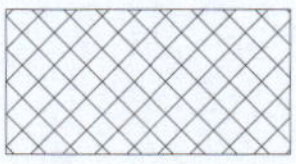 | 铅、锌、镁 |
| 8 | ANSI38 |  | 铝 |
| 9 | AR-B816 | 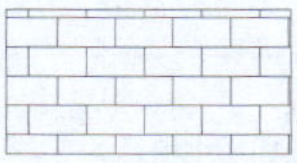 | 块砖顺砌 |
| 10 | AR-CONC | 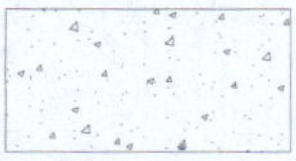 | 钢筋混凝土 |

### （三）文本

工程制图中的文本，作为以文字形式呈现的关键部分，是传递信息的重要载体。它主要通过文字、数字、字母以及符号，对图形进行补充、解释，从而增强表达的准确性与完整性，涵盖名称、说明、标注等各类信息。

图纸中的文字、数字、字母及符号，须满足字体端正、笔画清楚、间隔均匀、排列整齐的要求。其中，字体高度代表字体号数，文字的字高应从 2.5 mm、3.5 mm、5 mm、7 mm、10 mm、14 mm、20 mm 这一系列标准值中选取。

在汉字使用方面，需采用《汉字简化方案》中的简化字，通常选用长仿宋体。其字高 $h$ 不得小于 3.5 mm，字宽一般为字高的 $1/\sqrt{2}$ 。数字和字母的字体可在直体或斜体中选择，但同一图册里须保持统一。斜体字的字头须向右倾斜，从文本底线逆时针向上倾斜的角度为 75°，并且斜体字的高度与宽度和相应直体字一致，字高不应小于 2.5 mm。汉字文本示例见表 1.6。

表 1.6　汉字文本示例

| 宋　体 | 长 仿 宋 体 |
|---|---|
| 字体端正笔画清楚间隔均匀排列整齐 | 字体端正笔画清楚间隔均匀排列整齐 |

## 二、任务实战

### （一）基础实践

（1）在 A4 图幅中绘制粗实线、细实线、虚线、点画线、折断线等图线，并注释每种线型的名称和应用场景，线宽应符合相关规范要求。

（2）如图 1.12 所示为某墙角，由钢筋混凝土底板、砌体墙体、大理石地面组成，请在图中为不同区域填充合适图形，要求图案清晰可辨。

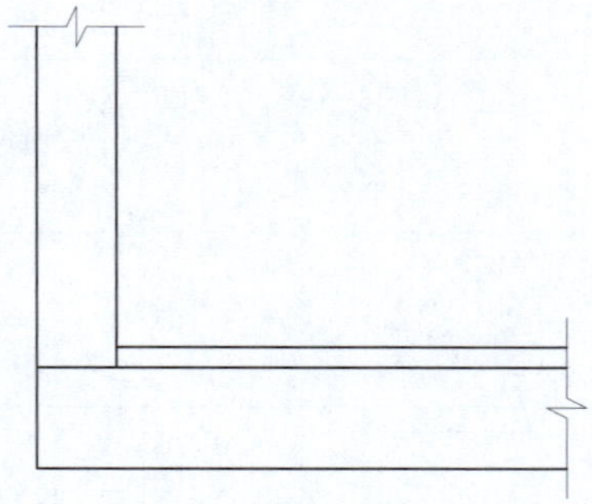

图 1.12　基础实践一

（3）使用长仿宋体书写以下文字，要求横平竖直、起落分明、结构匀称、布满方格。

| 建 | 筑 | 铁 | 道 | 桥 | 梁 | 隧 | 道 | 机 | 械 |
|---|---|---|---|---|---|---|---|---|---|
| | | | | | | | | | |
| 0 | 1 | 2 | 3 | 4 | 5 | 6 | 7 | 8 | 9 |
| | | | | | | | | | |
| A | B | C | D | E | F | G | H | I | J |
| | | | | | | | | | |

## （二）能力提升

（1）如图 1.13 所示为某钢制机械零件剖面，图中存在部分图线类型有误和填充缺失等问题，请修改错误并选择合适的图例进行填充。

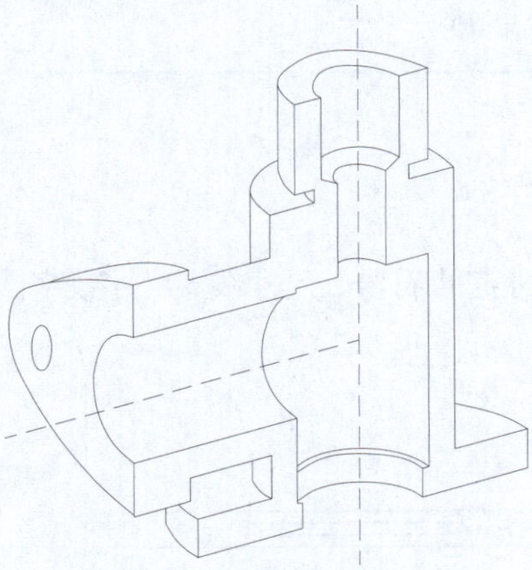

图 1.13　能力提升一

（2）使用长仿宋体手写一篇关于“图元样式与应用”的课程总结，要求不少于 500 字。

任务实战成果参考

# 任务三　尺寸标注与应用

| 尺寸标注与应用任务单 | |
|---|---|
| 任务描述 | 受某单位委托，需绘制某工程图纸，包含尺寸标注 |
| 知识点 | （1）尺寸标注的概念及基本组成；<br>（2）工程常用尺寸类型与标注规定 |
| 技能点 | （1）选择合适的尺寸标注类型；<br>（2）尺寸标注应用于工程制图 |
| 任务实施 | （1）根据工程实际需求选择合适的尺寸标注；<br>（2）将所选尺寸标注应用于工程制图 |
| 评价标准 | （1）基础知识掌握 20 分；<br>（2）尺寸标注选择与应用技能要点运用 20 分；<br>（3）规范意识与标准化思维等职业素养体现 20 分；<br>（4）任务成果 40 分 |

## 一、知识驿站

### （一）尺寸标注的组成

尺寸标注由尺寸界线、尺寸起止符号、尺寸线、尺寸数字四个部分组成，如图 1.14 所示。

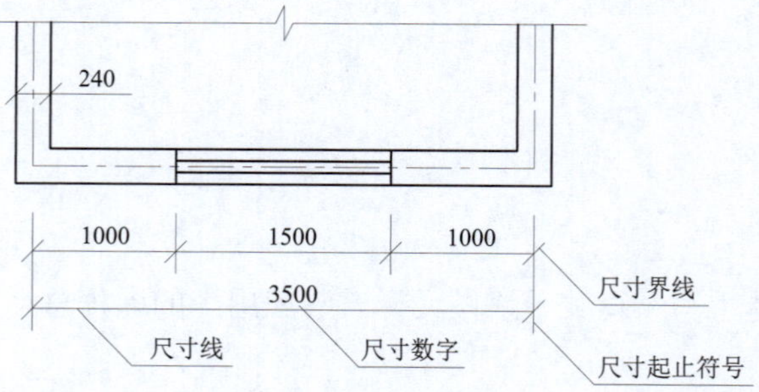


图 1.14　尺寸标注

#### 1. 尺寸界线

尺寸界线由图形的轮廓线、轴线或中心线引出，用来指明拟注尺寸的边界，用细实线绘制。

#### 2. 尺寸起止符号

尺寸起止符号是尺寸线两端用于表明尺寸起止位置的标记，用中粗短实线绘制。此外，直径、半径、角度、弧长的起止符号应用箭头表示。

#### 3. 尺寸线

尺寸线用来表示尺寸度量方向，用细实线绘制，应与所标注的线段平行，与尺寸界线垂直。

### 4. 尺寸数字

尺寸数字是表示形体实际大小的数值，其单位一般为 mm，若采用其他单位，须特别注明。

## （二）尺寸标注的基本规定

在工程制图中，为使工程图纸满足技术交流、设计、施工要求，对尺寸标注进行了相关规定，见表 1.7。

表 1.7　尺寸标注的基本规定

| 内容 | 说　明 | 正确示例 | 错误示例 |
|---|---|---|---|
| 尺寸界线 | （1）尺寸界线一般与被注长度垂直，其一端离开图样轮廓线的距离应不小于 2 mm，另一端宜超出尺寸线 2～3 mm。<br>（2）必要时，也可用图样的轮廓线、中心线代替尺寸界线 | 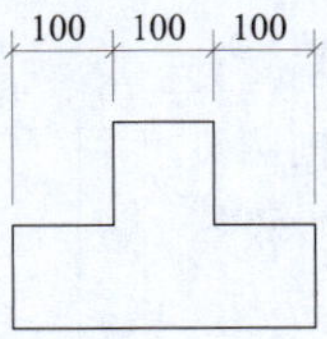 | 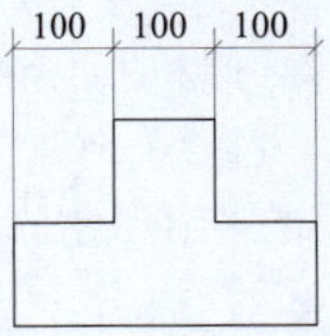 |
| 尺寸线 | （1）尺寸线一般与被注长度平行。<br>（2）尺寸线不得用其他图线代替，或与其他图线重合。<br>（3）当图样上需要标注较多尺寸时，互相平行的尺寸线应按被注轮廓线远近顺序由近及远整齐排列，并遵循“小尺寸在内，大尺寸在外”的原则，平行排列尺寸线的间隔应为 7～10 mm | 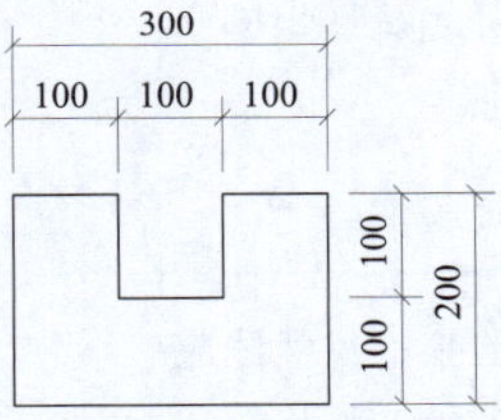 | 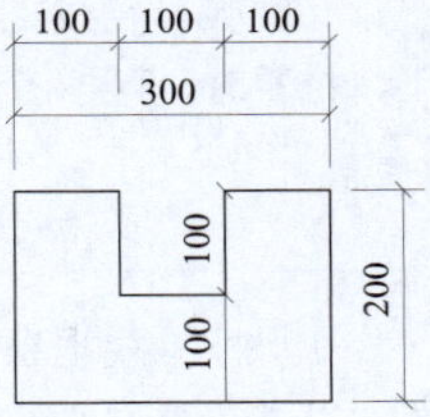 |
| 尺寸起止符号 | （1）尺寸起止符号使用中粗短斜线表示时，其倾斜方向与尺寸界线成顺时针 45°。<br>（2）当标注位置不足时，尺寸起止符号可采用反向箭头或圆点表示 | 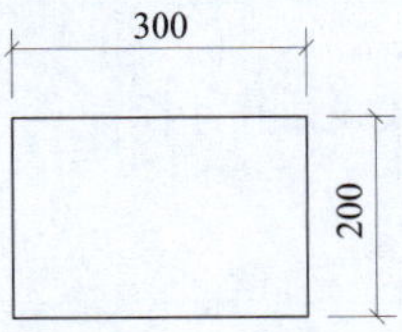 | 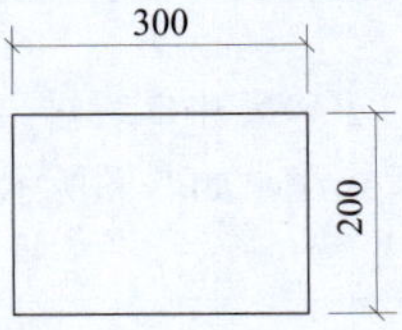 |
| 尺寸数字 | （1）尺寸数字标注方向应尽量保持水平，尺寸数字在尺寸线之上、垂直尺寸数字在尺寸线之左。<br>（2）尺寸数字应标注在尺寸线中部，当位置不足时，端部尺寸数字可注写在尺寸界线外侧，中间相邻尺寸数字可上下错开注写，引出线端部用圆点表示标注尺寸的位置。<br>（3）尺寸宜标注在图样轮廓线以外，尺寸数字不得被任何图线通过，无法避免时，可将图线断开 | 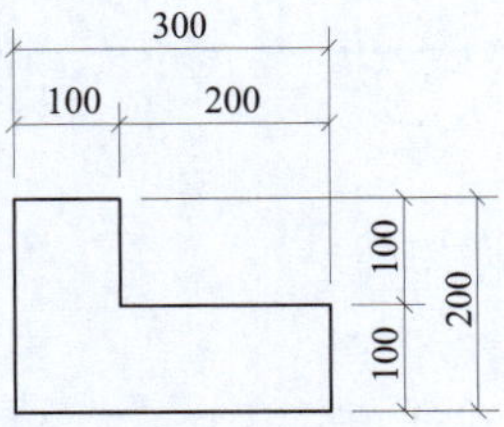 | 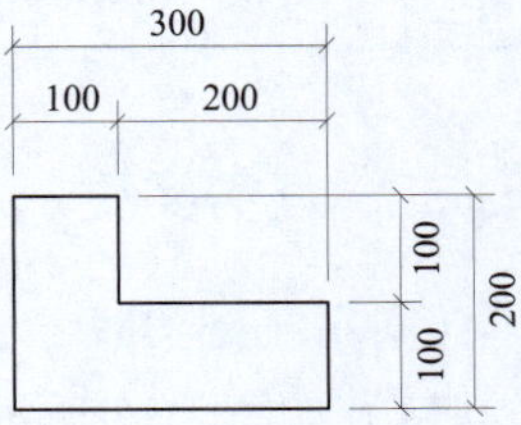 |

### （三）尺寸标注方法

圆、圆弧、弧长、弦长、角度等的标注方法以及一些简化标注见表 1.8。

表 1.8　尺寸标注方法

| 内容 | 说　　明 | 正确示例 | 错误示例 |
|---|---|---|---|
| 半径 | 半圆或小于半圆的圆弧一般标注半径。尺寸线的一端从圆心开始，且半径数字前应加注半径符号“R” | 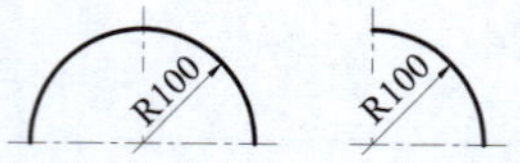 | 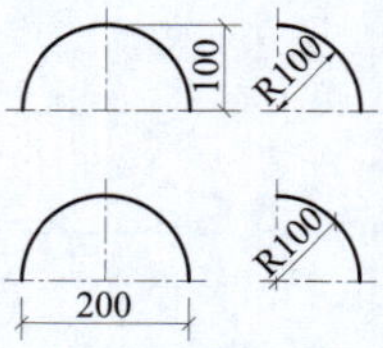 |
| 直径 | 圆和大于半圆的圆弧一般标注直径尺寸。尺寸线过圆心，箭头指向圆弧，并在直径数字前加注直径符号“ø” | 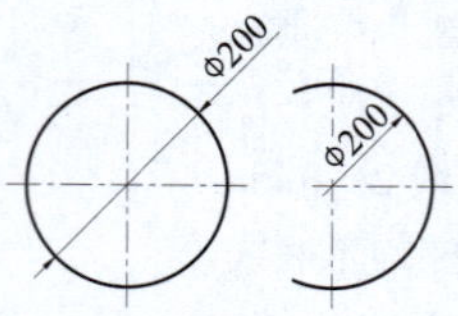 | 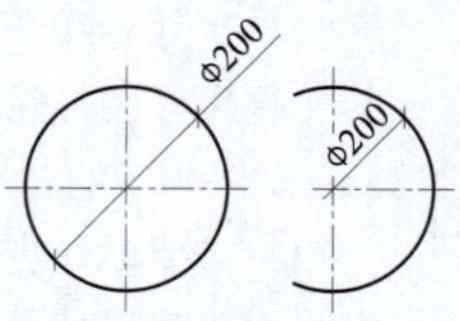 |
| 圆弧 | 圆弧半径或直径太大，无法标出圆心位置时，可按图示形式标注 | 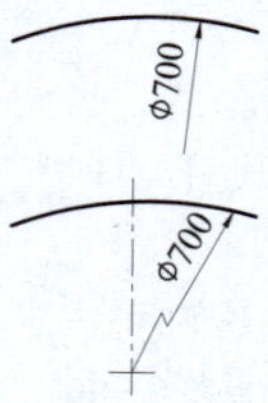 | 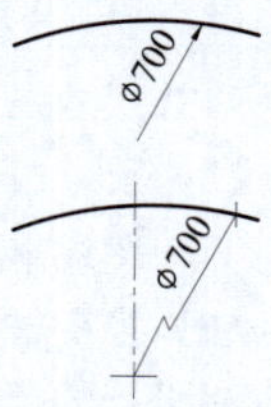 |
| 弧长 | 尺寸界线垂直于圆弧的弦，尺寸线应以与该弧同心的圆弧线表示，弧长数字上方应加注圆弧符号“⌒”. | 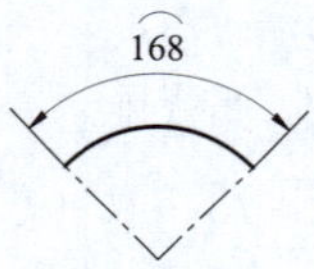 | 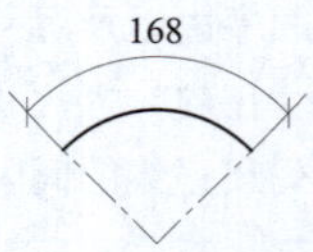 |
| 弦长 | 尺寸界线垂直于该弦，按线性尺寸标注，如右图所示 | 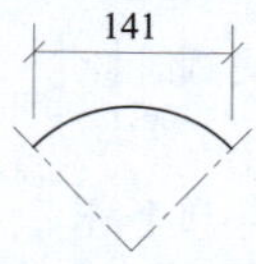 | 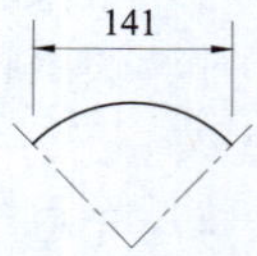 |
| 角度 | 角度尺寸线应以圆弧表示，角的两边延长作为尺寸界线，起止符号以箭头表示，位置不足时，可用圆点代替箭头，角度数字标注在尺寸线上方中部 | 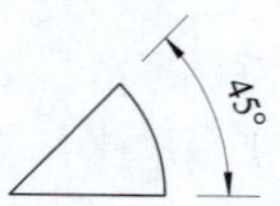 | 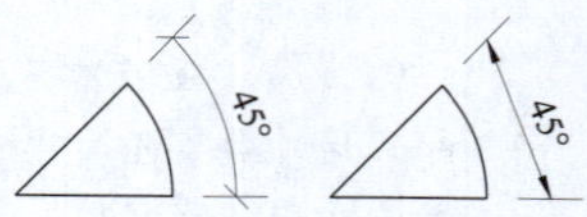 |

## 二、任务实战

### （一）基础实践

（1）如图 1.15 所示为某十字架，由两个一模一样的矩形垂直交叉、对称叠合而成，其矩形尺寸为 1500 mm×500 mm，请根据所学知识对该十字架进行尺寸标注。

（2）如图 1.16 所示为某卡通笑脸，由一个圆和三条圆弧组成，其中，圆的直径为 200 mm，圆弧的半径分别为 22 mm、68 mm，请根据所学知识对该卡通笑脸进行尺寸标注。

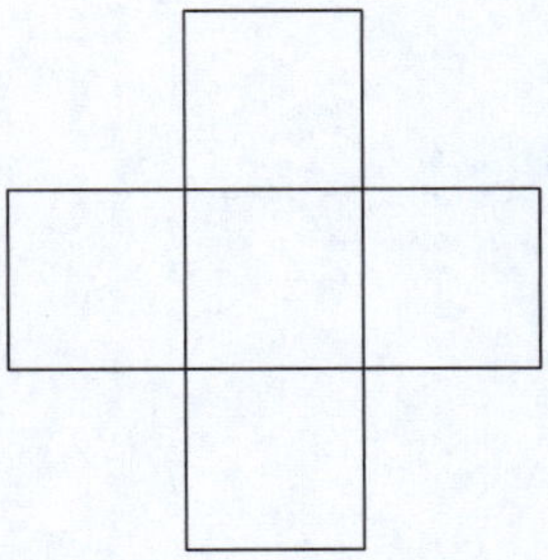

图 1.15　基础实践一

图 1.16　基础实践二

## （二）能力提升

（1）如图 1.17 所示为某结构，由相同的立方体堆叠而成，立方体的尺寸为 240 mm×115 mm×53 mm，立方体间缝隙宽度为 10 mm，请根据所学知识对该结构进行尺寸标注。

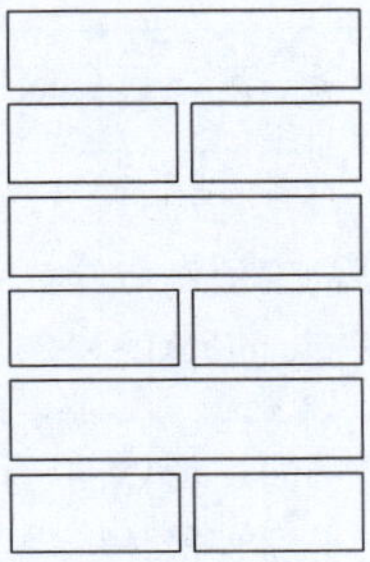

图 1.17　能力提升一

任务实战成果参考

（2）如图 1.18 所示为某建筑工程图纸，其中，左图尺寸标注存在若干问题，请找出相关错误并在右图中重新进行尺寸标注。

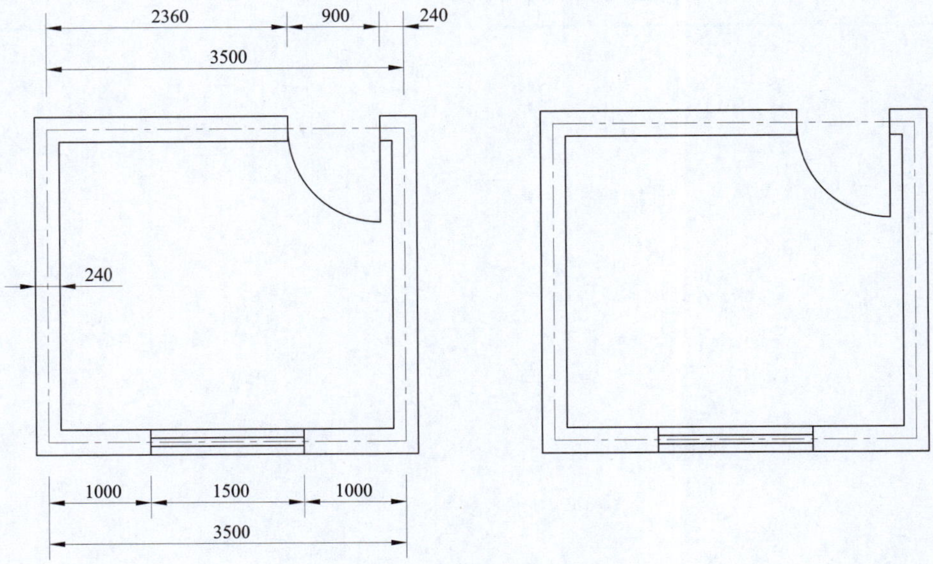


图 1.18　能力提升二

# 项目二　投影法理论

## 项目简介

为使工程制图能够准确、清晰地表达形体的形状、结构等相关信息，满足工程领域在设计构思、施工指导、技术交流等环节的需求，需正确运用投影法理论。本项目主要以三个任务展开对投影法理论的讲解，包括：三面投影体系，涉及投影法的概念与基本性质、三面投影体系的形成、规律、画法以及标注等内容；点、直线、平面的投影，涉及点、直线、平面的投影特性及规律等；形体的投影，包括基本体和组合体的投影。

| 学习目标 | |
|---|---|
| 知识目标 | （1）掌握投影法的基本概念与原理；<br>（2）理解三面投影体系的形成与规律；<br>（3）熟悉点、直线、平面、形体的投影特性 |
| 能力目标 | （1）能绘制点、直线、平面、形体的三面投影图；<br>（2）会分析点、直线、平面、形体的空间位置关系；<br>（3）可运用投影法理论解决实际工程问题 |
| 素质目标 | （1）培养细致严谨的工程制图态度；<br>（2）强化理论意识和标准化思维；<br>（3）培养空间想象力与工程思维 |

# 任务一　三面投影体系

| 三面投影体系应用任务单 | |
|---|---|
| 任务描述 | 现有某形体，需采用三面投影体系分析其投影 |
| 知识点 | （1）投影的基本概念和原理；<br>（2）投影的形成要素和分类；<br>（3）三面投影体系的形成、规律以及画法 |
| 技能点 | （1）形体形状和空间位置的分析；<br>（2）三面投影体系的应用 |
| 任务实施 | （1）掌握三面投影体系的应用方法；<br>（2）将三面投影体系应用于形体投影 |
| 评价标准 | （1）基础知识掌握 20 分；<br>（2）三面投影体系应用技能要点运用 20 分；<br>（3）空间想象力与工程思维等职业素养体现 20 分；<br>（4）任务成果 40 分 |

## 一、知识驿站

### （一）投影法

唐李白有诗云“举杯邀明月，对影成三人”，月光下的孤影不仅是文学意象，更是几何投影的生动实例。用一组光线将形体的形状投射到一个平面上，在该平面上得到的图像称为形体的投影。从几何学角度来看，投影是将三维空间中的形体转换为二维平面图形的方法，它在工程制图、建筑设计等领域有着广泛的应用。

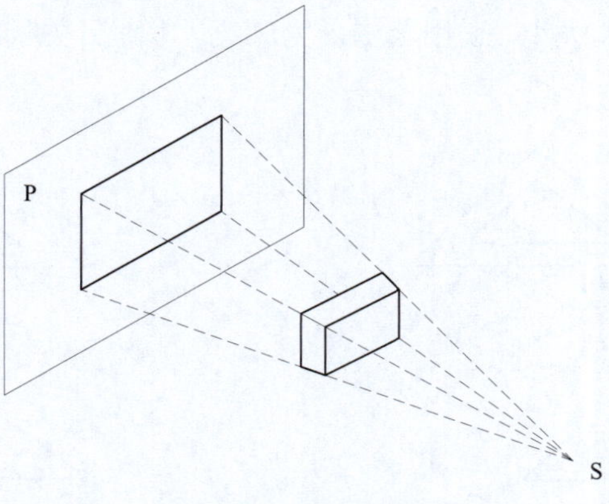


图 2.1　中心投影

如图 2.1 所示为中心投影示例，光源 S 作为投影中心，是投影线的起始点，其位置变化对投影的大小和形状起着关键作用。图中的虚线皆为投影线，它们从投影中心 S 出发，连接形体与投影平面 P，其方向和分布状况决定了投影方向以及形体在投影平面上的分布态势。形体作为投影对象，其自身独特的形状直接决定投影形态。平面 P 作为投影面，是接收形体投影的平面，它可以是实际存在的平面，也可以是虚拟平面。由此可见，形体投影必须具备投射线、投影对象、投影面这三个要素，也称为投影三要素。

### 1. 投影法的分类

在平面上绘制形体投影图，以表示形体的形状和大小的方法，称为投影法。投影法一般分为中心投影法和平行投影法。

如图 2.2 所示为中心投影法，中心投影法是指投影线由一点引出，然后对形体进行投影的方法。中心投影法所得到的投影受投影中心、形体、投影面三者相对位置的影响，投影图存在变形且度量性较差，无法真实反映形体的大小，一般不用于工程制图。

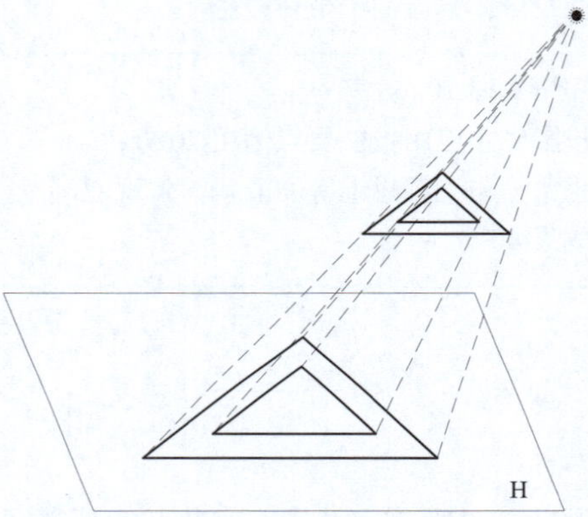


图 2.2　中心投影法

如图 2.3 所示为平行投影法，平行投影法所使用的投影线相互平行。当投影线与投影面倾斜时，称为斜投影法，如图 2.3（a）所示；当投影线与投影面垂直时，称为正投影法，如图 2.3（b）所示。采用正投影法绘制形体投影时，所得投影图为正投影图，正投影图能够准确地反映形体的实际形状和大小，适用范围最为广泛。本项目关于投影法理论若无特殊说明，均采用正投影法。

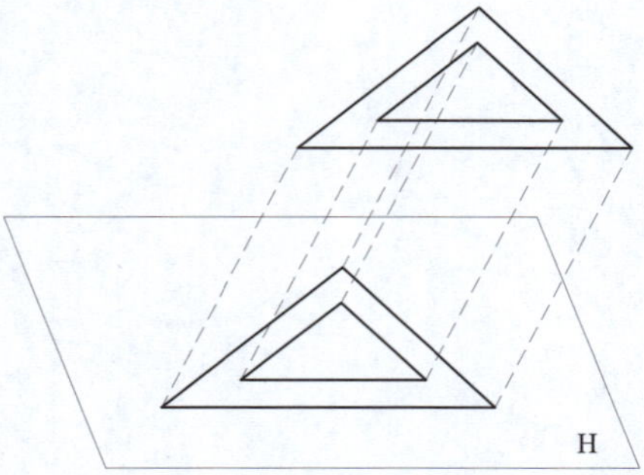


（a）斜投影法

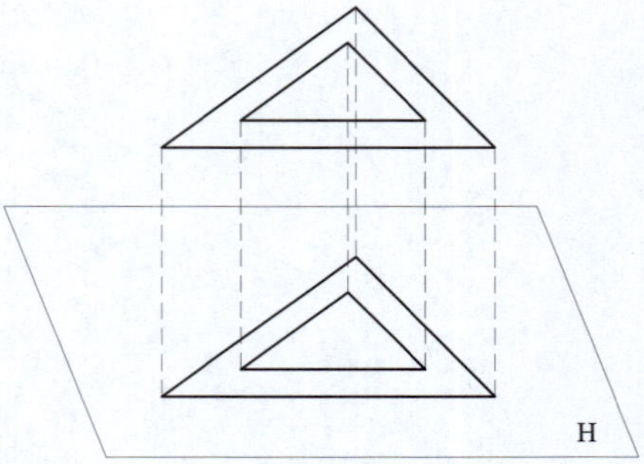


（b）正投影法

图 2.3　平行投影法

## 2. 正投影法的基本性质

（1）显实性。若直线段或平面图形平行于投影面，则投影反映形体的实长或实形，又称全等形，如图 2.4 所示。

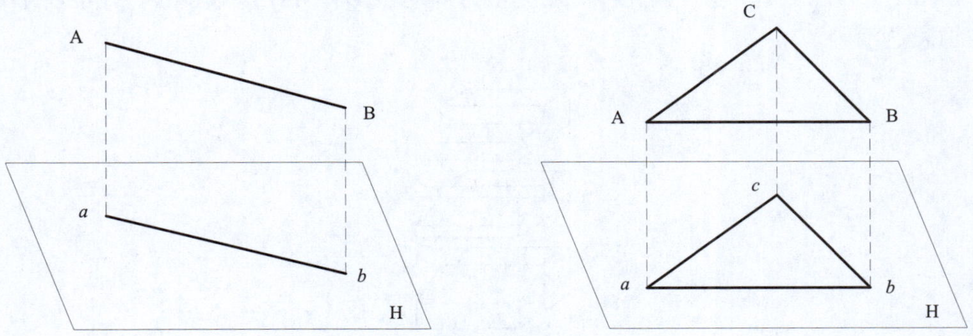


图 2.4　显实性

（2）类似性。若直线段或平面图形倾斜于投影面，则投影小于形体的实长或实形，但空间图形类似，如图 2.5 所示。

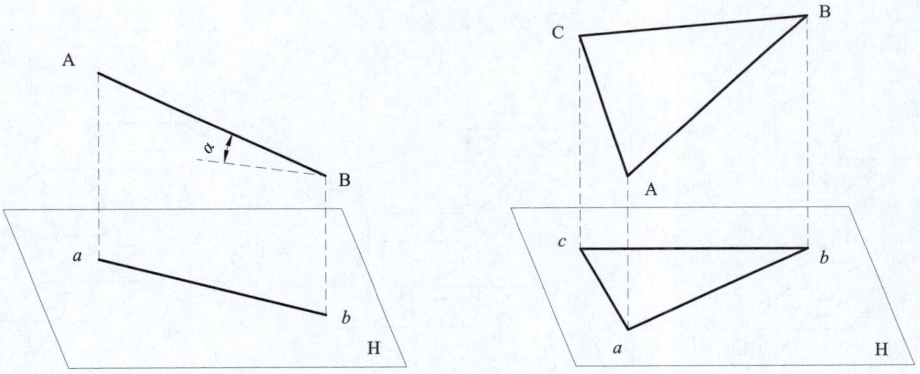


图 2.5　类似性

（3）积聚性。若直线段或平面图形垂直于投影面，则投影积聚为一点或一条直线，如图 2.6 所示。

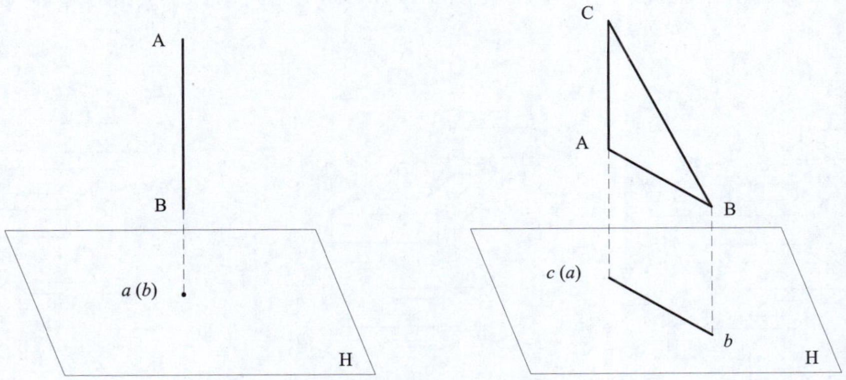


图 2.6　积聚性

## （二）三面投影体系

### 1. 三面投影体系的形成

通过单面投影体系或双面投影体系对空间形体进行投影，并不能全面表达其空间形状与大小，如图 2.7 和图 2.8 所示。因此，需从更多方向观察形体并绘制投影图，才能将形体的形状和结构表达清晰。

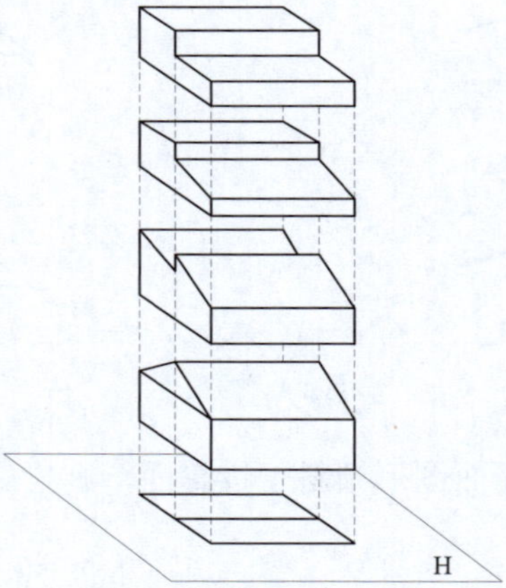


图 2.7　单面投影体系

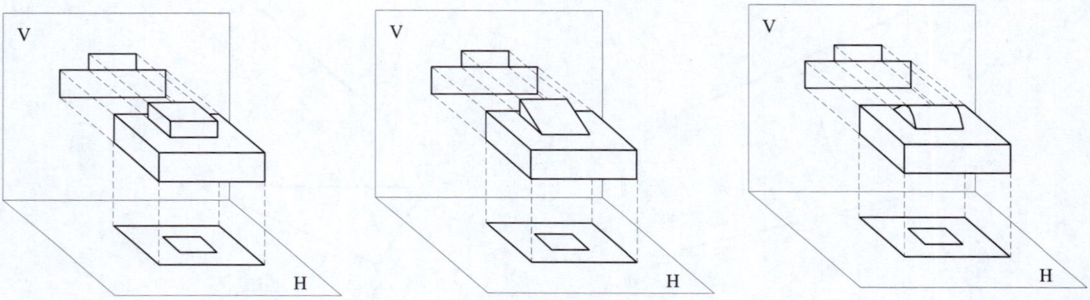


图 2.8　双面投影体系

为准确清晰地表达形体的形状和大小，通常选取三个投影面进行观察并绘制投影，例如通过三个相互垂直的平面构建三面投影体系，如图 2.9 所示。其中，V 面为正立投影面，又称正立面，相对形体呈正立位置；W 面为侧立投影面，又称侧立面，相对形体呈侧立位置；

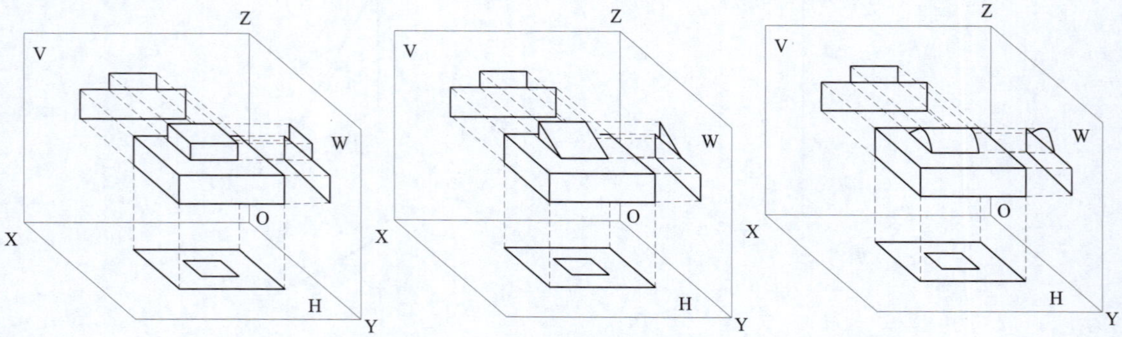


图 2.9　三面投影体系

H 面为水平投影面，又称水平面，相对形体呈水平位置。三个投影面的交线 OX、OY、OZ 称为投影轴，它们相互垂直并分别表示形体的长、宽、高三种尺寸。

为将空间形体三面的投影同步表示在一张图纸上，需将三个投影面按以下方式展开：V 面保持不动，H 面绕 OX 轴向下旋转 90°（与 V 面共面，位于 V 面下方），W 面绕 OZ 轴向右旋转 90°（与 V 面共面，位于 V 面右侧），使三个投影面展开在同一平面上，如图 2.10（a）所示。

展开过程中，H 面与 W 面的交线 OY 轴被拆分为两根轴，一轴在 H 面上，表示为 $OY_H$；一轴在 W 面上，表示为 $OY_W$。三面投影体系展示如图 2.10（b）所示，其中，$OY_H$ 轴和 $OY_W$ 轴本质上对应同一方向，可通过 45° 斜线或圆弧关联，以保证 H 面与 W 面投影的尺寸一致。

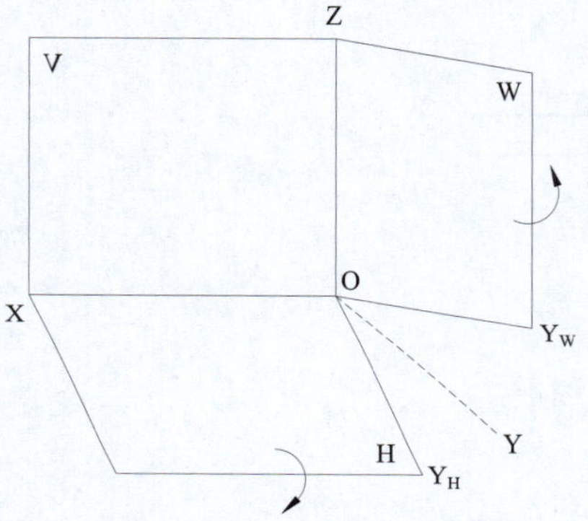


（a）三面投影体系展开

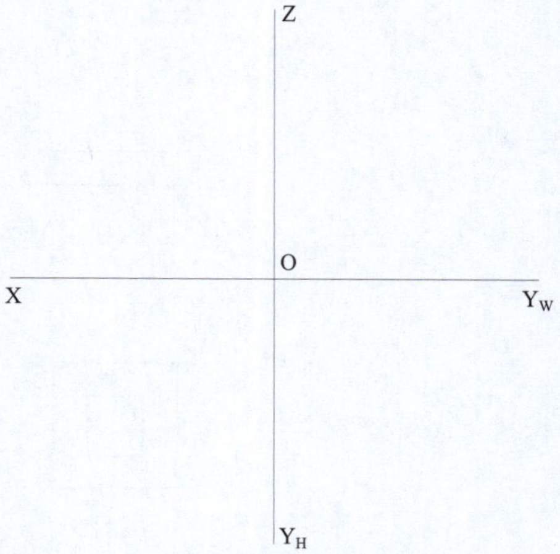


（b）三面投影体系展开图

**图 2.10**　三面投影体系的形成

通过对形体从上至下进行投影，可在 H 面获得形体的水平面投影图；通过对形体从前向后进行投影，可在 V 面上获得形体的正立面投影图；通过对形体从左至右进行投影，可在 W 面上获得形体的侧立面投影图。以上即为形体在三面投影体系中形成的三面投影图，如图 2.11 所示。

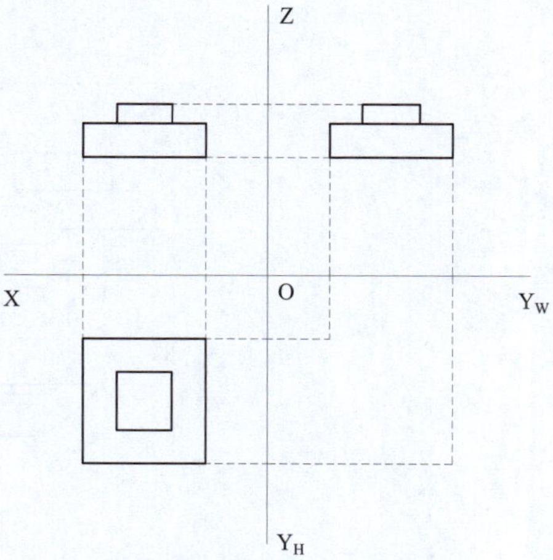


**图 2.11**　三面投影图

### 2. 三面投影规律

将形成的三面投影体系展开，形体在 V 面的正立面投影图和 H 面的水平面投影图均沿 OX 轴方向反映形体的长度，且形体上所有线（面）的正立投影和水平投影的位置均应左右对正，此称为“长对正”；同理，形体在 V 面的正立面投影图和 W 面的侧立面投影图均沿 OZ 轴方向反映形体的高度，且形体上所有线（面）的正立投影和侧立投影的位置均应上下对齐，此称为“高平齐”；同理，形体在 W 面的侧立面投影图和 H 面的水平面投影图均沿 OY 轴方向反映形体的宽度，且形体上所有线（面）的侧立投影和水平投影的宽度均应前后相等，此称为“宽相等”。因此，三面投影规律可总结为“长对正、高平齐、宽相等”，简称为“三等”规律，如图 2.12 所示。

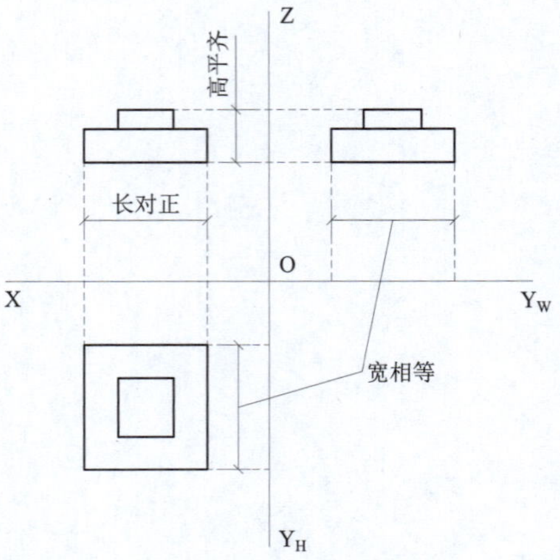


图 2.12　三面投影规律

### 3. 三面投影图画法及尺寸标注

在工程制图中，运用形体的投影原理、基本性质以及三面投影规律，通过对空间形体的方位、形状等进行分析，可在三面投影体系展开图中准确地绘制出形体的三面投影图，以图 2.13 所示形体为例，三面投影图的画法及尺寸标注的步骤如下。

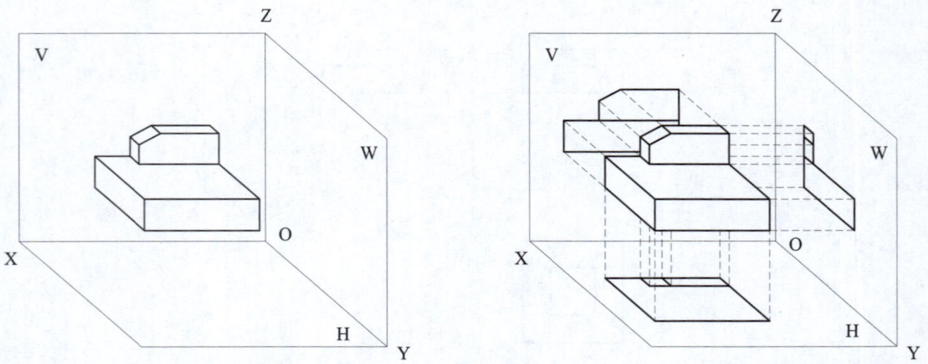


(a) 形体直观图

(b) 形体三面投影

图 2.13　三面投影体系

（1）画出投影轴，确定绘图范围，根据投影线方向，按形体的长度和高度，先绘制正立面投影图，如图 2.14 所示。

（2）根据正立面投影图，利用“长对正”规律对齐长度方向，按形体的宽度绘制水平面投影图，如图 2.15 所示。

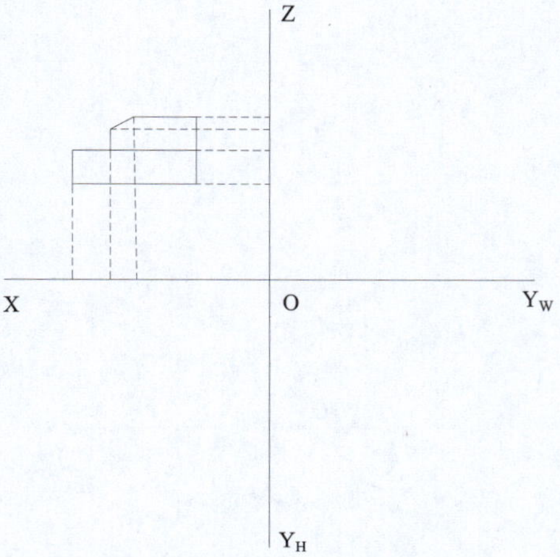


图 2.14　绘图步骤一

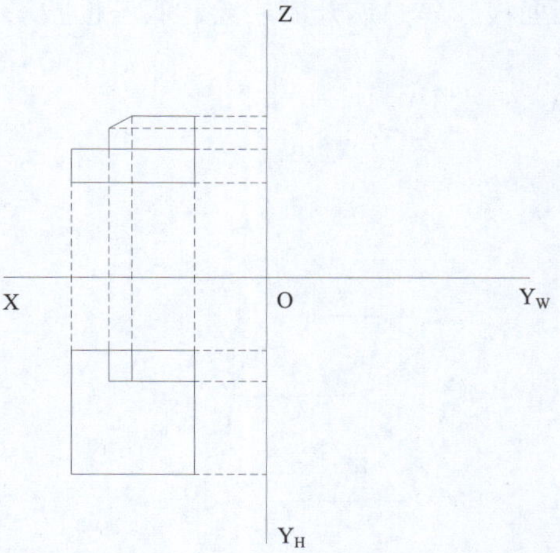


图 2.15　绘图步骤二

（3）根据所绘正立面投影图和水平面投影图，利用“高平齐”规律对齐高度方向，再通过“宽相等”规律，并借助 45° 斜线或圆弧等辅助线传递宽度尺寸，绘出侧立面投影图，如图 2.16 所示。

（4）三面投影草图绘制完毕后，去除多余辅助线，按制图标准加深投影轮廓线（可见轮廓线用粗实线，不可见轮廓线用虚线），可在合适位置根据需要补充标注长度、宽度、高度的尺寸信息，如图 2.17 所示。

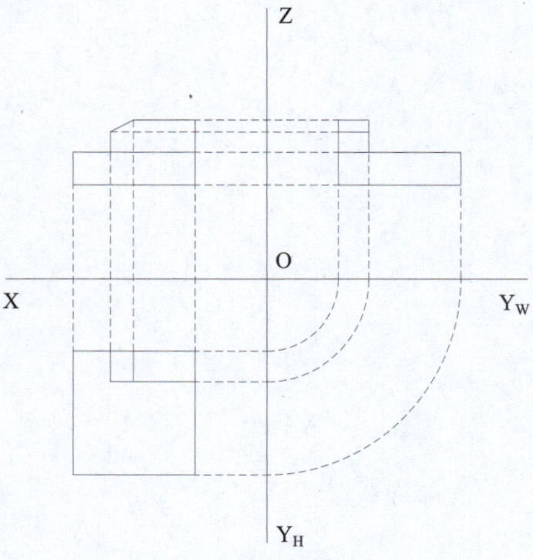


图 2.16　绘图步骤三

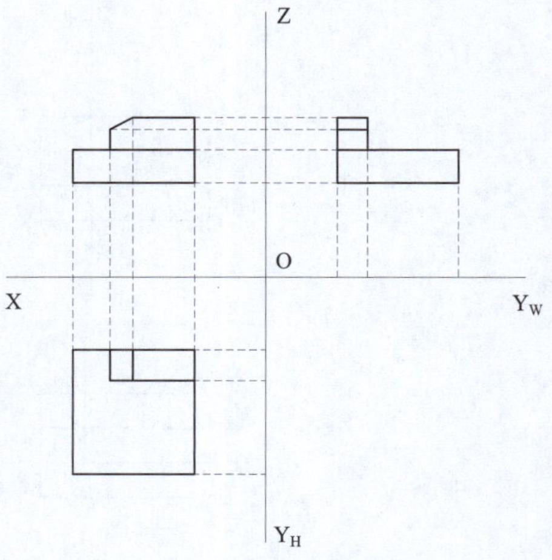


图 2.17　绘图步骤四

## 二、任务实战

### （一）基础实践

（1）如图 2.18 所示为一个几何形体，由长方体和正三棱柱叠加组合而成，已知长方体的尺寸为 3500 mm×3000 mm×3000 mm，还已知点 A 的部分投影，请根据所学的三面投影规律在三面投影体系展开图中绘制其三面投影图。

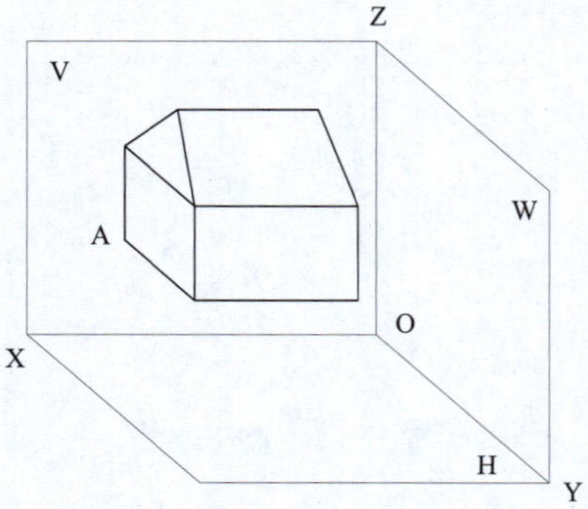


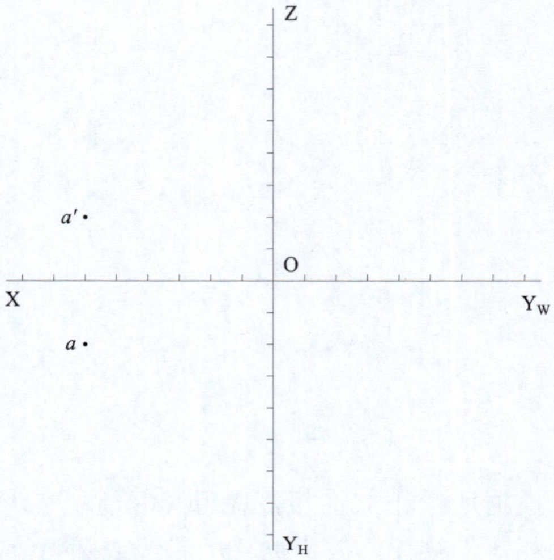


图 2.18　基础实践一

（2）如图 2.19 所示为一个几何形体的正立面投影图和水平面投影图，请根据所学的三面投影规律在 W 面绘制该几何形体的侧立面投影图。

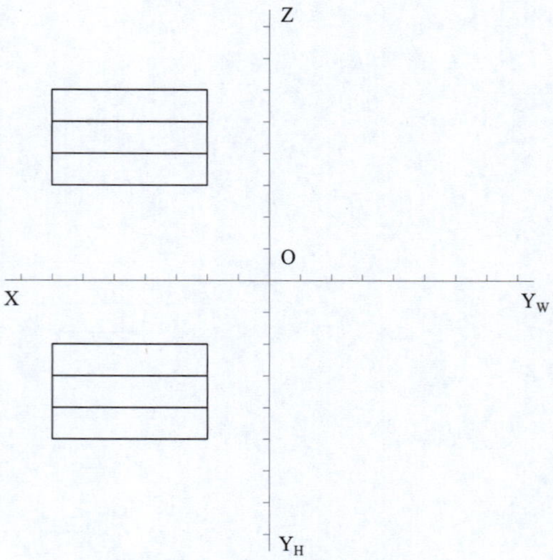


图 2.19　基础实践二

## （二）能力提升

（1）如图 2.20 所示为一个几何形体，由三棱锥和四棱柱组合而成，请根据所学的三面投影规律，在三面投影体系展开图中以合适尺寸绘制其三面投影图。

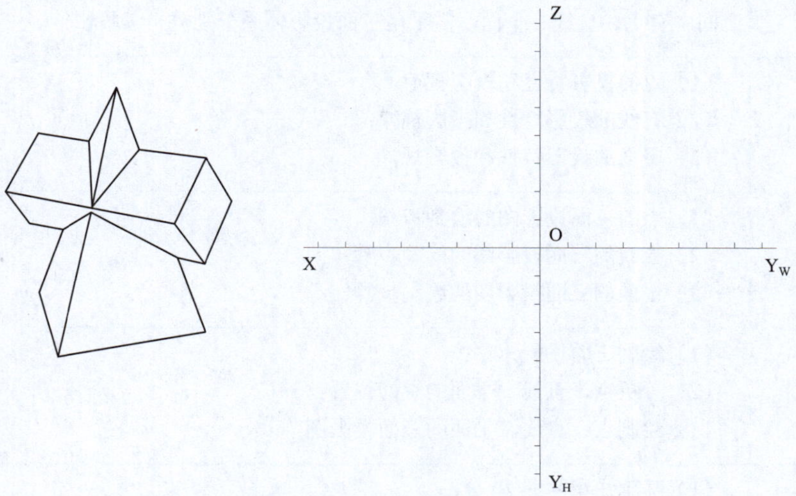


图 2.20　能力提升一

（2）如图 2.21 所示为一个几何形体的正立面投影图和水平面投影图，请根据所学的三面投影规律在 W 面补全该几何形体的侧位面投影图。

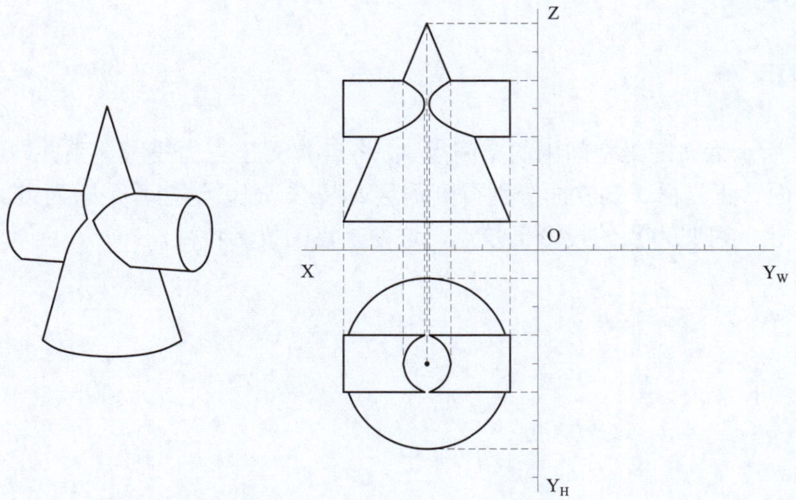


图 2.21　能力提升二

任务实战成果参考

# 任务二　点、直线、平面的投影

| 点、直线、平面的投影绘制任务单 | |
|---|---|
| 任务描述 | 空间中有点、直线、平面，需采用三面投影体系分别分析其投影 |
| 知识点 | （1）点的投影特性和投影规律；<br>（2）直线的投影特性和投影规律；<br>（3）平面的投影特性和投影规律 |
| 技能点 | （1）点的三面投影图的绘制步骤；<br>（2）直线的三面投影图的绘制步骤；<br>（3）平面的三面投影图的绘制步骤 |
| 任务实施 | （1）绘制三面投影体系；<br>（2）分析点、直线、平面的空间位置；<br>（3）绘制点、直线、平面的三面投影图 |
| 评价标准 | （1）基础知识掌握 20 分；<br>（2）点、直线、平面的投影绘制技能要点运用 20 分；<br>（3）空间想象力与工程思维等职业素养体现 20 分；<br>（4）任务成果 40 分 |

## 一、知识驿站

### （一）点的投影

#### 1. 点的投影特性

如图 2.22 所示为在三维空间中的空间点 A，将点 A 置于三面投影体系并向三个投影面作垂线，在水平面、正立面、侧立面分别得到垂足 $a$、$a'$、$a''$，这些垂足即为点 A 的投影，如图 2.23 所示。由此可见，点的投影仍是点，这便是点的投影特性。

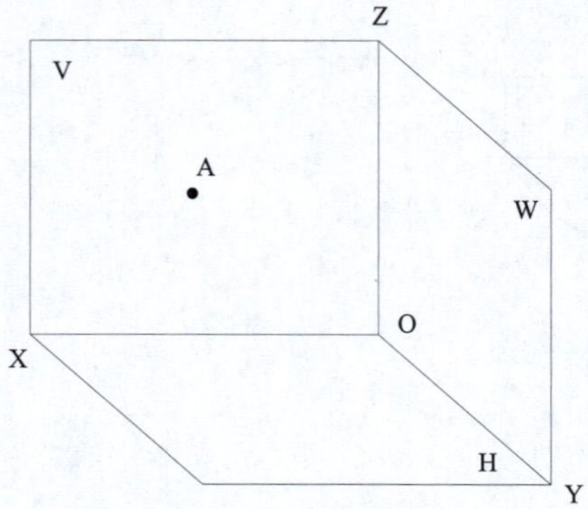

图 2.22　空间点

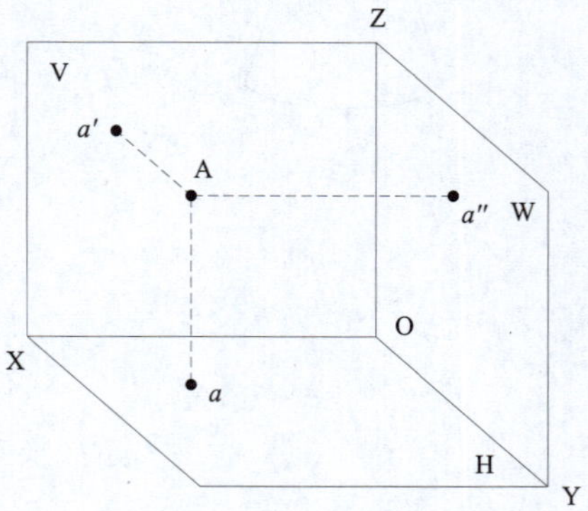

图 2.23　点的投影

在工程制图中，通常规定空间点用 A、B、C…表示，空间点在 H 面上的投影用相对应的 $a$、$b$、$c$ …表示，空间点在 V 面上的投影用相对应的 $a'$、$b'$、$c'$…表示，空间点在 W 面上的投影用相对应的 $a''$、$b''$、$c''$…表示，如图 2.24 所示。

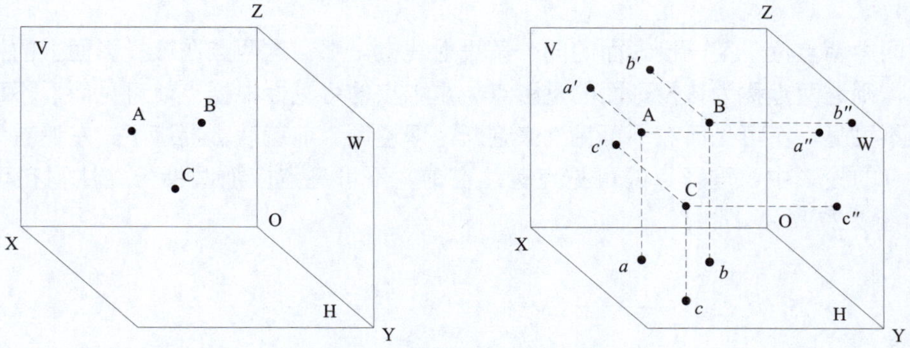


图 2.24　点的投影表示方法

## 2. 点的投影规律

图 2.22 所示空间点 A 的三面投影图如图 2.25 所示，根据正投影法基本性质可知：$Aa \perp$ H 面，$Aa' \perp$ V 面，$Aa'' \perp$ W 面。在三面投影体系展开图中连接 $aa'$、$aa''$、$a'a''$，并标注坐标，如图 2.26 所示。

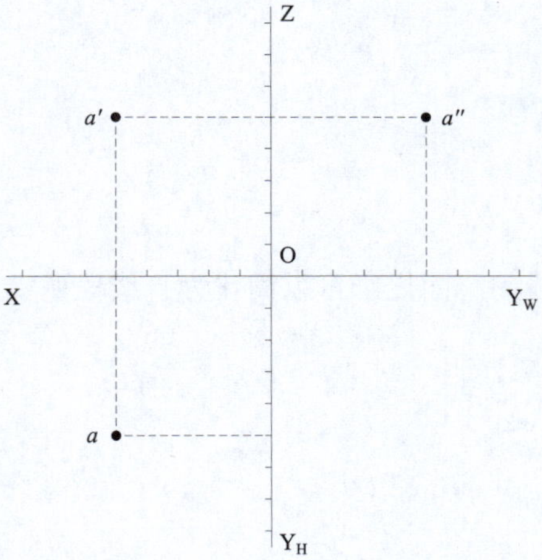


图 2.25　三面投影图

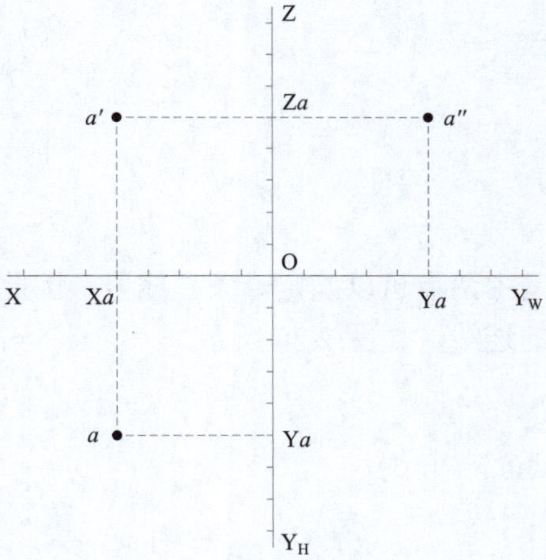


图 2.26　坐标标注

通过分析，可获得点的三面投影存在以下规律。

（1）点 A 的水平面投影 $a$ 和正立面投影 $a'$的连线 $aa'$垂直于 OX 轴，即 $aa' \perp OX$。

（2）点 A 的水平面投影 $a$ 和侧立面投影 $a''$的连线 $aa''$垂直于 OY 轴，即 $aa'' \perp OY$。

（3）点 A 的正立面投影 $a'$和侧立面投影 $a''$的连线 $a'a''$垂直于 OZ 轴，即 $a'a'' \perp OZ$。

（4）空间点到某一投影面的距离，等于另外两个投影面上投影到与该投影面相交的投影轴的距离，即：点 A 到 H 面的距离 $Aa=a'X_a=a''Y_a$；点 A 到 V 面的距离 $Aa'=aX_a=a''Z_a$；点 A 到 W 面的距离 $Aa''=aZ_a=a'Y_a$。

### 3. 点的空间坐标

如图 2.26 所示为空间点 A（$X_a$，$Y_a$，$Z_a$）的三面投影图，由图可知：点 A 到 H 面的距离 $Aa=a'X_a=a''Y_a=Z_a$；点 A 到 V 面的距离 $Aa'=aX_a=a''Z_a=Y_a$；点 A 到 W 面的距离 $Aa''=aZ_a=a'Y_a=X_a$。通过以上等式，可以充分印证“长对正、宽相等、高平齐”的三面投影规律。

### 4. 重影点

若空间中两点位于某一投影面的同一条投射线上，那么这两点在该投影面上的投影必重合为一点，则这两点称为该投影面的重影点。重影点的可见性根据“前可见而后不可见、上可见而下不可见、左可见而右不可见”来判断，即遵循“前遮后、上遮下、左遮右”的重影点规律。点的投影中，重影点的可见点标注在前，不可见点应加圆括号并注写在可见点的后面，如图 2.27 所示。

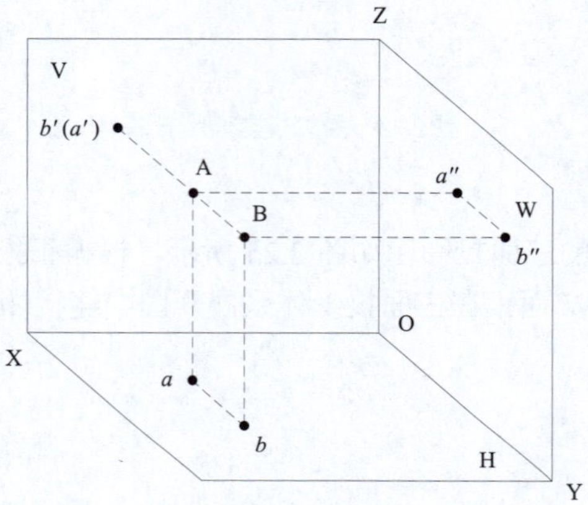


图 2.27　点的重影

## （二）直线的投影

### 1. 直线的分类

空间中两点可以确定一条直线段，因此，直线的三面投影可以简化为直线段两端点的三面投影的连线，如图 2.28 所示。

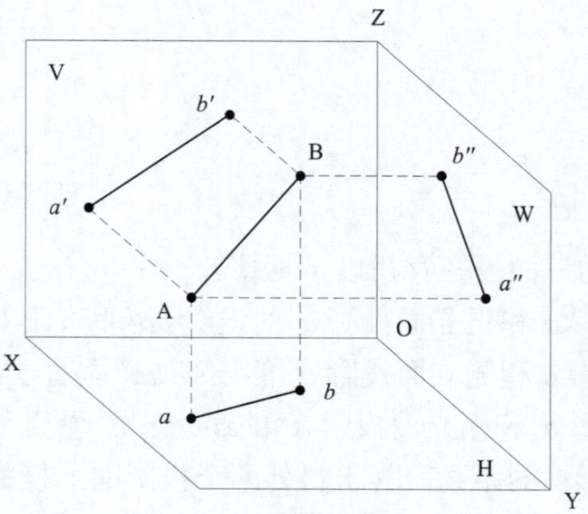


图 2.28　直线的三面投影

在三面投影体系中，根据直线与投影面的位置关系，可将直线分为三种类型：一般位置直线、投影面平行线、投影面垂直线，其中投影面平行线和投影面垂直线统称为特殊位置直线。

### 2. 一般位置直线的投影特性

一般位置直线是指与三个投影面均呈倾斜关系的直线，如图 2.29 所示。图中 $\alpha$、$\beta$、$\theta$ 分别表示直线 AB 与 H 面、V 面、W 面的倾角。

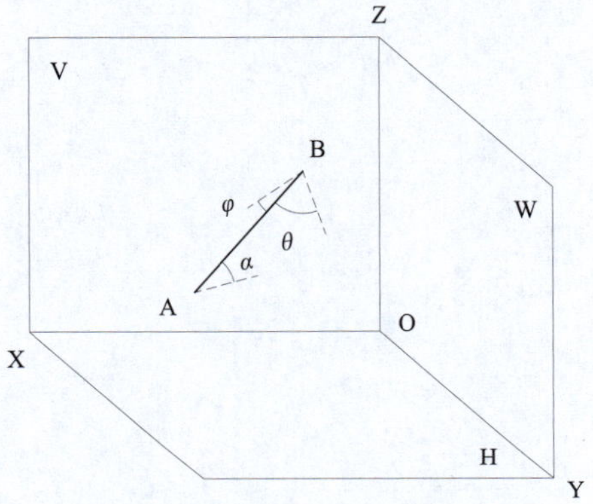


图 2.29　一般位置直线

如图 2.30 所示为一般位置直线的投影，由图可知其投影特性如下。

（1）一般位置直线的三面投影均与投影轴倾斜，且投影长短于实长。

（2）一般位置直线的三面投影与投影轴夹角不反映其对投影面的真实倾角。

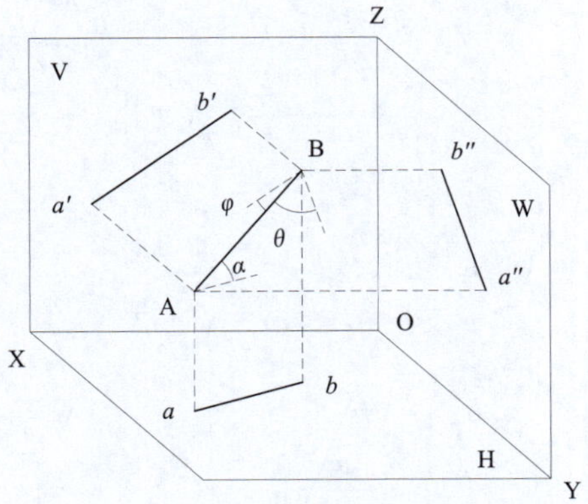


图 2.30　一般位置直线的投影

### 3. 投影面平行线的投影特性

投影面平行线指一条与某一投影面平行，与其他两投影面倾斜的直线。根据其与不同投影面的平行关系可划分为：水平面平行线（又称水平线）、正立面平行线（又称正平线）、侧立面平行线（又称侧平线）。其中，水平线与 H 面平行、与 V 面和 W 面倾斜，如图 2.31 所示；正平线与 V 面平行、与 H 面和 W 面倾斜，如图 2.32 所示；侧平线与 W 面平行、与 V 面和 H 面倾斜，如图 2.33 所示。

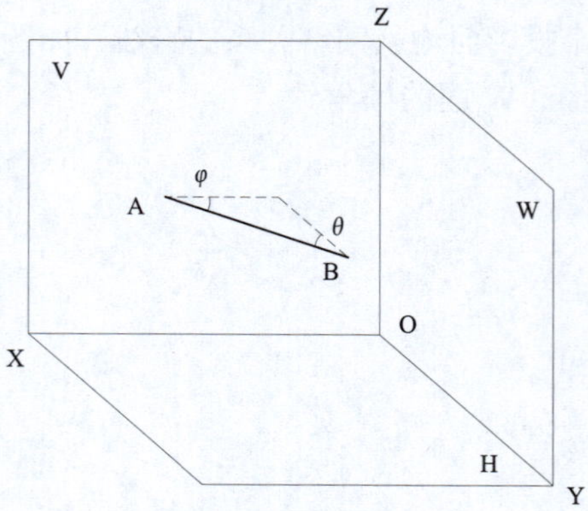


图 2.31　水平线

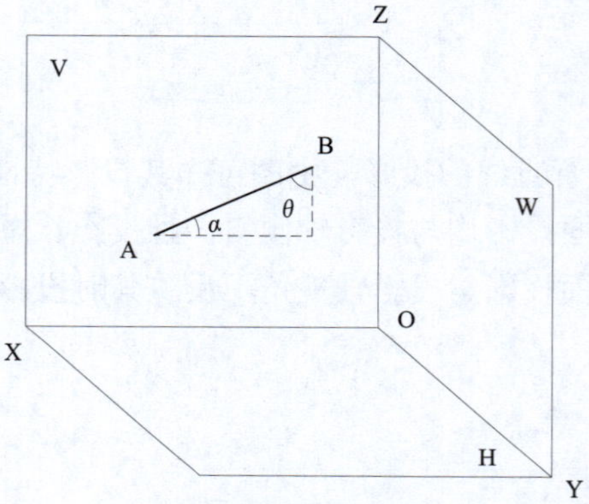


图 2.32　正平线

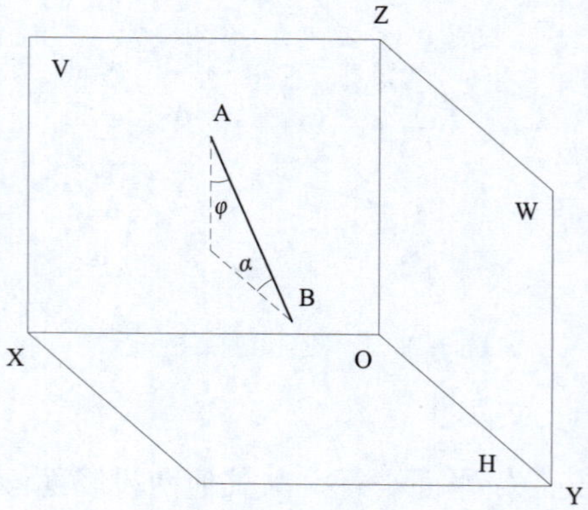


图 2.33　侧平线

投影面平行线的三面投影图及其对应的投影特性见表 2.1 至表 2.3。

表 2.1　水平线

| 名称 | 图　形 | 投影特征 |
|---|---|---|
| 形体相关线示例 | 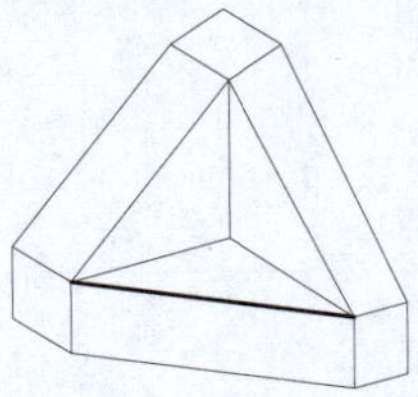 | |
| 直观图 | 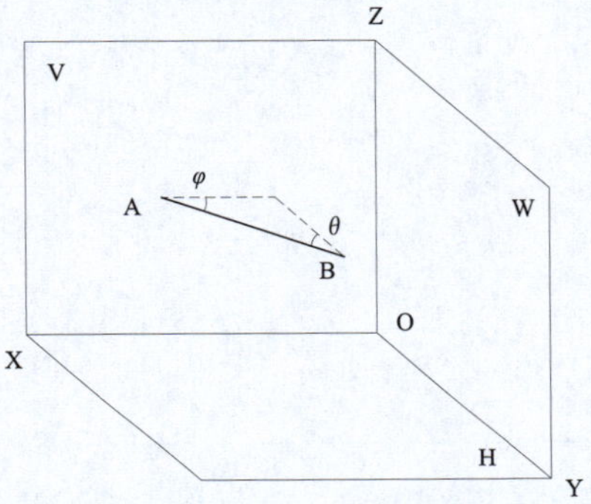 | |
| 三面投影体系 | 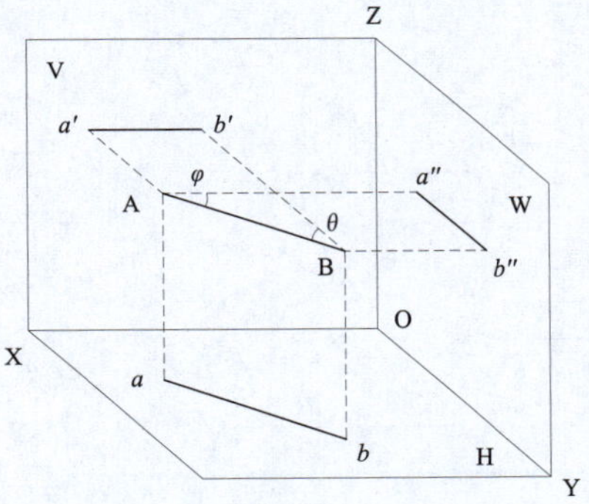 | （1）H 面的投影反映实长；<br>（2）V 面和 W 面的投影分别平行于确定 H 面的 OX、OY 两轴，且比实长短；<br>（3）$\varphi$、$\theta$ 分别反映直线 AB 与 V 面和 W 面的倾角 |
| 三面投影图 | 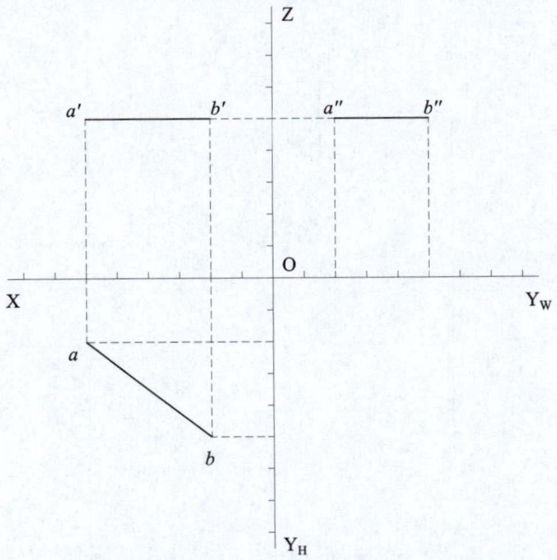 | |

**表 2.2　正平线**

| 名称 | 图　　形 | 投影特征 |
|---|---|---|
| 形体相关线示例 | 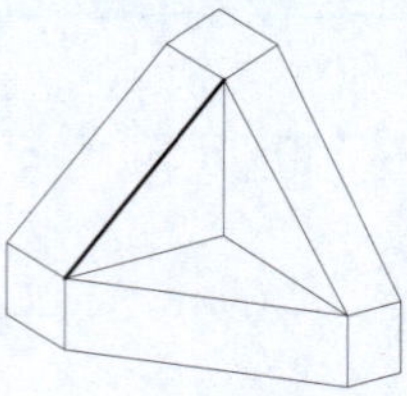 | |
| 直观图 | 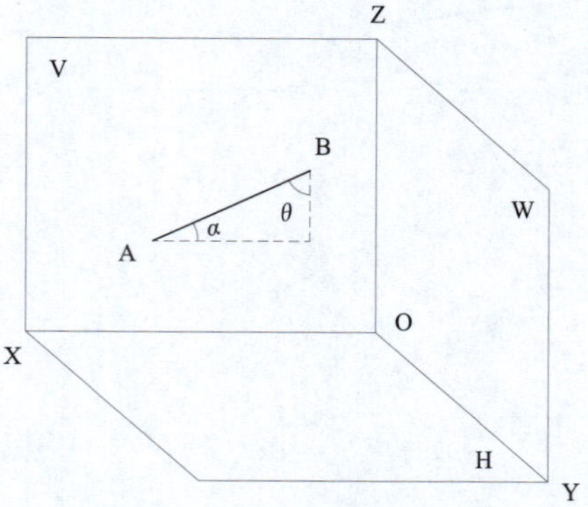 | |
| 三面投影体系 | 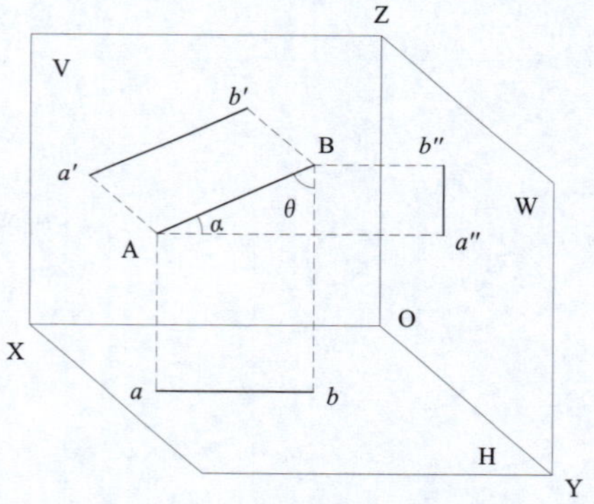 | （1）V 面的投影反映实长；<br>（2）H 面和 W 面的投影分别平行于确定 V 面的 OX、OZ 两轴，且比实长短；<br>（3）$\alpha$、$\theta$ 分别反映直线 AB 与 H 面和 W 面的倾角 |
| 三面投影图 | 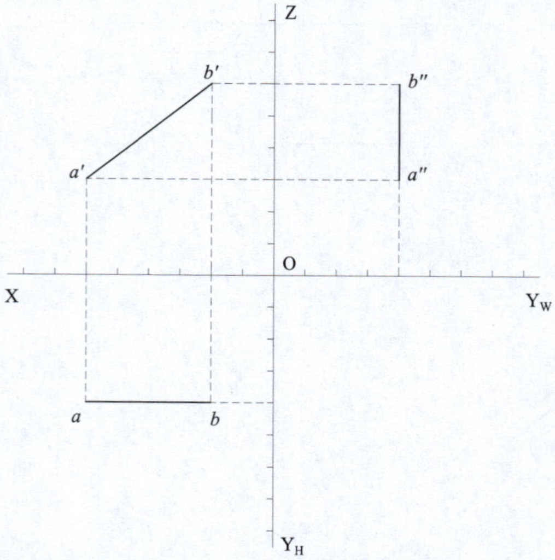 | |

**表 2.3　侧平线**

<table>
<tr><th>名称</th><th>图　形</th><th>投影特征</th></tr>
<tr><td>形体相关线示例</td><td>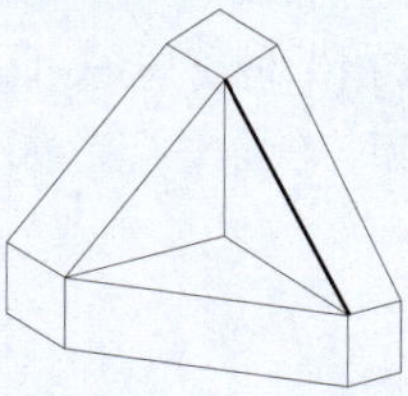</td><td rowspan="4">（1）W 面的投影反映实长；<br>（2）H 面和 V 面的投影分别平行于确定 W 面的 OY、OZ 两轴，且比实长短；<br>（3）α、φ 分别反映直线 AB 与 H 面和 V 面的倾角</td></tr>
<tr><td>直观图</td><td>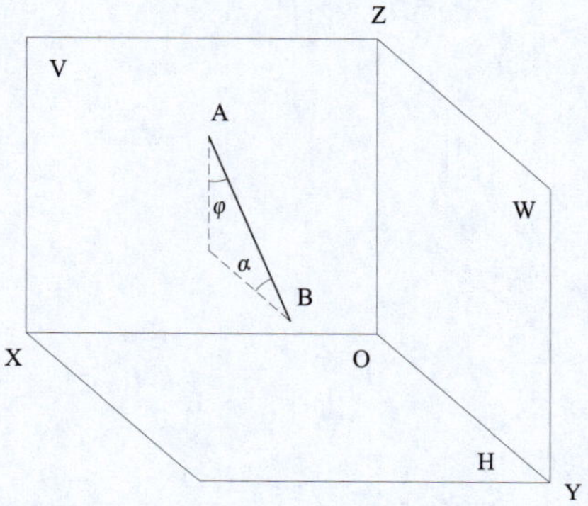
</td></tr>
<tr><td>三面投影体系</td><td>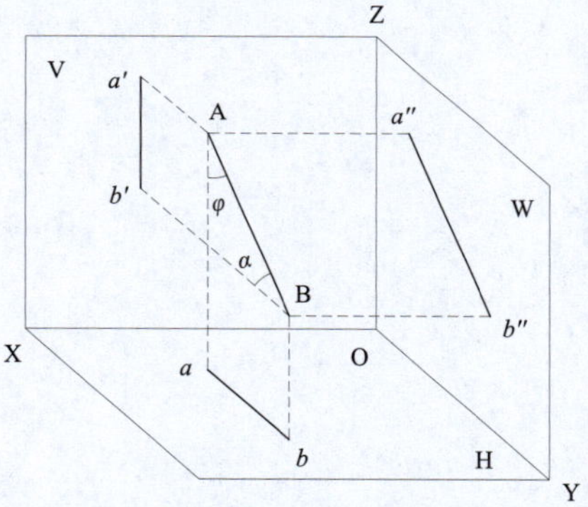
</td></tr>
<tr><td>三面投影图</td><td>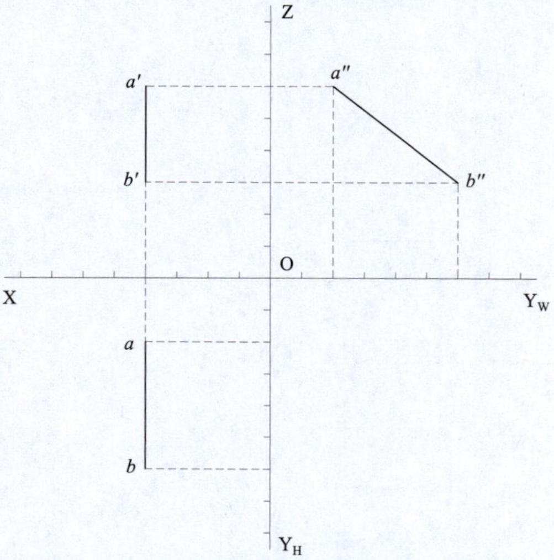
</td></tr>
</table>

### 4. 投影面垂直线

投影面垂直线是指一条与某一投影面垂直，而与其他两个投影面平行的直线。根据其与不同投影面的垂直关系，可划分为：水平面垂直线（又称铅垂线）、正立面垂直线（又称正垂线）、侧立面垂直线（又称侧垂线）。其中，铅垂线与 H 面垂直、与 V 面和 W 面平行，如图 2.34 所示；正垂线与 V 面垂直、与 H 面和 W 面平行，如图 2.35 所示；侧垂线与 W 面垂直、与 V 面和 H 面平行，如图 2.36 所示。

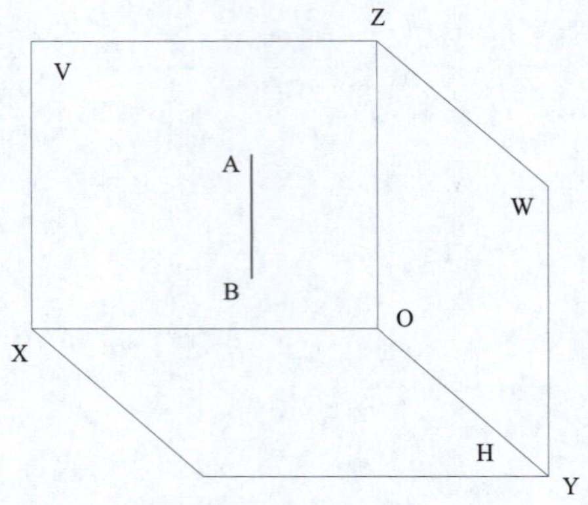


图 2.34　铅垂线

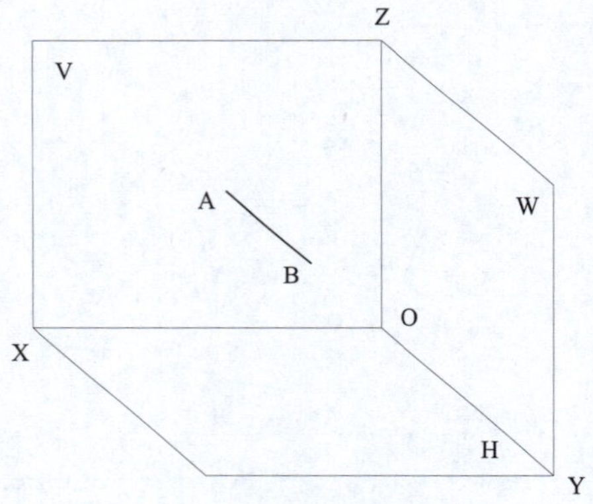


图 2.35　正垂线

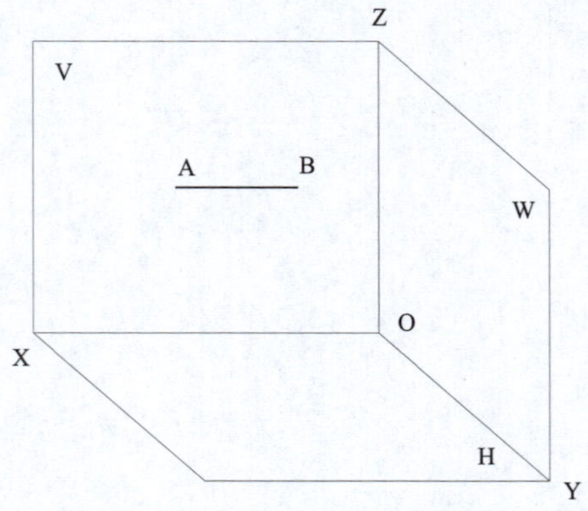


图 2.36　侧垂线

投影面垂直线的三面投影图及其对应的投影特性见表 2.4 至表 2.6。

**表 2.4　铅垂线**

| 名称 | 图　形 | 投影特征 |
|---|---|---|
| 形体相关线示例 |  | |
| 直观图 | 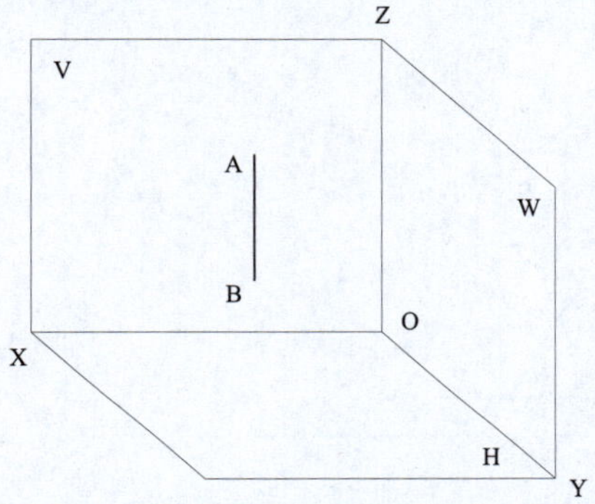 | |
| 三面投影体系 | 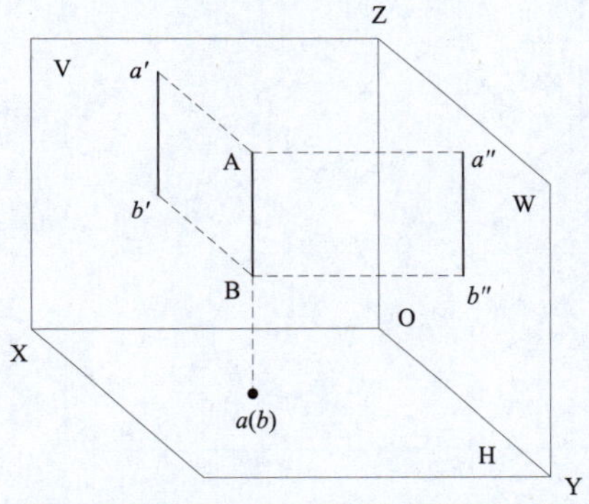 | （1）H 面的投影积聚一点；<br>（2）V 面和 W 面的投影分别垂直于确定 H 面的 OX、OY 两轴，且等于实长 |
| 三面投影图 | 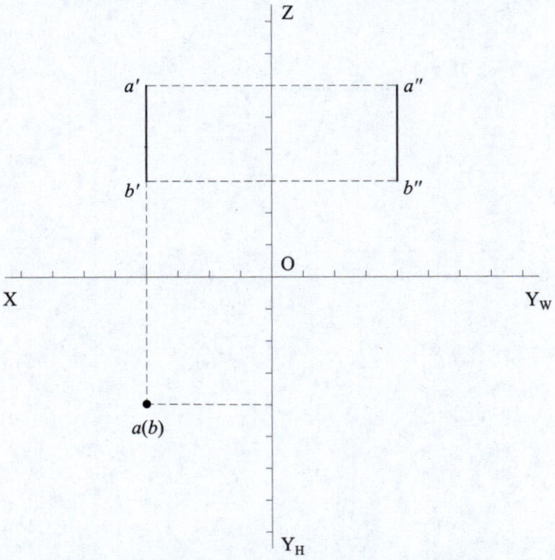 | |

表 2.5　正垂线

<table>
<tr><th>名称</th><th>图　形</th><th>投影特征</th></tr>
<tr><td>形体相关线示例</td><td>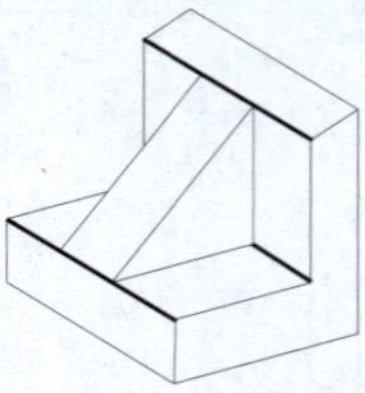</td><td rowspan="4">（1）V 面的投影积聚一点；<br>（2）H 面和 W 面的投影分别垂直于确定 V 面的 OX、OZ 两轴，且等于实长</td></tr>
<tr><td>直观图</td><td>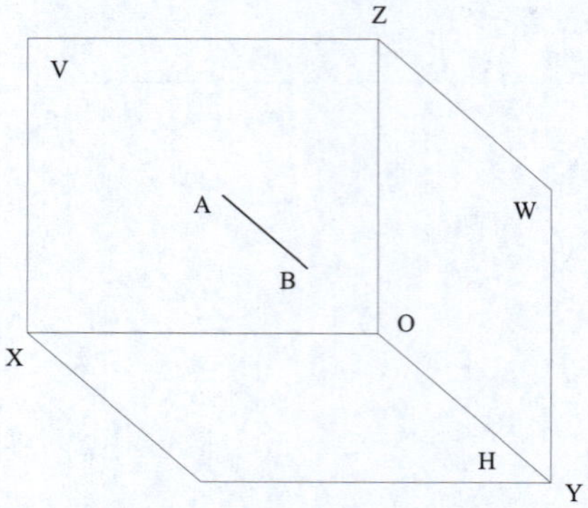
</td></tr>
<tr><td>三面投影体系</td><td>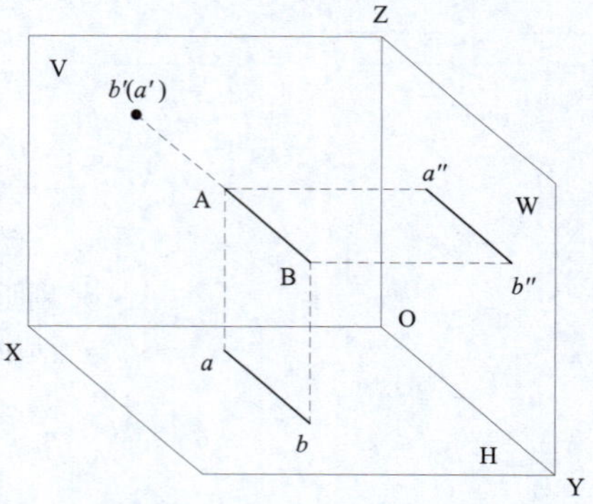
</td></tr>
<tr><td>三面投影图</td><td>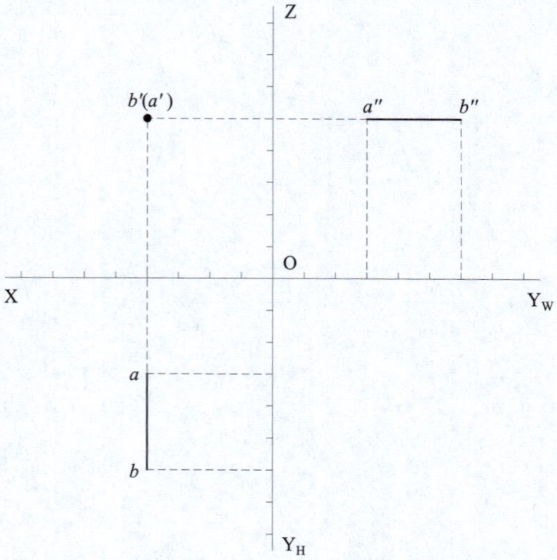
</td></tr>
</table>

表 2.6　侧垂线

| 名称 | 图　　形 | 投影特征 |
|---|---|---|
| 形体相关线示例 | 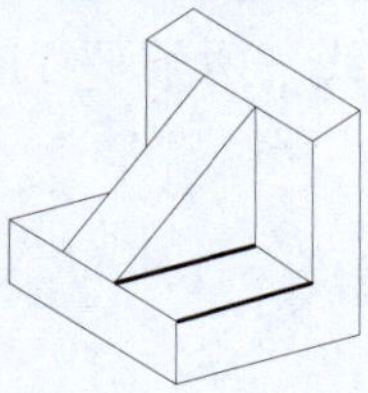 | |
| 直观图 | 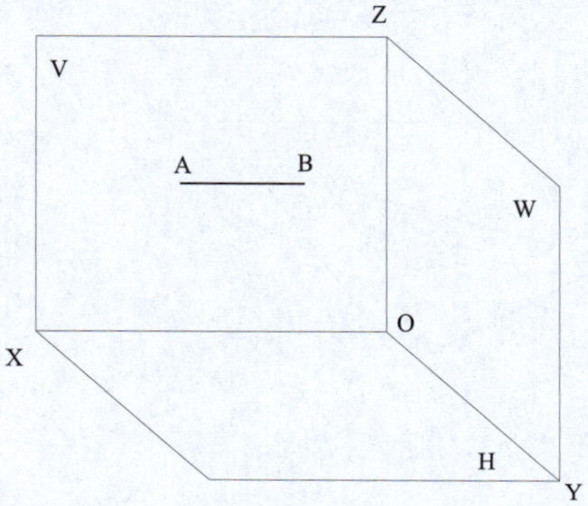 | |
| 三面投影体系 | 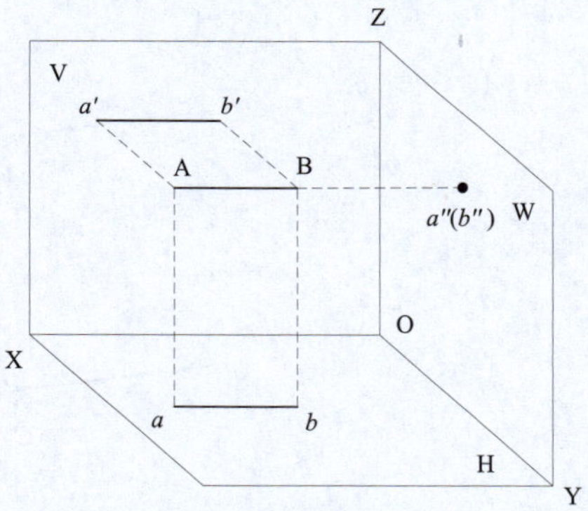 | （1）W 面的投影积聚一点；<br>（2）H面和V面的投影分别垂直于确定 W 面的 OY、OZ 两轴，且等于实长 |
| 三面投影图 | 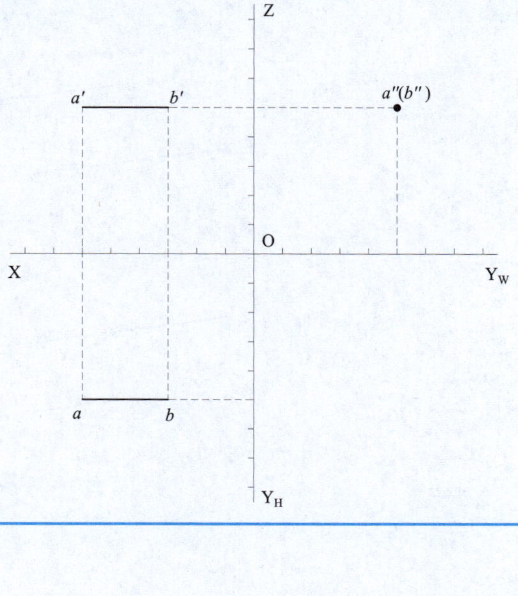 | |

### （三）平面的投影

#### 1. 平面的表示方法

平面存在多种表示方法，常见表示方法主要包括：任意的平面图形不在同一直线上的三点、一条直线和直线外一点、两条相交的直线、两条平行的直线，分别如图 2.37 至图 2.41 所示。

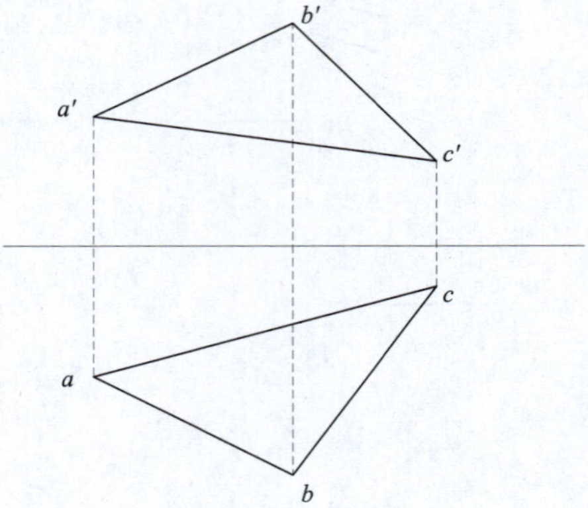


图 2.37　任意平面图形

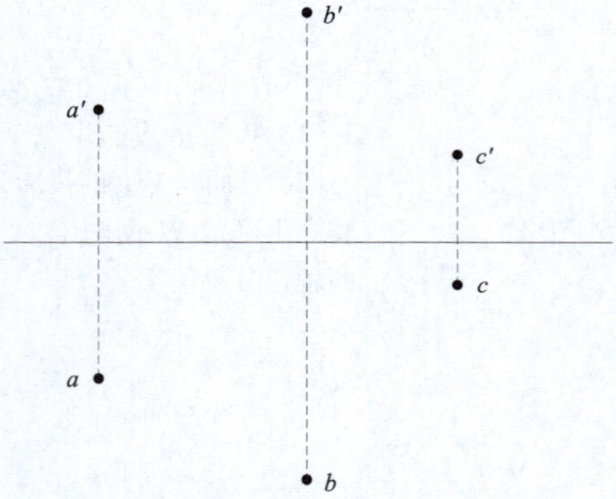


图 2.38　不在同一直线上的三点

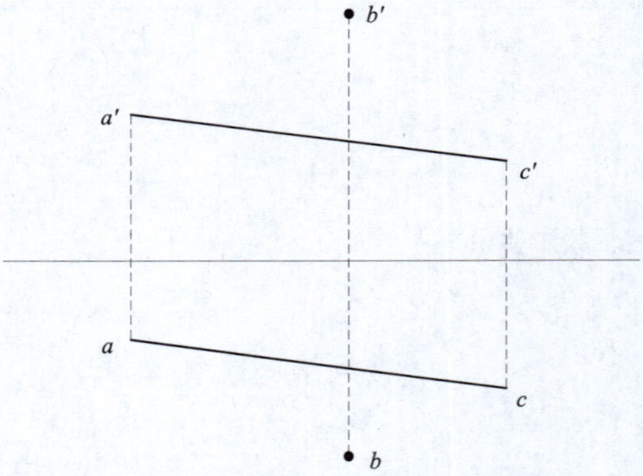


图 2.39　一条直线和直线外一点

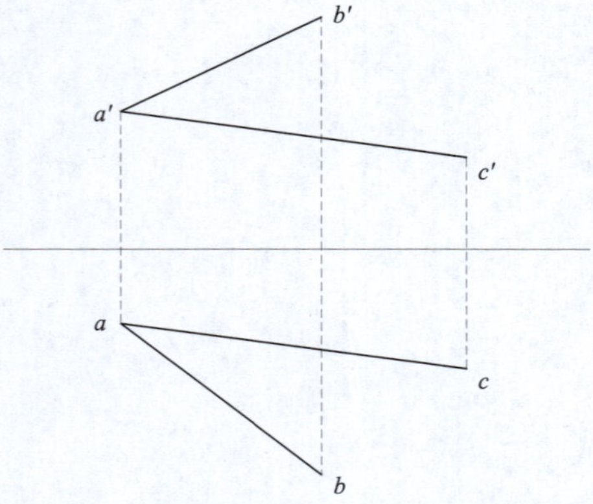


图 2.40　两条相交的直线

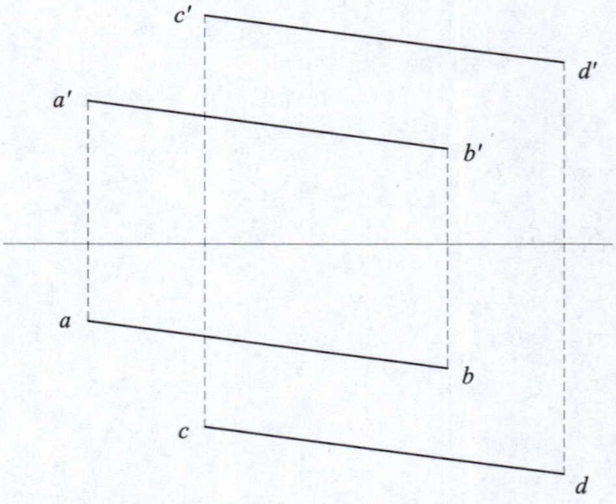


图 2.41　两条平行的直线

### 2. 平面的分类

在三面投影体系中，根据平面与投影面的位置关系，可将平面分为三种类型：一般位置平面、投影面平行面、投影面垂直面。其中，投影面平行面和投影面垂直面统称为特殊位置平面。

### 3. 一般位置平面

一般位置平面是指与三个投影面均呈倾斜关系的平面，如图 2.42 所示。一般位置平面的三面投影体系和三面投影图分别如图 2.43 和图 2.44 所示，由图可知，一般位置平面的三面投影均为小于实形的类似形。

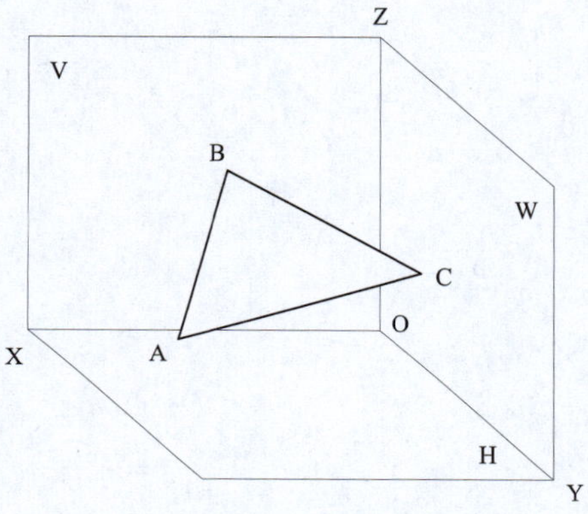


图 2.42　一般位置平面

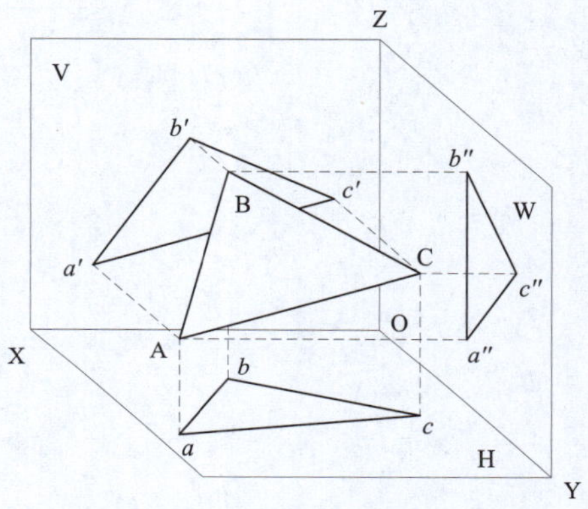


图 2.43　一般位置平面的三面投影体系

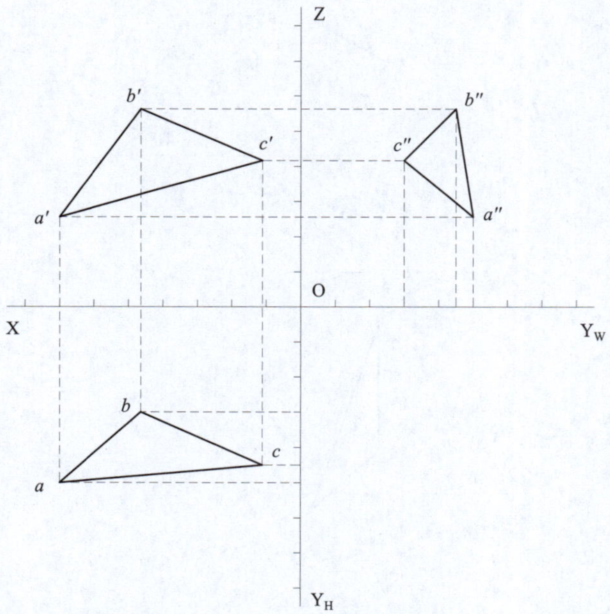


图 2.44　一般位置平面的三面投影图

### 4. 投影面平行面的投影特性

投影面平行面是指平行于一个投影面，并垂直于另外两个投影面的平面。根据其与不同投影面的平行关系，可划分为：水平面平行面（又称水平面）、正立面平行面（又称正平面）、侧立面平行面（又称侧平面）。其中，水平面与 H 面平行、与 V 面和 W 面垂直，如图 2.45 所示；正平面与 V 面平行、与 H 面和 W 面垂直，如图 2.46 所示；侧平面与 W 面平行、与 V 面和 H 面垂直，如图 2.47 所示。

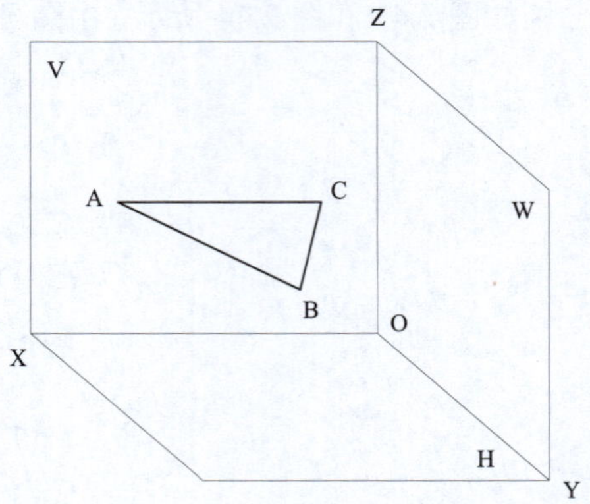


图 2.45　水平面

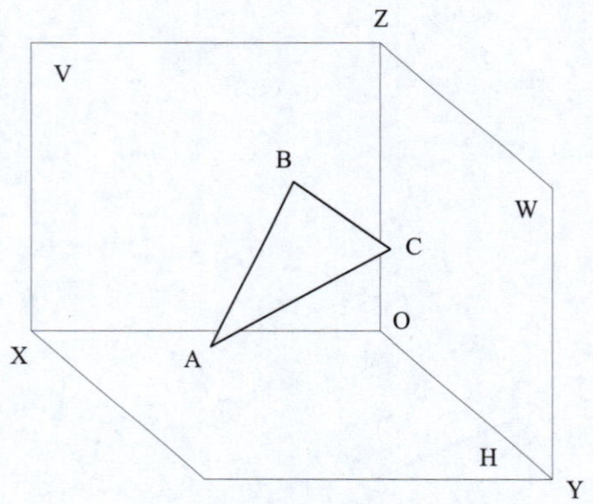


图 2.46　正平面

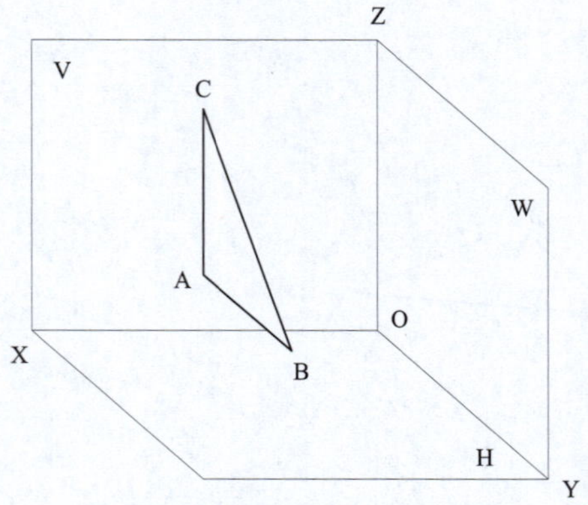


图 2.47　侧平面

投影面平行面的三面投影图及其对应的投影特性见表 2.7 至表 2.9。

表 2.7　水平面

<table>
<tr><th>名称</th><th>图　形</th><th>投影特征</th></tr>
<tr><td>形体相关面示例</td><td>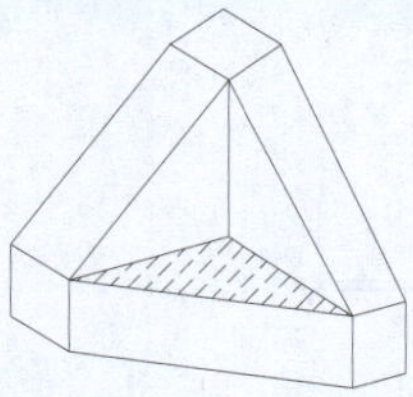</td><td rowspan="4">（1）H 面的投影反映实形；<br>（2）V 面和 W 面的投影积聚为一直线，且分别平行于确定 H 面的 OX、OY 轴</td></tr>
<tr><td>直观图</td><td>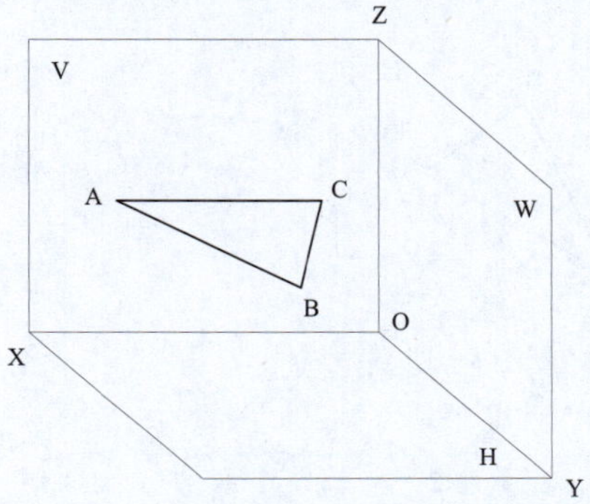</td></tr>
<tr><td>三面投影体系</td><td>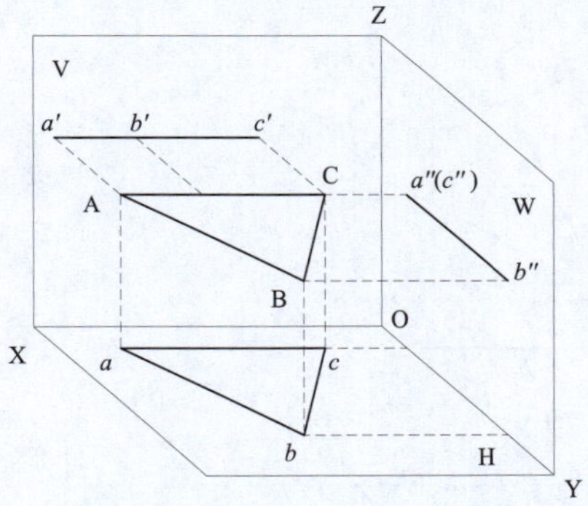</td></tr>
<tr><td>三面投影图</td><td>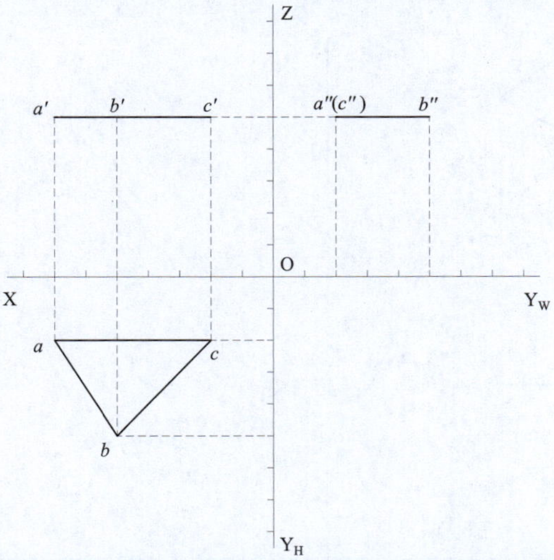</td></tr>
</table>

表 2.8　正平面

<table>
<tr><th>名称</th><th>图　形</th><th>投影特征</th></tr>
<tr><td>形体相关面示例</td><td>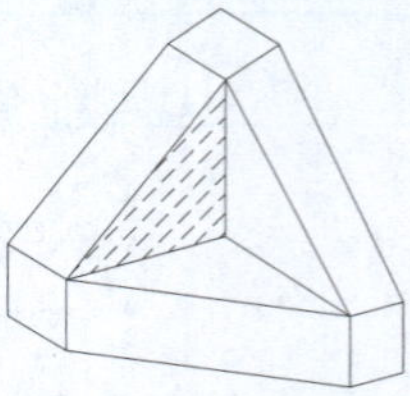</td><td rowspan="4">（1）V 面的投影反映实形；<br>（2）H 面和 W 面的投影积聚为一直线，且分别平行于确定 V 面的 OX、OZ 轴</td></tr>
<tr><td>直观图</td><td>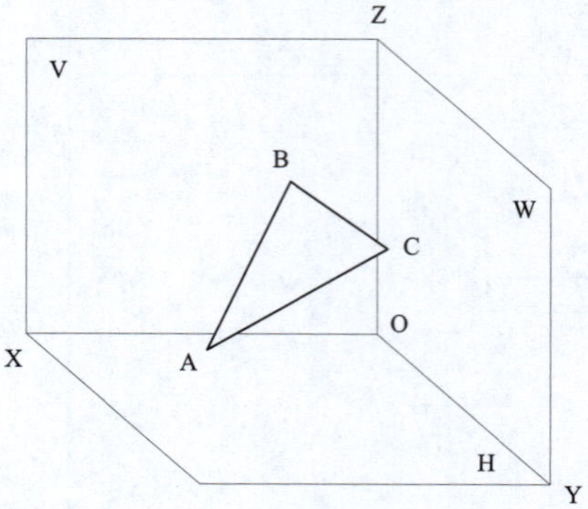
</td></tr>
<tr><td>三面投影体系</td><td>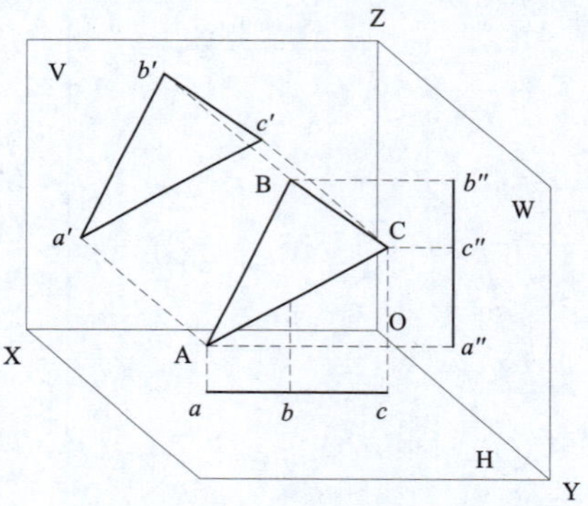
</td></tr>
<tr><td>三面投影图</td><td>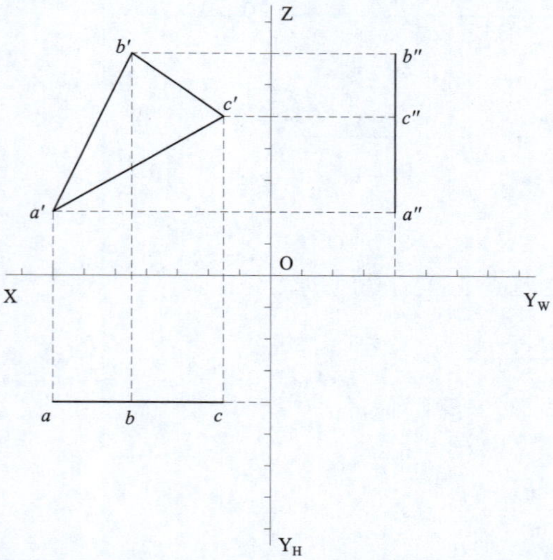
</td></tr>
</table>

**表 2.9　侧平面**

| 名称 | 图　形 | 投影特征 |
|---|---|---|
| 形体相关面示例 | 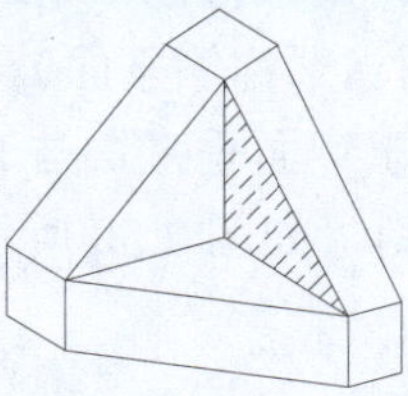 | （1）W 面的投影反映实形；<br>（2）H 面和 V 面的投影积聚为一直线，且分别平行于确定 W 面的 OY、OZ 轴 |
| 直观图 | 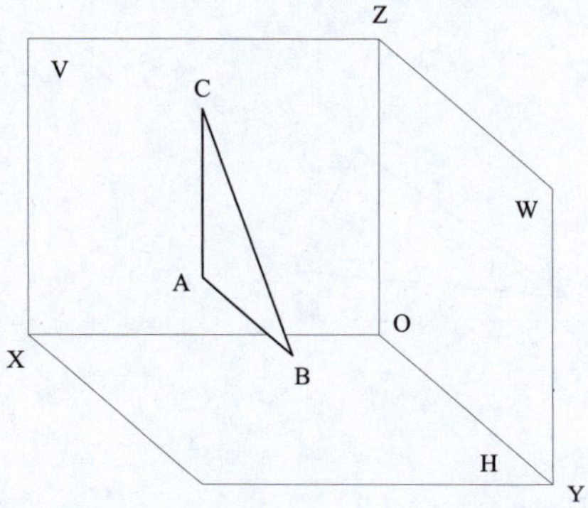 | |
| 三面投影体系 | 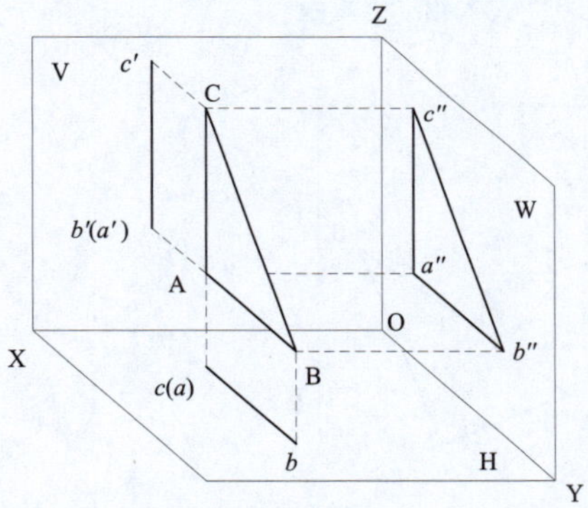 | |
| 三面投影图 | 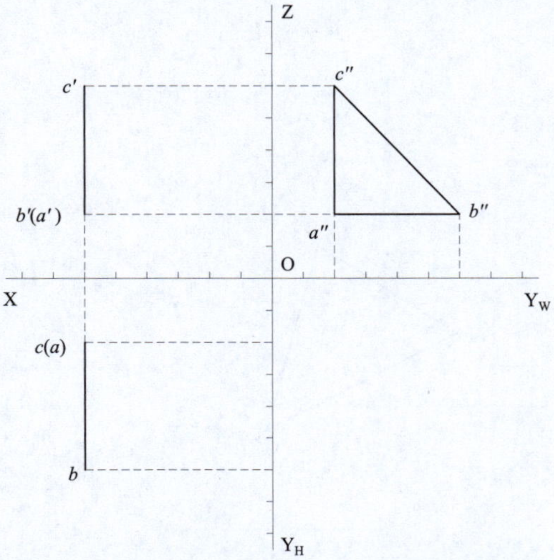 | |

### 5. 投影面垂直面的投影特性

投影面垂直面是指垂直于一个投影面，并与另外两个投影面均呈倾斜关系的平面。根据其垂直的投影面不同，可划分为以下三类，其投影特性如下：水平面垂直面（又称铅垂面）、正立面垂直面（又称正垂面）、侧立面垂直面（又称侧垂面）。其中，铅垂面与H面垂直、与V面和W面倾斜，如图2.48所示；正垂面与V面垂直、与H面和W面倾斜，如图2.49所示；侧垂面与W面垂直、与V面和H面倾斜，如图2.50所示。

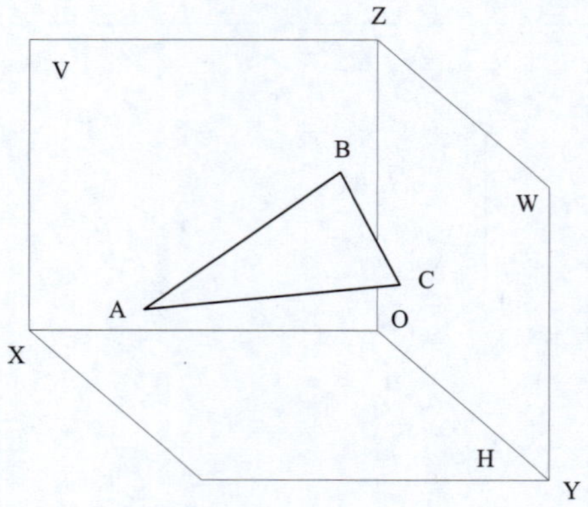


图2.48　铅垂面

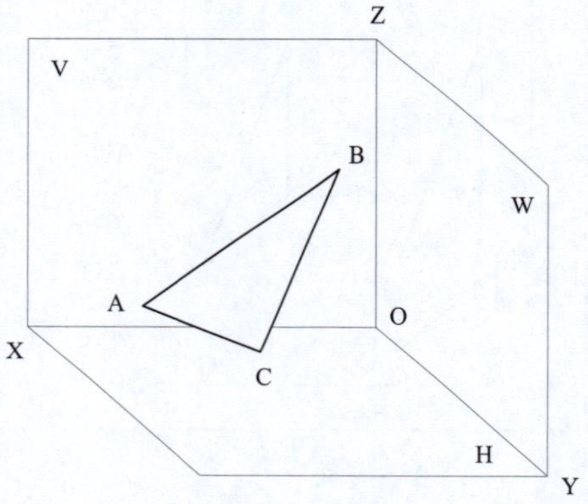


图2.49　正垂面

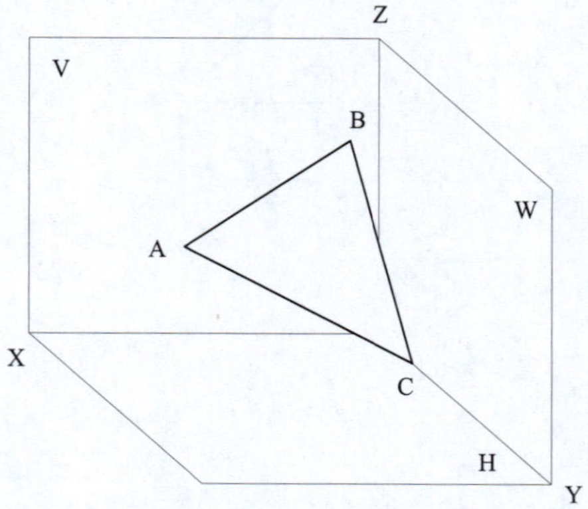


图2.50　侧垂面

投影面垂直面的三面投影图及其对应的投影特性见表 2.10 至表 2.12。

**表 2.10　铅垂面**

<table>
<tr><th>名称</th><th>铅　垂　面</th><th>投影特征</th></tr>
<tr><td>形体相关面示例</td><td>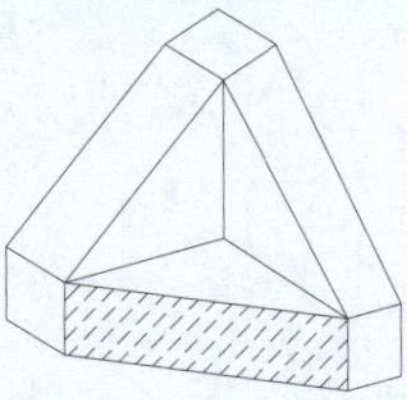</td><td rowspan="4">（1）H 面的投影积聚为一条直线；<br>（2）V 面和 W 面的投影是比实形小的类似形</td></tr>
<tr><td>直观图</td><td>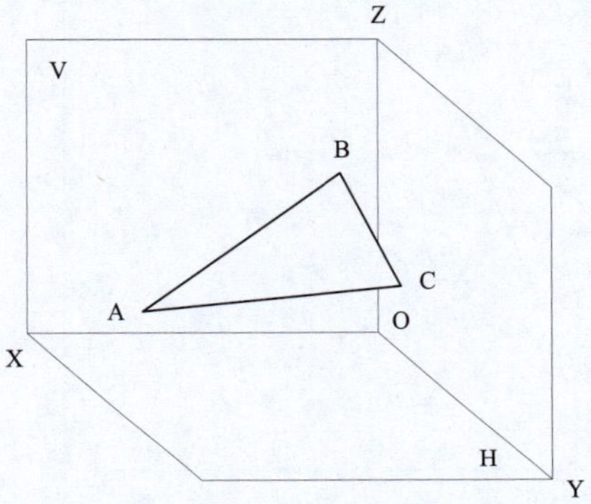<br></td></tr>
<tr><td>三面投影体系</td><td>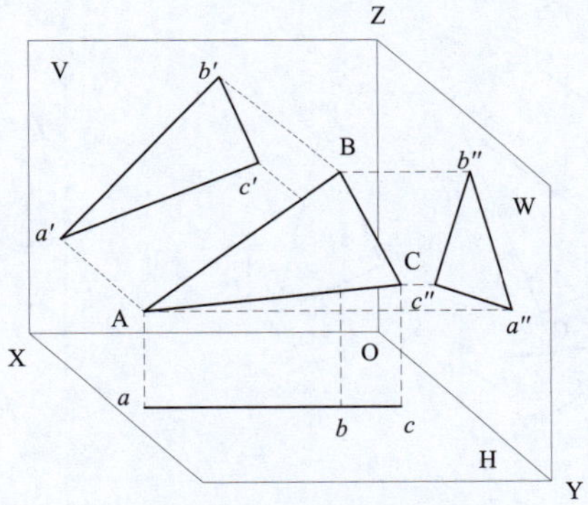<br></td></tr>
<tr><td>三面投影图</td><td>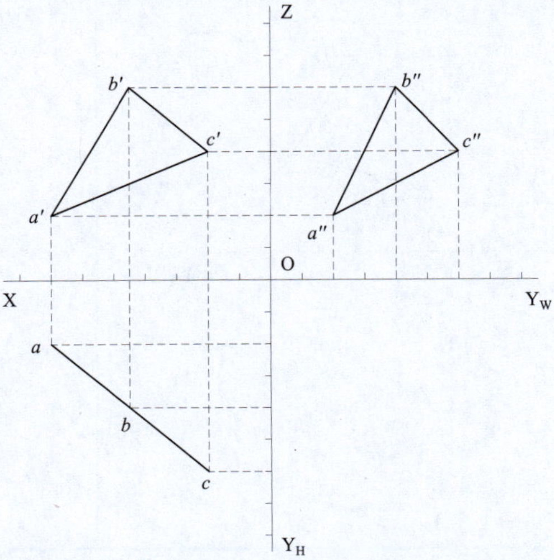<br></td></tr>
</table>

**表 2.11　正垂面**

| 名称 | 正　垂　面 | 投影特征 |
|---|---|---|
| 形体相关面示例 | 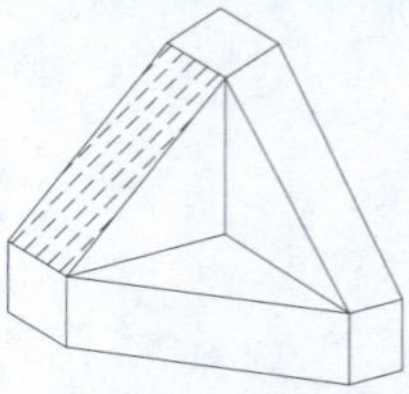 | |
| 直观图 | 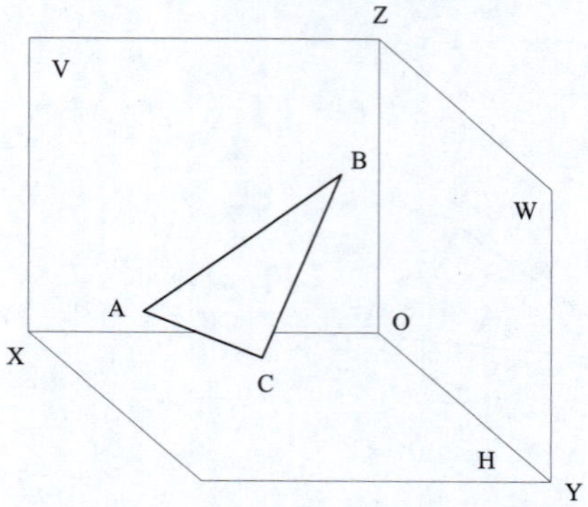 | |
| 三面投影体系 | 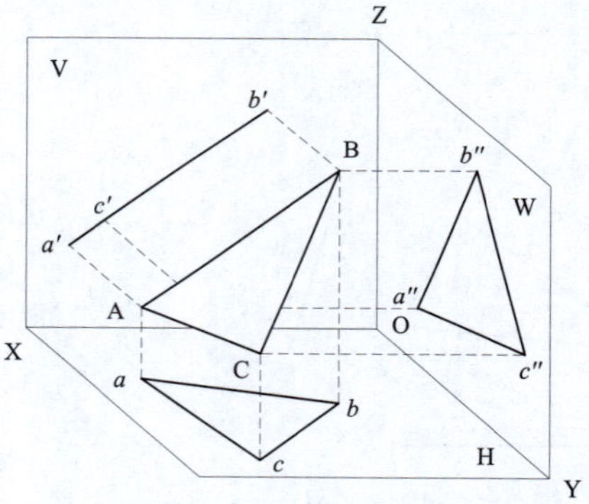 | （1）V 面的投影积聚为一条直线；<br>（2）H 面和 W 面的投影是比实形小的类似形 |
| 三面投影图 | 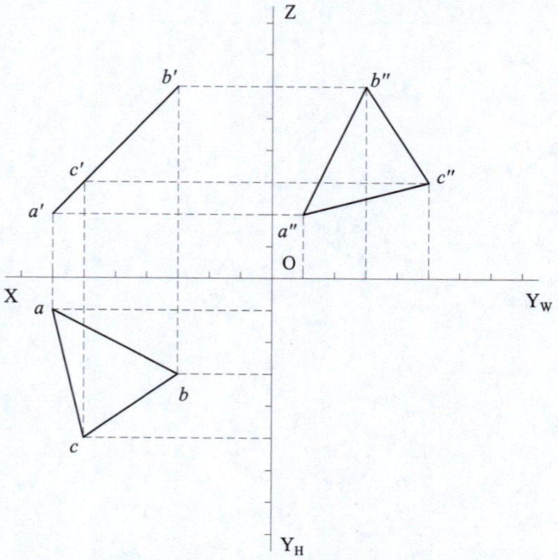 | |

**表 2.12　侧垂面**

| 名称 | 侧　垂　面 | 投影特征 |
|---|---|---|
| 形体相关面示例 | 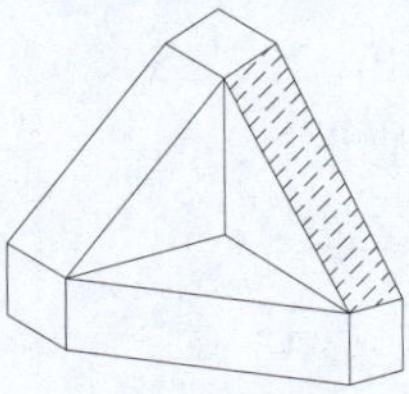 | |
| 直观图 | 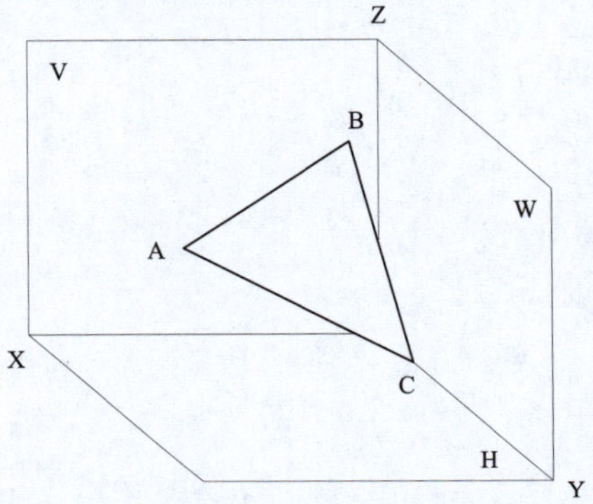 | |
| 三面投影体系 | 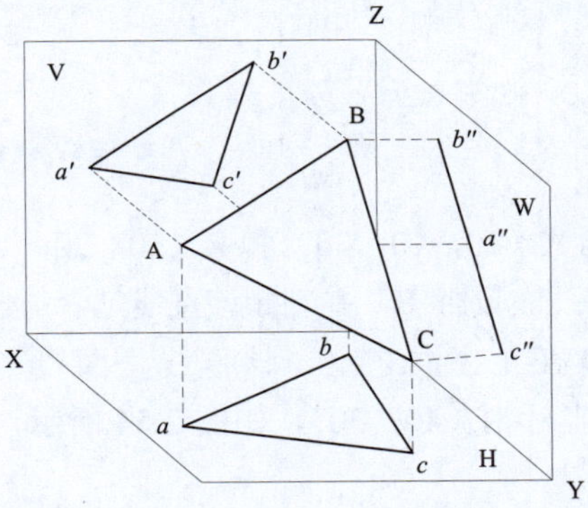 | （1）W 面的投影积聚为一条直线；<br>（2）V 面和 H 面的投影是比实形小的类似形 |
| 三面投影图 | 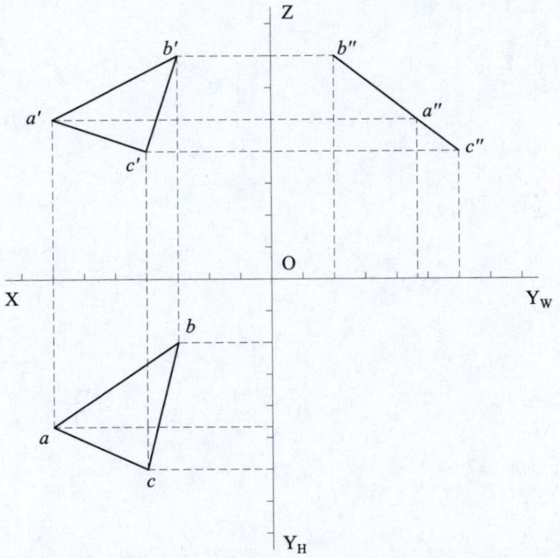 | |

## 二、任务实战

### （一）基础实践

（1）已知点 A 和点 B 的坐标分别为（30，20，25）、（0，25，30），请在图 2.51 所给三面投影体系展开图中分别绘出它们的三面投影图。

（2）已知点 A 在点 B 之前 2、之上 3、之右 4，请在图 2.52 所给三面投影体系展开图中绘出点 A 的三面投影图。

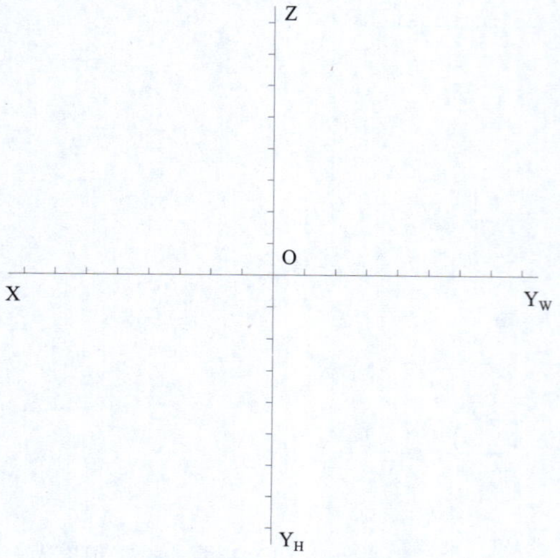


图 2.51　基础实践一

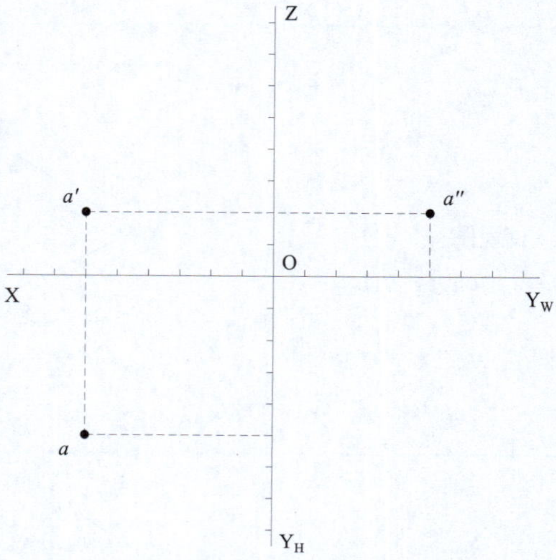


图 2.52　基础实践二

（3）已知直线 AB 的端点坐标为 A（20，10，30）和 B（30，20，10），请在图 2.53 所给三面投影体系展开图中绘出直线 AB 的三面投影图，并判断该直线是否与任一投影面平行或垂直。

（4）直线 AB 是正垂线，点 B 在正立面之上，该直线正面投影积聚为一点 $a'$（$b'$），$a'$（$b'$）坐标为（40，50），而点 $a$ 坐标为（40，30），如图 2.54 所示，请在图中补全直线 AB 的三面投影，并标注相关坐标。

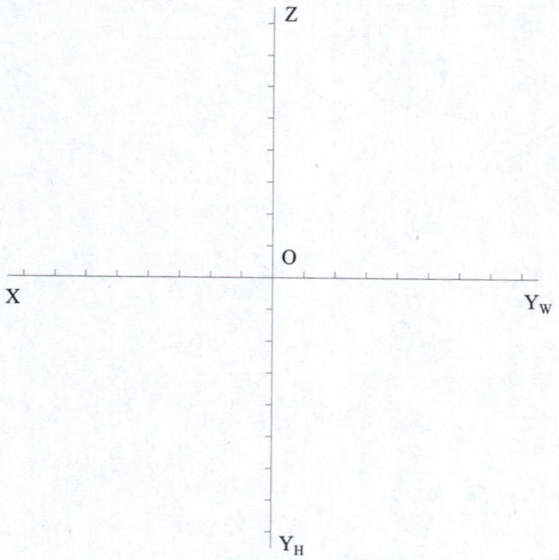


图 2.53　基础实践三

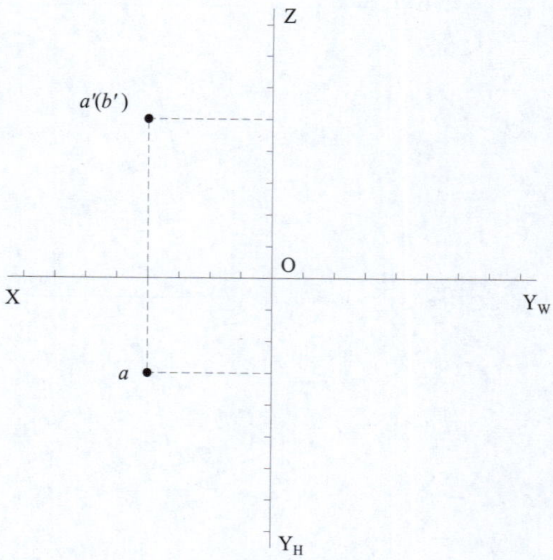


图 2.54　基础实践四

（5）平面 P 是由 A（10，20，30）、B（30，20，10）、C（30，10，20）三点确定的，请在图 2.55 所给三面投影体系展开图中绘制平面 P 的三面投影图。

（6）已知平面 P 为正平面，距离正立面 40，其正面投影 $p'$ 为边长为 50 的正方形，该正方形左上角点 A 坐标为（70，40，70），点 A 在正立面的投影如图 2.56 所示，请在图中绘制平面 P 的三面投影图。

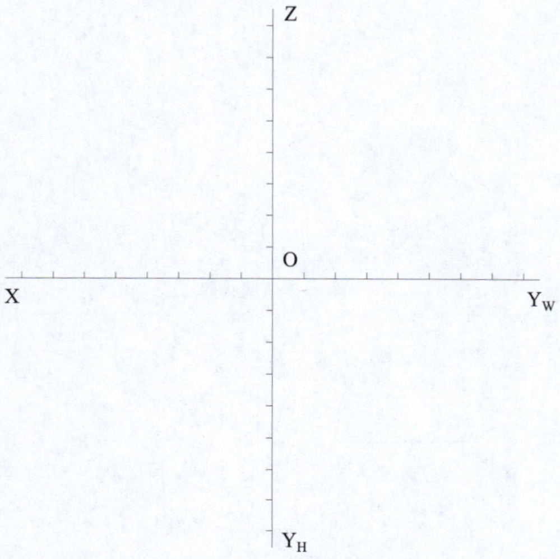


图 2.55　基础实践五

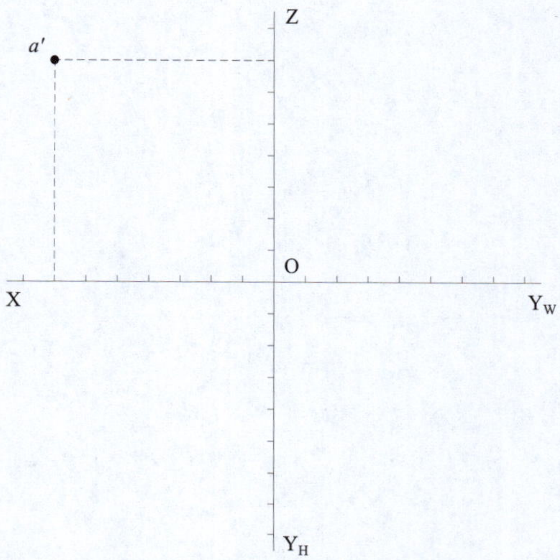


图 2.56　基础实践六

## （二）能力提升

（1）已知点 A 在水平面和正立面的投影分别是 $a$（50，40）和 $a'$（50，60），请在图 2.57 所给三面投影体系展开图中绘制出点 A 的侧立面投影图。

（2）已知点 A 坐标为（20，−30，30），点 B 是点 A 关于正立投影面 V 的对称点，请在图 2.58 所给三面投影体系展开图中绘制点 B 的三面投影。

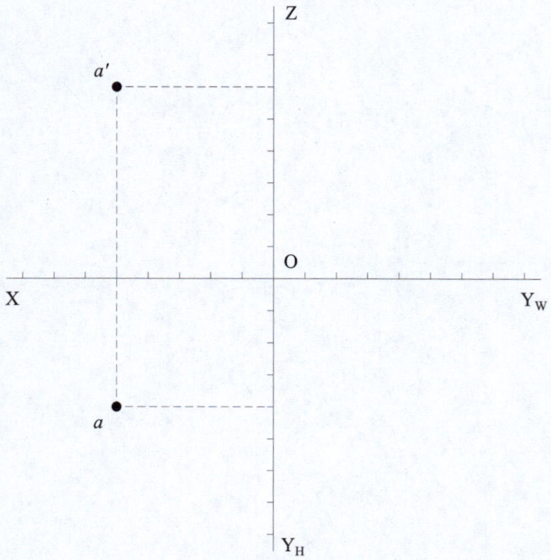


图 2.57　能力提升一

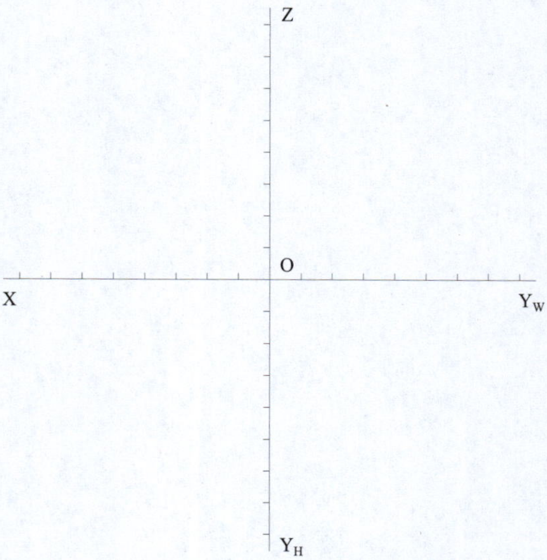


图 2.58　能力提升二

(3)直线AB是水平线，点A的坐标为(10,10,30)，该直线的水平面投影 *ab* 长为50 mm，正立面投影 *a′b′* 长为40 mm，侧立面投影 *a″b″* 长为30 mm，请在图2.59所给三面投影体系展开图中绘制直线AB的三面投影。

（4）如图2.60所示为直线AB的水平面投影 *ab* 和正立面投影 *a′b′*，请在图中补全侧立面投影，并判断直线AB属于哪种类型直线。

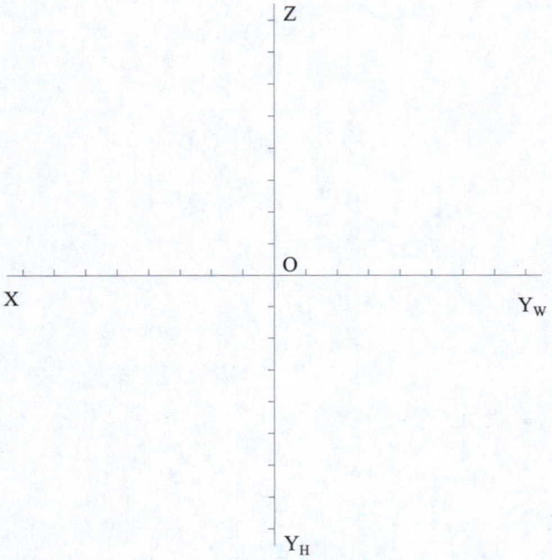


图2.59　能力提升三

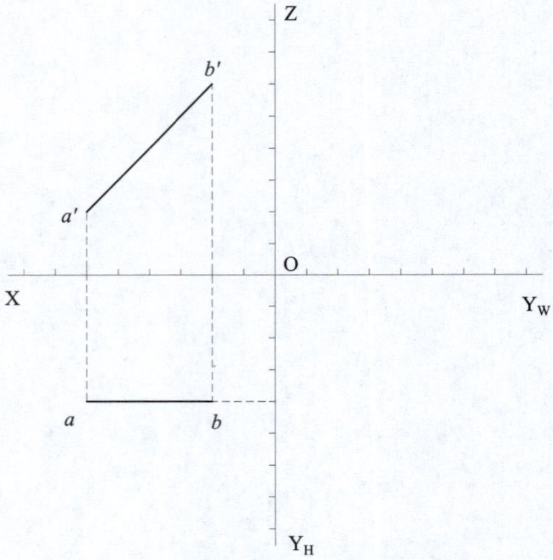


图2.60　能力提升四

（5）平面P的水平投影 *p* 为等腰梯形，该梯形的底边长为60 mm，顶边长为20 mm，高为40 mm，正面投影 *p′* 聚为一条倾斜直线，该直线两端点坐标分别为 *a′*（70，20）和 *b′*（10，60），如图2.61所示，请在图中绘制平面P的三面投影图。

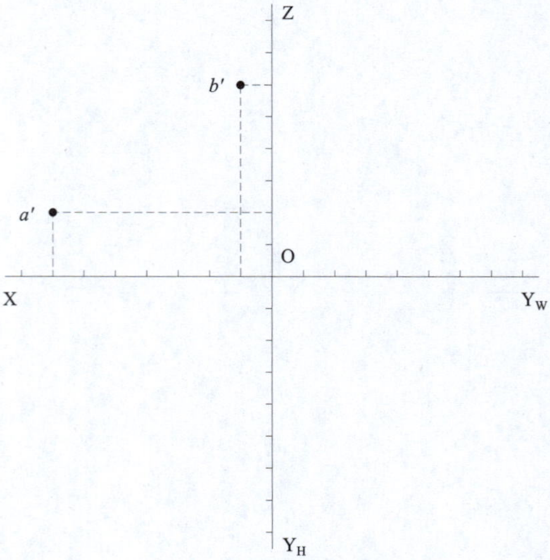


图2.61　能力提升五

（6）如图 2.62 所示为某几何形体，请在所给的三面投影体系展开图中绘制其三面投影图，并判断该几何形体上各平面的类型。

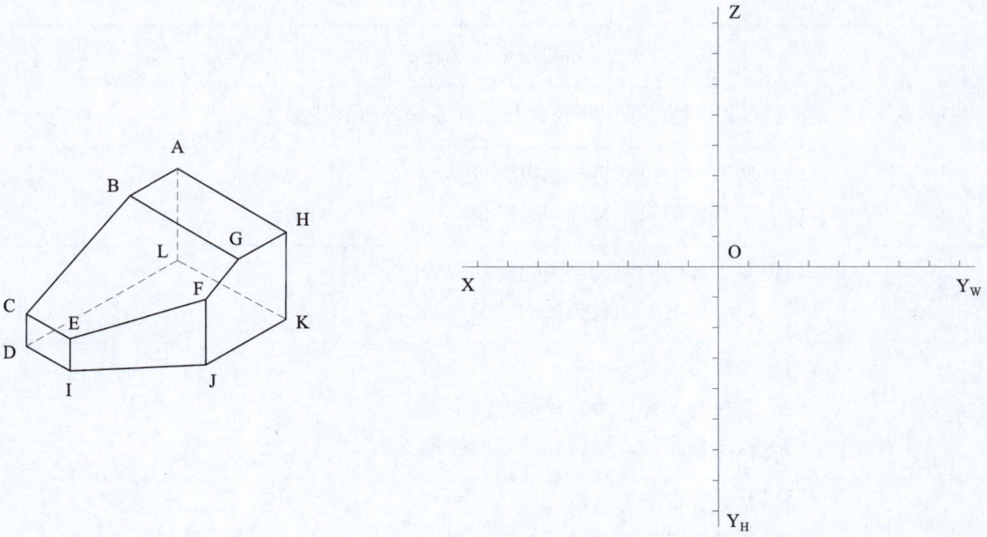


图 2.62　能力提升六

任务实战成果参考

# 任务三　形体的投影

| 形体的投影绘制任务单 | |
|---|---|
| 任务描述 | 空间中有某形体，需采用三面投影体系来分析其投影 |
| 知识点 | （1）基本体的投影特性和投影规律；<br>（2）组合体的投影特性和投影规律 |
| 技能点 | （1）基本体的三面投影图的绘制步骤；<br>（2）组合体的三面投影图的绘制步骤 |
| 任务实施 | （1）绘制三面投影体系；<br>（2）分析基本体、组合体的空间位置；<br>（3）绘制基本体、组合体的三面投影图 |
| 评价标准 | （1）基础知识掌握 20 分；<br>（2）形体的投影绘制技能要点运用 20 分；<br>（3）空间想象力与工程思维等职业素养体现 20 分；<br>（4）任务成果 40 分 |

## 一、知识驿站

### （一）基本体的投影

#### 1. 基本体的概念与分类

基本体是指具有明确几何定义、由单一表面或规则表面组合（如平面、圆柱面、圆锥面等可通过数学方程描述的表面）围成的几何形体，具有规则性、单一性、基础性等特点。按照表面性质的不同，基本体可分为平面立体和曲面立体。其中，平面立体由平面围成，所有表面均为平面，主要包括棱柱体、棱锥体，如图 2.63 所示；曲面立体由曲面或曲面与平面共同围成，常见的基本体主要为回转体和非回转曲面体，如图 2.64 所示。

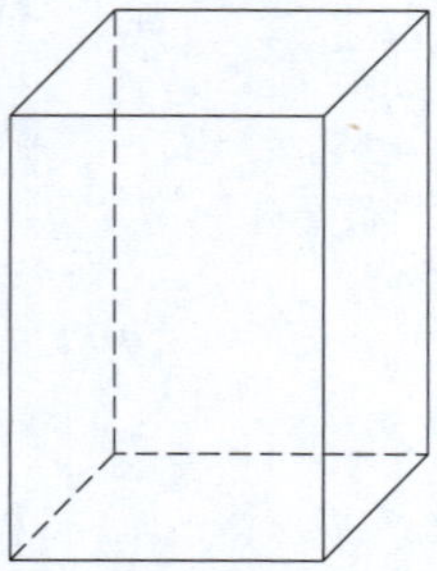

（a）棱柱体

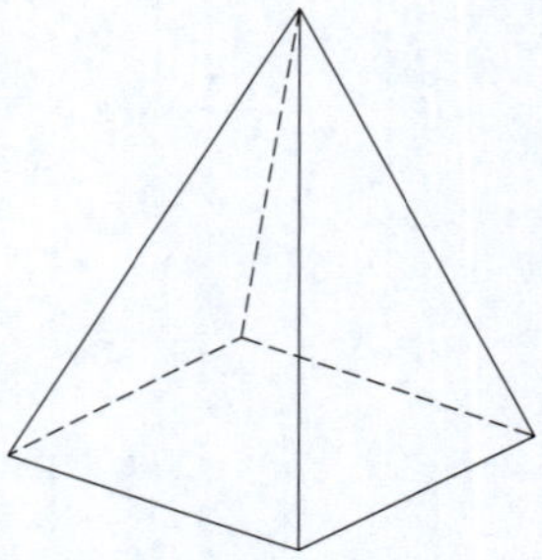

（b）棱锥体

图 2.63　平面立体

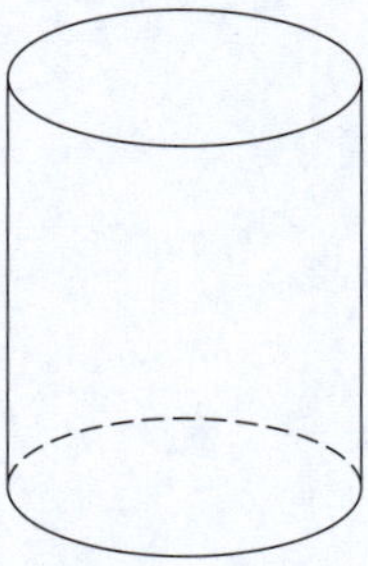

(a) 回转体

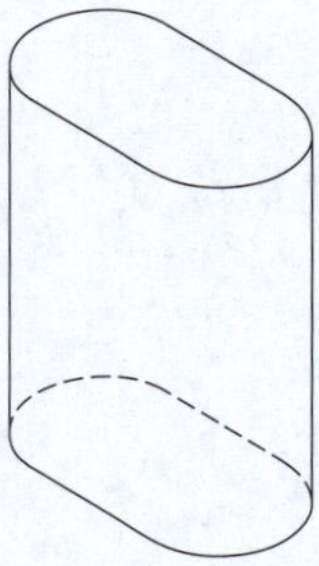

(b) 非回转曲面体

图 2.64　曲面立体

2. 棱柱体的投影

棱柱体是由两个全等的多边形底面和平行且相等的矩形（或平行四边形）侧面围成的形体，按侧棱与底面关系，可分为正棱柱、斜棱柱。其中，正棱柱的侧棱与底面垂直，侧面为矩形，如图 2.65（a）所示；斜棱柱的侧棱与底面倾斜，侧面为平行四边形，如图 2.65（b）所示。

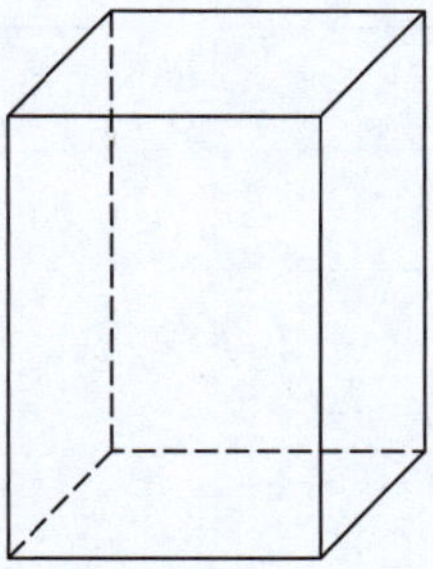

(a) 正棱柱

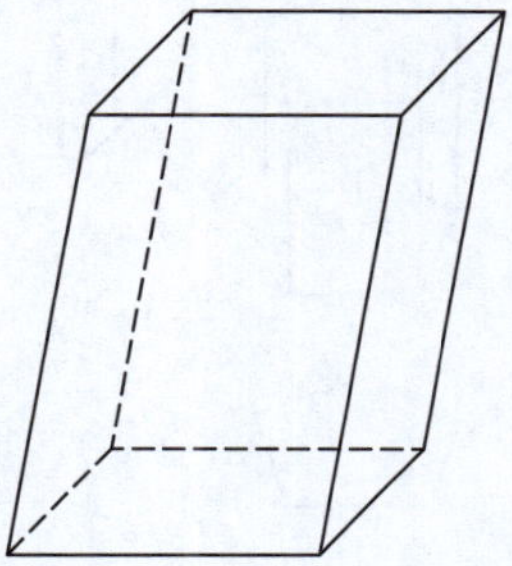

(b) 斜棱柱

图 2.65　棱柱体

以正五棱柱为例，如图 2.66 所示，分析其三面投影。其中，水平面投影为正五边形，反映正五棱柱顶面与底面的实形，正五边形的每条边对应五个侧面的垂直投影，均积聚成线；正立面投影为两个实线矩形和一个虚线矩形，实线矩形不反映侧面的实形，虚线矩形反映侧面的实形，横线为底面和顶面的积聚投影，竖线为侧棱的投影，均反映其实长；侧立面投影为两个并排矩形，横线为底面和顶面的积聚投影，竖线反映实长，左侧竖线为侧面的积聚投影，右侧两条竖线为侧棱的投影。

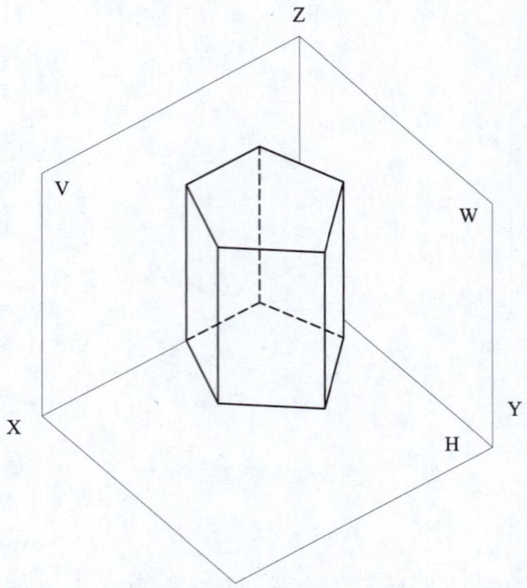


(a) 直观图

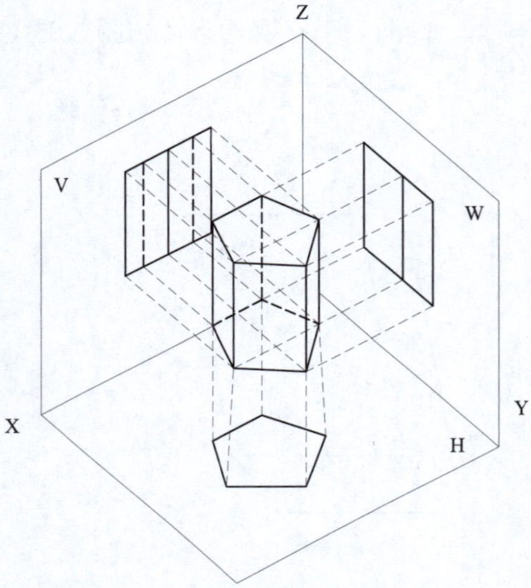


(b) 三面投影体系

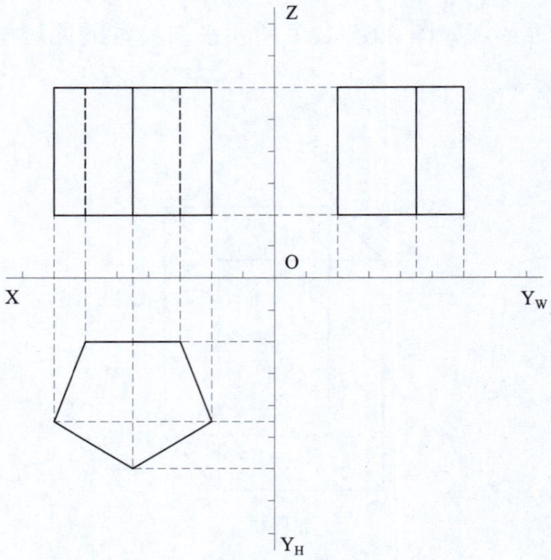


(c) 三面投影图

图 2.66　正五棱柱

### 3. 棱锥体的投影

棱锥体是由一个多边形底面和若干三角形侧面围成的平面立体，其顶点（锥顶）通过侧棱与底面各顶点相连，按锥顶位置分类，棱锥体可分为正棱锥、斜棱锥。其中，正棱锥的锥顶位于底面正多边形的中心垂线上，所有侧棱长度相等，侧面为全等的等腰三角形，如图 2.67（a）所示；斜棱锥的锥顶偏离底面中心垂线，侧棱长度不等，侧面为不规则三角形，如图 2.67（b）所示。

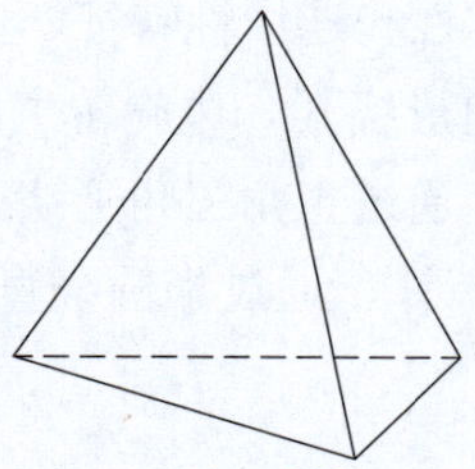

(a) 正棱锥

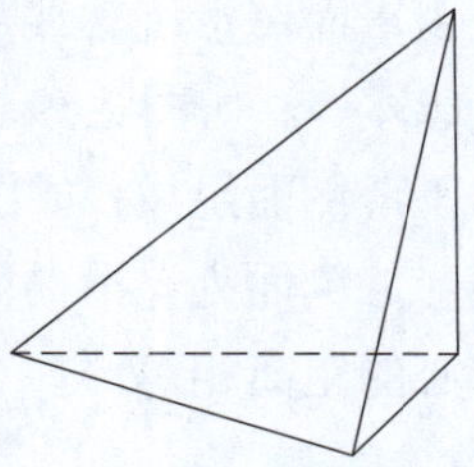

(b) 斜棱锥

图 2.67　棱锥体

以正三棱锥为例，如图 2.68 所示，分析其三面投影。其中，水平面投影为正三角形，反映正三棱锥底面的实形，顶点的投影位于正三角形中心，三条侧棱的投影为正三角形中心向三个顶点的连线；正立面投影为等腰三角形，底边为底面的积聚投影，两侧斜边为左右侧棱的积聚投影，中间线为前侧棱的积聚投影；侧立面投影为非等腰三角形，底边仍为底面的积聚投影，左侧斜边为正三棱锥后斜面的积聚投影，右侧斜边为前侧棱的积聚投影。

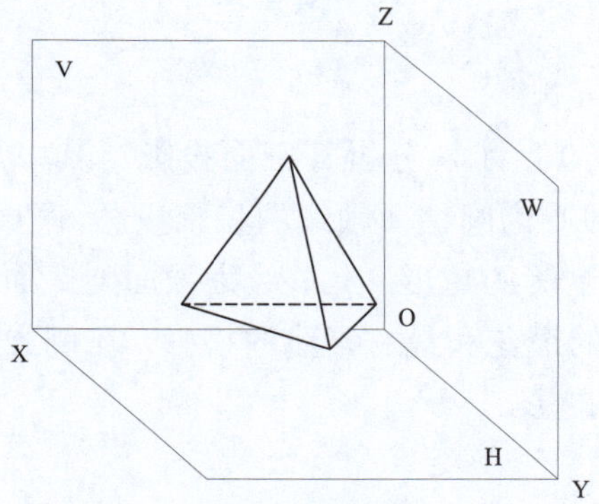


(a) 直观图

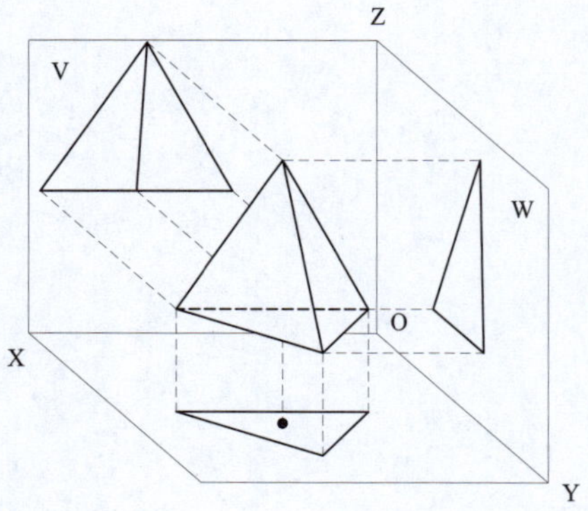


(b) 三面投影体系

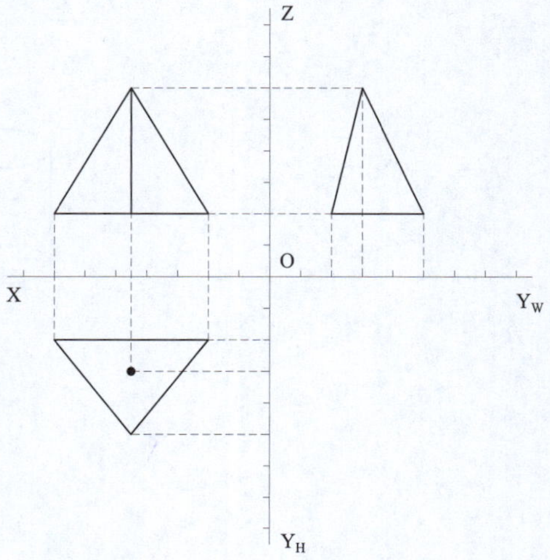


(c) 三面投影图

图 2.68　正三棱锥

#### 4. 回转体的投影

回转体是由平面图形绕轴线旋转生成的立体，具有对称性和连续性特征，主要包括圆柱体、圆锥体、球体等。如图 2.69（a）所示为圆柱体，通过矩形绕其一边旋转生成，由两个全等圆形底面和平滑侧面组成；如图 2.69（b）所示为圆锥体，通过直角三角形绕直角边旋转生成，底面为圆形，侧面为光滑曲面；如图 2.69（c）所示为球体，通过半圆绕直径旋转生成，表面各点到球心的距离相等。

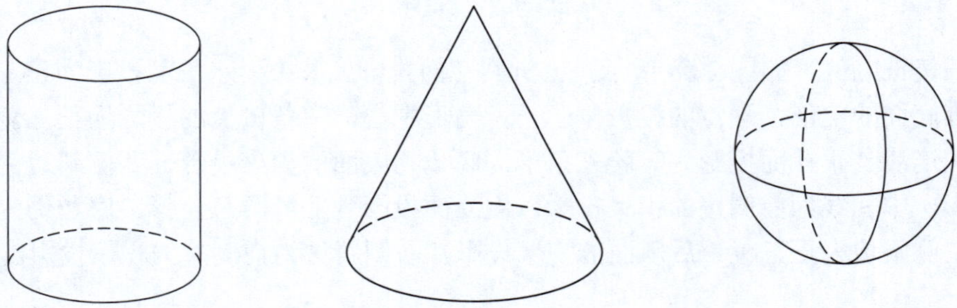

（a）圆柱体　（b）圆锥体　（c）球体

图 2.69　回转体

以圆柱体为例，如图 2.70 所示，分析其三面投影。其中，水平面投影为圆形，反映圆柱体顶面与底面的实形，圆心为圆柱体轴线的积聚投影，圆周为顶面与底面边界的投影；正立面投影和侧立面投影为全等的矩形，上下边为顶面与底面的积聚投影，在正立面投影中，其左右边分别是圆柱体的最左和最右素线的投影，在侧立面投影中，其左右边分别是圆柱体的最前和最后素线的投影。

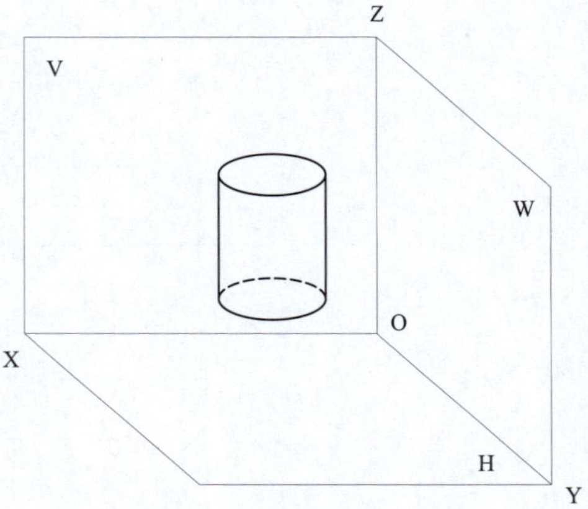


（a）直观图

图 2.70　圆柱体

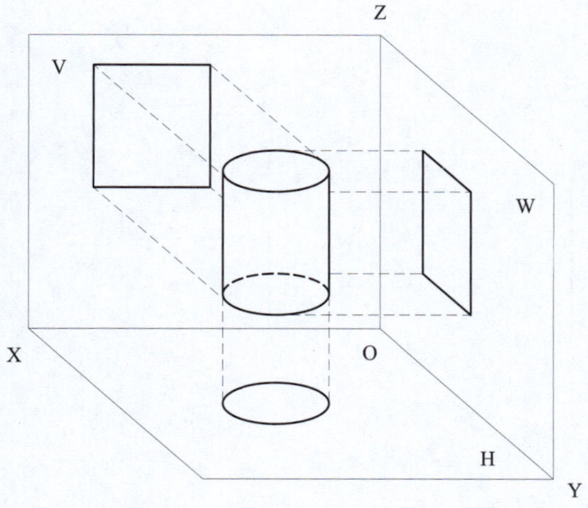


(b) 三面投影体系

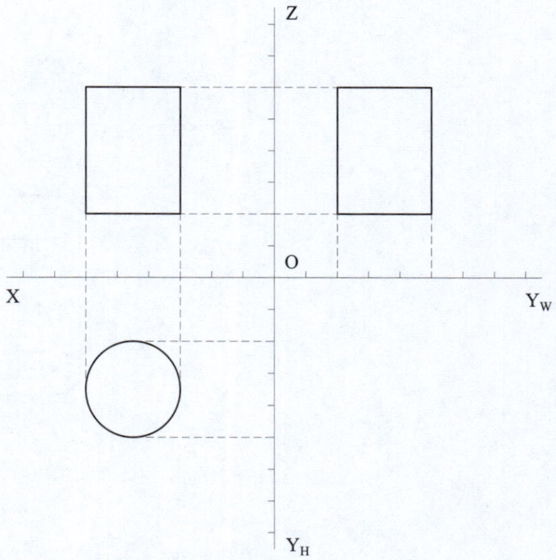


(c) 三面投影图

图 2.70　圆柱体（续）

## 5. 非回转曲面体的投影

非回转曲面体是由平面图形通过非旋转方式（如平移、拉伸、扭曲等）生成的曲面立体，其形态多样且对称性较弱，主要包括双曲抛物面、椭圆柱面、非回转椭球体等。如图 2.71（a）所示为椭圆柱面，由椭圆沿其长轴或短轴的垂直方向平移拉伸而成；如图 2.71（b）所示为双曲抛物面，由抛物线沿另一反向抛物线平移生成，或通过直线母线沿双曲线轨迹运动形成。

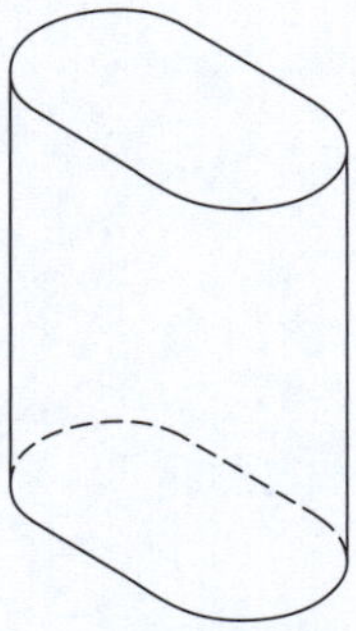

(a) 椭圆柱面

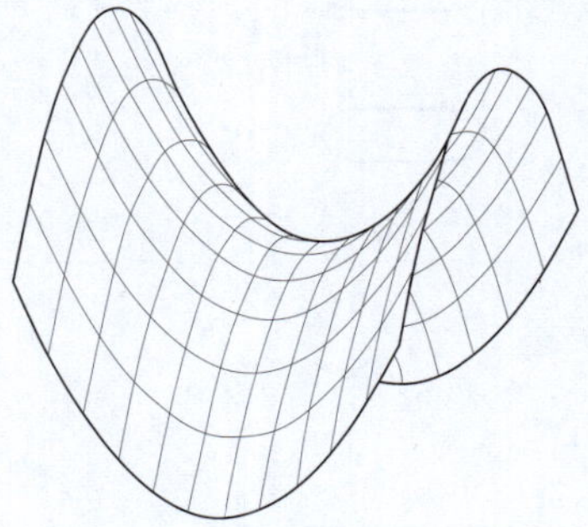

(b) 双曲抛物面

图 2.71　非回转曲面体

以椭圆柱面为例，如图 2.72 所示，分析其三面投影。其中，水平面投影为椭圆，该椭圆的长轴与短轴分别对应原椭圆底面的实际尺寸，反映椭圆柱面的顶面与底面的实形，圆周为顶面与底面边界的投影；正立面投影为矩形，上下边为顶面与底面的积聚投影，左右边分别为椭圆柱面的最左和最右素线的投影，其宽度等于椭圆长轴长度；侧立面投影为矩形，但宽度与正立面投影相区别，上下边同为顶面与底面的积聚投影，前后边分别为椭圆柱面的最前和最后素线的投影，宽度等于椭圆短轴长度。

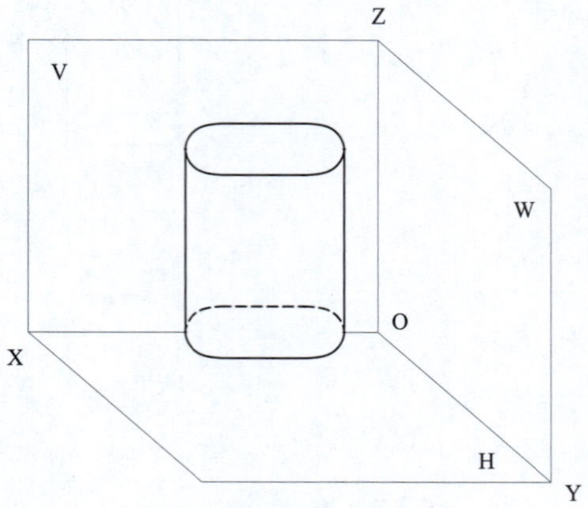


(a) 直观图

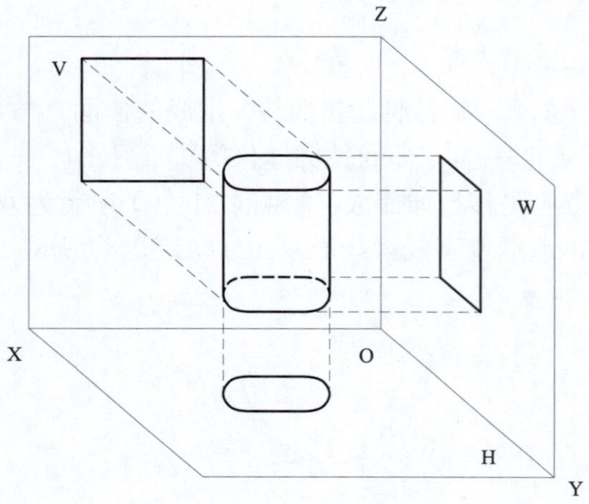


(b) 三面投影体系

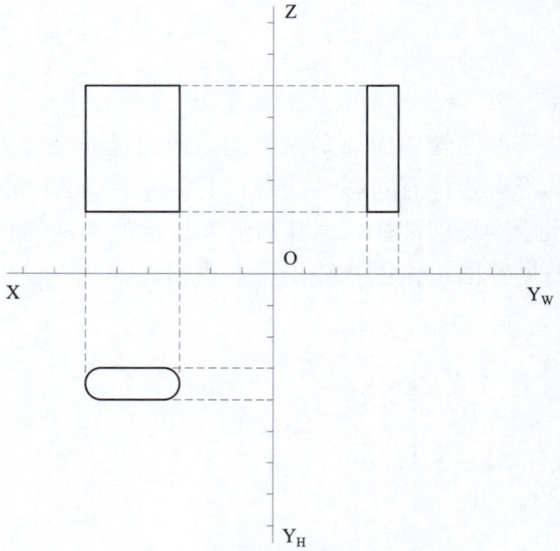


(c) 三面投影图

图 2.72　椭圆柱面

## (二) 组合体的投影

### 1. 组合体的概念与分类

组合体是由两个或两个以上的基本体通过叠加、切割、相交等方式组合而成的复杂几何形体，具有结构复合性、形态多样性和工程实用性等特点。根据组合方式的不同，组合体主要分为叠加型组合体、切割型组合体、综合型组合体。其中，叠加型组合体是由多个基本体直接叠加（堆砌、贴合）形成的组合体，各基本体之间可部分或完全接触，如图 2.73（a）所示；切割型组合体是从一个基本体中切除若干其他基本体而形成，体现“减材”构造逻辑，如图 2.73（b）所示；综合型组合体是同时包含叠加与切割操作的复合型组合体，在实际工程中最为常见，如图 2.73（c）所示。

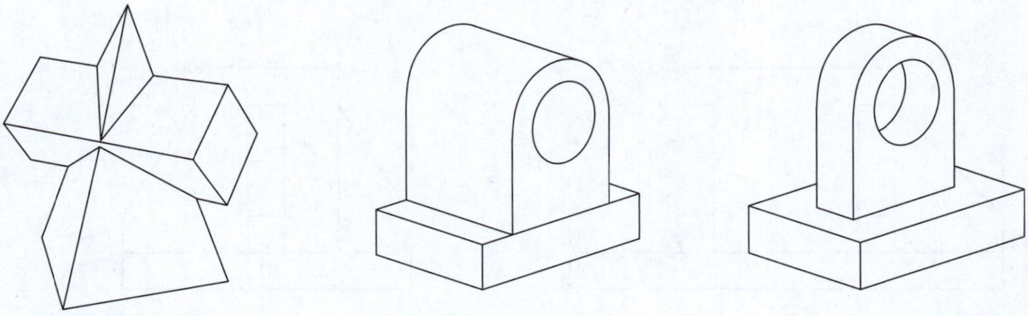

（a）叠加型　　（b）切割型　　（c）综合型

图 2.73　组合体

## 2. 综合型组合体的投影

以工程中常见的综合型组合体为例，如图 2.74（a）所示，根据其三面投影图，如图 2.74（b）所示，其投影特点集中体现为交线多样性、可见性层次化、结构分解性。其中，交线多样性为不同基本体叠加接触产生交线，切割操作形成的截交线或相贯线；可见性层次化为叠加部分前挡后、外挡内，内外表面交线分别用虚线和实线表示；结构分解性为投影轮廓的分解与整合，需将组合体分解为基本体，分别绘制各单元投影后再整合交线。

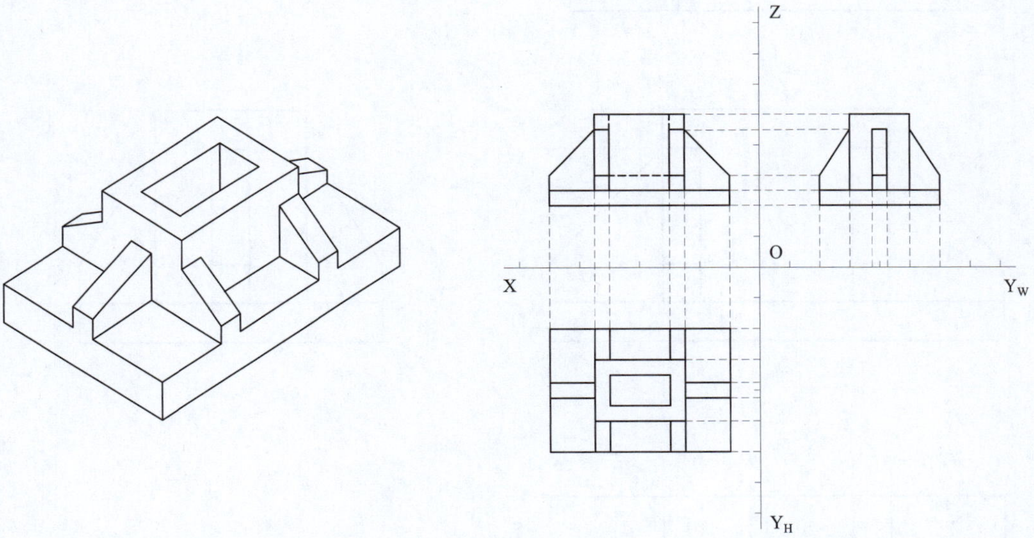


（a）直观图　　（b）三面投影图

图 2.74　综合型组合体的投影

## 3. 投影的尺寸标注

（1）尺寸标注的分类。工程制图中的尺寸标注主要包括定形尺寸、定位尺寸、总体尺寸。其中，定形尺寸确定各基本体自身形状大小的尺寸，如图 2.75（a）所示；定位尺寸确定各基本体之间相对位置的尺寸，如图 2.75（b）所示；总体尺寸表示组合体总长、总宽、总高的整体轮廓尺寸，如图 2.75（c）所示；将定形尺寸、定位尺寸、总体尺寸组合叠加，最终形成图形的尺寸标注，如图 2.75（d）所示。

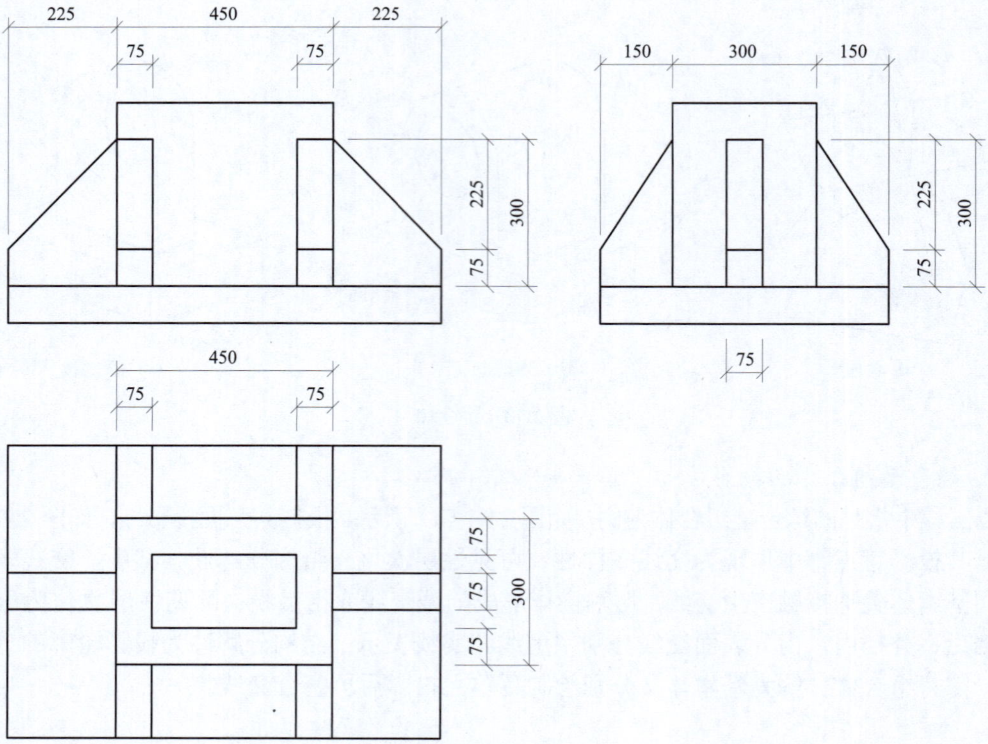

(a) 定形尺寸

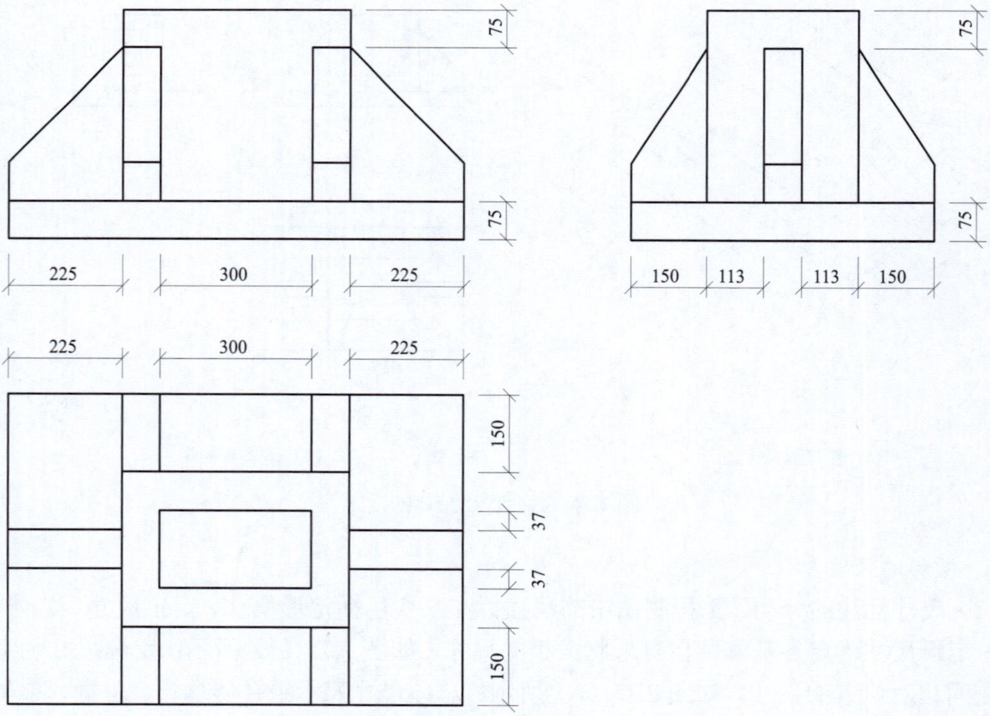

(b) 定位尺寸

图 2.75　尺寸标注的分类

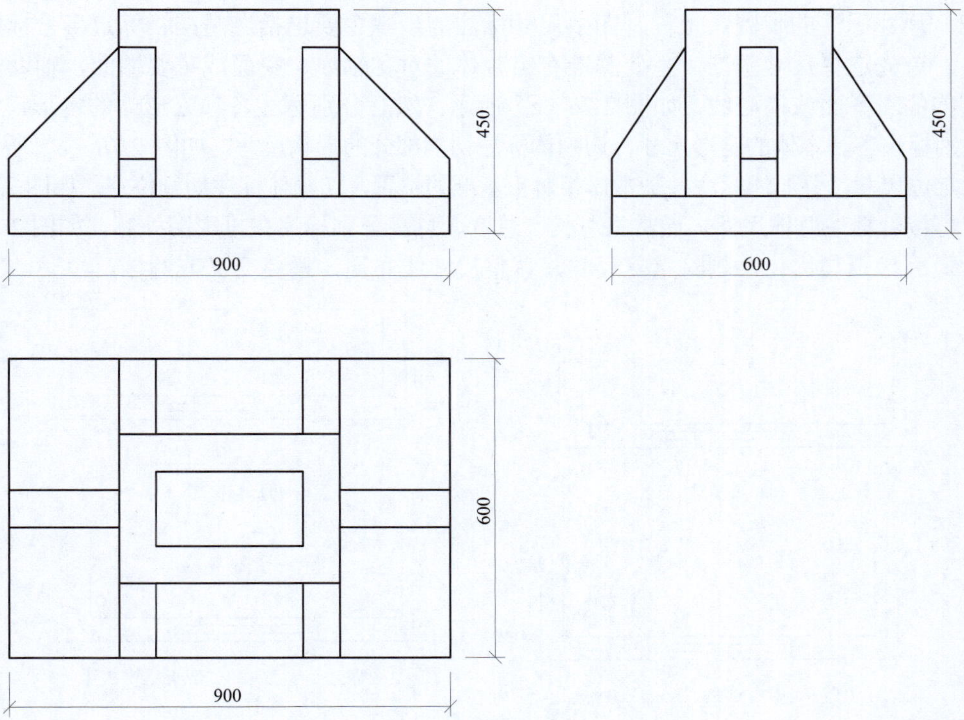


(c) 总体尺寸

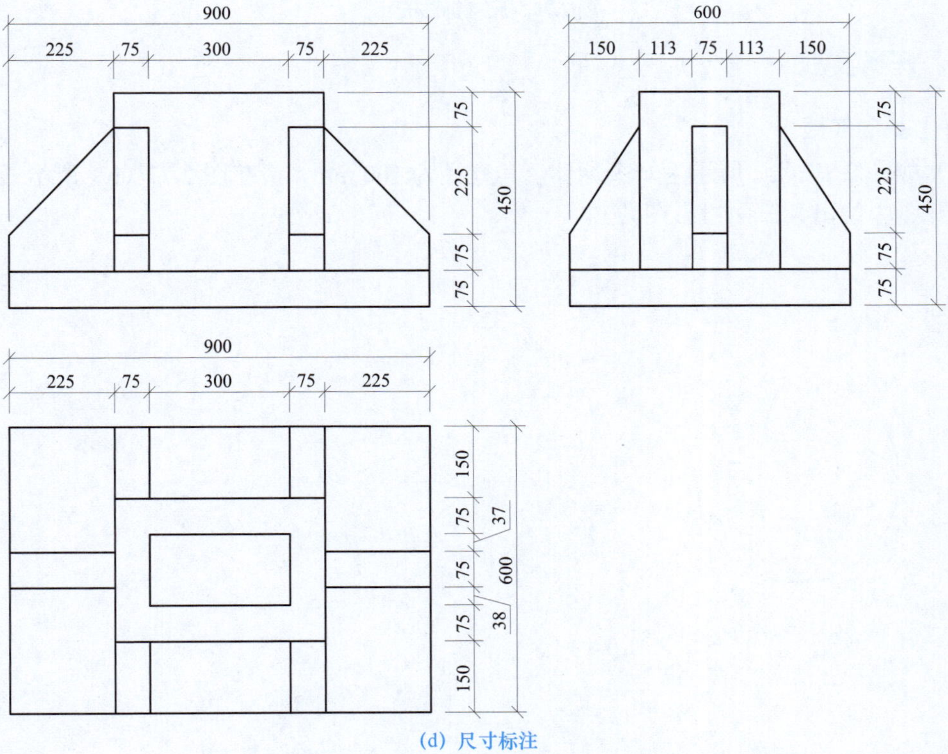


(d) 尺寸标注

图 2.75　尺寸标注的分类（续）

（2）尺寸标注的步骤。工程制图中尺寸标注的步骤主要包括选基准、标定形、标定位、标总体。首先选择尺寸基准，主要基准有组合体的对称轴线、底面或重要端面，辅助基准有局部结构的对齐面或中心线，如图 2.76（a）所示；然后分别标注各独立形体的定形尺寸，叠加体分别标注各基本体的定形尺寸，切割体标注切割部分的形状尺寸，如图 2.76（b）所示；接着标注定位尺寸，叠加体标注各基本体相对于基准的位置，切割体标注切割位置，如图 2.76（c）所示；再接着标注总体尺寸，通常将总长、总宽、总高分别标注在投影图外侧，如图 2.76（d）所示；最后检查与优化，删除重复尺寸，调整尺寸线布局，避免交叉或遮挡。

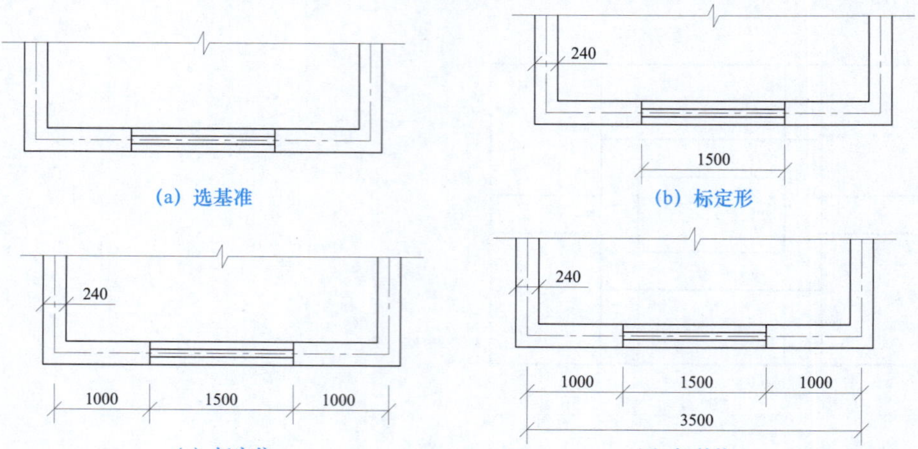

（a）选基准　（b）标定形　（c）标定位　（d）标总体

图 2.76　尺寸标注的步骤

## 二、任务实战

### （一）基础实践

（1）如图 2.77（a）所示为一个球体，其直径为 100 mm，请在图 2.77（b）所给三面投影体系展开图中绘出其三面投影图。

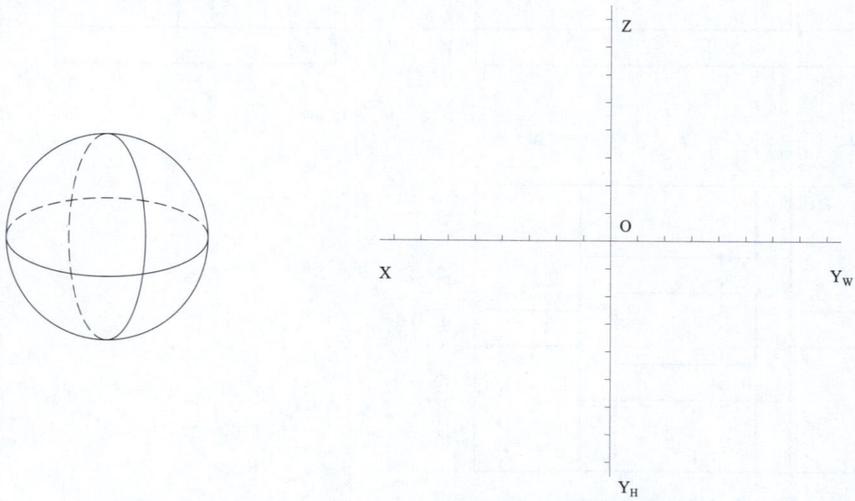

（a）球体　（b）三面投影体系展开图

图 2.77　基础实践一

（2）如图 2.78（a）所示为一个正四棱柱，其长、宽、高均为 100 mm，请在图 2.78（b）所给三面投影体系展开图中绘出其三面投影图。

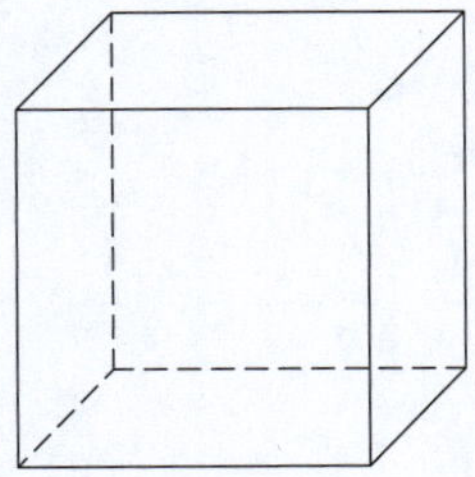

（a）正四棱柱

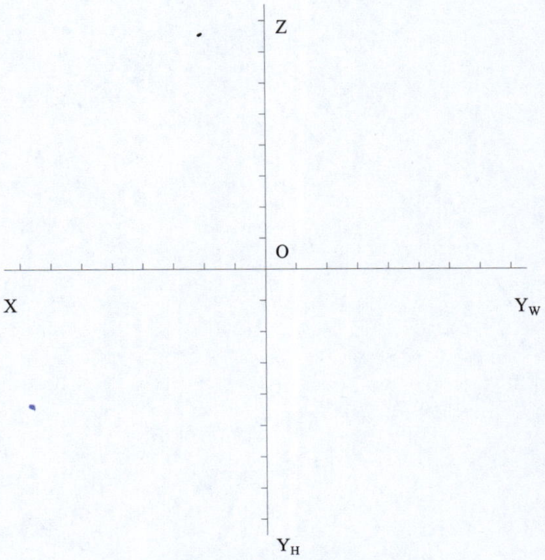


（b）三面投影体系展开图

图 2.78　基础实践二

（3）如图 2.79（a）所示为一个叠加组合体，其长、宽、高分别为 130、90、110，组成组合体的三块板厚度均为 30，左斜边 $L_1$ 为 100，右斜边 $L_2$ 的投影高度为 40，请在图 2.79（b）所给三面投影体系展开图中绘出其三面投影图，并进行尺寸标注。（单位：mm）

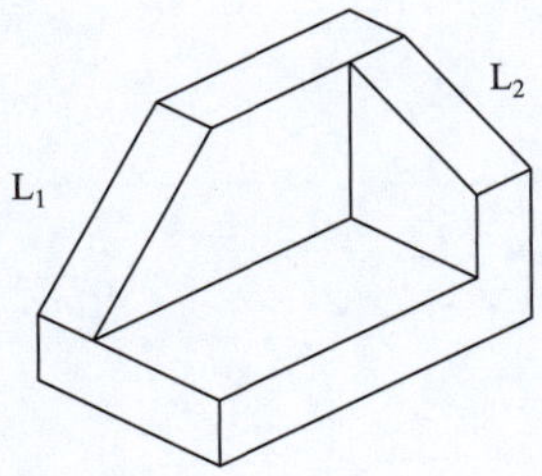


（a）组合体

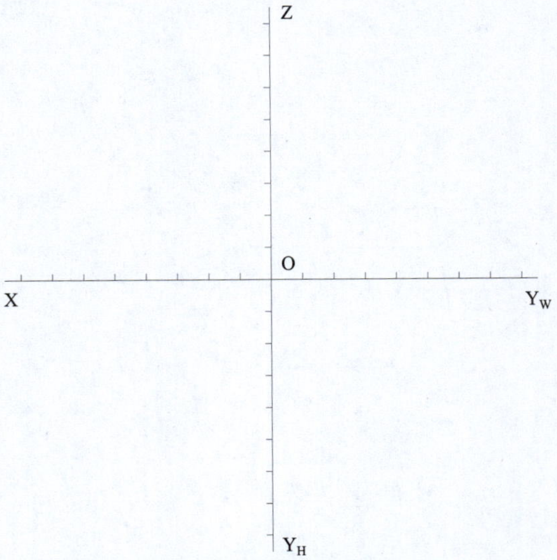


（b）三面投影体系展开图

图 2.79　基础实践三

## （二）能力提升

（1）如图 2.80（a）所示为一个正五棱锥，请在图 2.80（b）所给三面投影体系展开图中绘出其三面投影图。

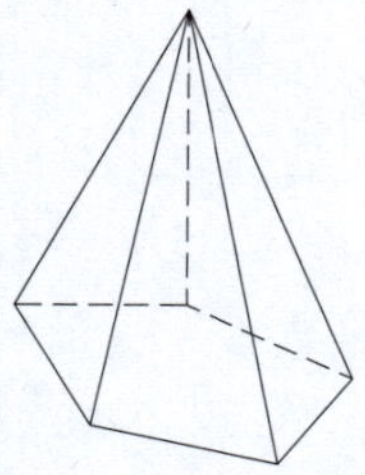

（a）正五棱锥

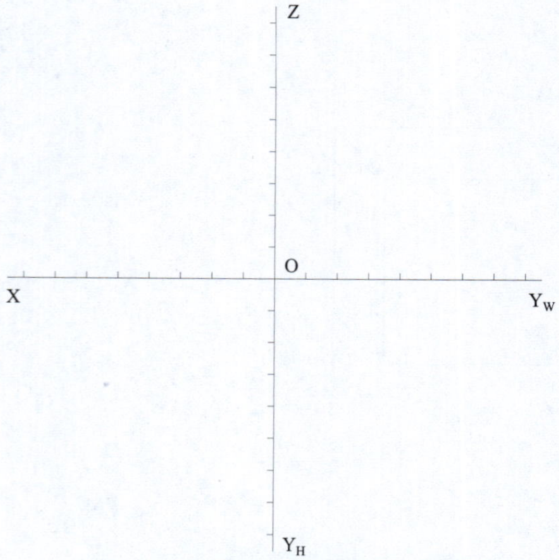


（b）三面投影体系展开图

图 2.80　能力提升一

（2）如图 2.81（a）所示为一个棱台，请在图 2.81（b）所给三面投影体系展开图中绘出其三面投影图。

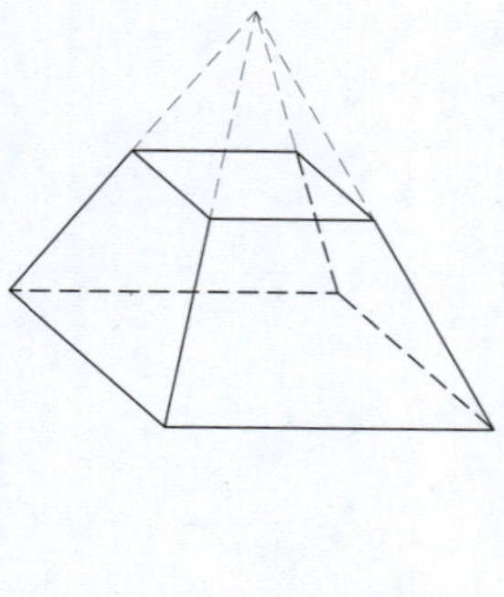

（a）棱台

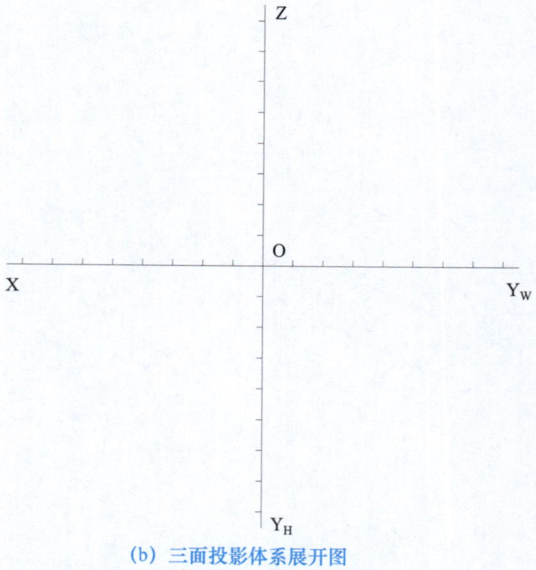


（b）三面投影体系展开图

图 2.81　能力提升二

（3）如图 2.82（a）所示为某机械零件，请在图 2.82（b）所给三面投影体系展开图中绘出其三面投影图。

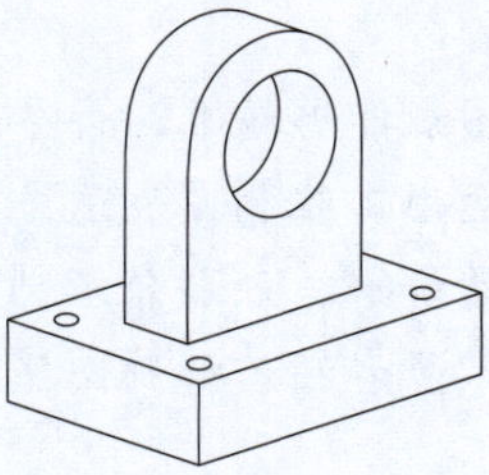

（a）机械零件

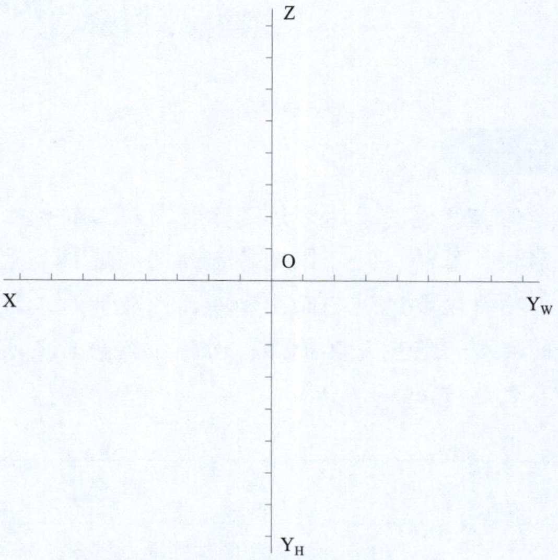


（b）三面投影体系展开图

图 2.82　能力提升三

任务实战成果参考

# 项目三　工程制图表达方法

## 项目简介

科学的工程制图表达方法是设计与施工的核心纽带，为确保图纸能够精准、详尽地展示形体的形状、结构、尺寸以及各部件间的连接关系，熟练掌握和运用工程制图表达方法极为重要。本项目主要通过剖面图和断面图展开对工程制图表达方法的讲解，分别介绍剖面图和断面图的类型、绘制及其标注，同时介绍两者之间的区别，以便学习者在工程制图实践中准确选择其表达方法。

| 学　习　目　标 | |
| --- | --- |
| 知识目标 | （1）熟悉剖面图与断面图概念及分类；<br>（2）掌握剖面图与断面图绘制步骤；<br>（3）明晰剖面图与断面图的区别及标注规定 |
| 能力目标 | （1）能绘制形体的剖面图与断面图；<br>（2）会分析形体内部的结构与尺寸；<br>（3）可选择正确的工程制图表达方法解决工程实际问题 |
| 素质目标 | （1）培养细致严谨的工程制图态度；<br>（2）提升规范意识与标准化思维；<br>（3）培养空间想象力与工程思维 |

# 任务一　剖　面　图

| 剖面图的绘制任务单 | |
|---|---|
| 任务描述 | 根据给定结构，正确绘制其剖面图并清晰表达结构的形状和尺寸 |
| 知识点 | （1）剖面图的定义和分类；<br>（2）正投影法在剖面图绘制中的应用；<br>（3）剖切符号标注和剖面图绘制要求 |
| 技能点 | （1）剖面图的绘制步骤；<br>（2）线型、标注、比例的应用 |
| 任务实施 | （1）根据给定结构选择剖面；<br>（2）标注剖切符号并绘制剖面图 |
| 评价标准 | （1）基础知识掌握 20 分；<br>（2）剖面图的绘制技能要点运用 20 分；<br>（3）空间想象力与工程思维等职业素养体现 20 分；<br>（4）任务成果 40 分 |

## 一、知识驿站

剖面图是通过假想剖切平面切割形体，移除观察者与剖切面之间的部分，对剩余部分向投影面作正立投影图，并在形体截面绘出工程材料图例。使用剖面图的核心目的是清晰表达复杂形体的内部细节，如孔洞、槽腔、装配关系等。

### （一）剖面图的分类与应用

在工程制图中，根据剖切范围、剖切方法的不同，剖面图可分为多个种类。

#### 1. 按剖切范围分类

（1）全剖面图。用剖切面完全剖开物体，移去剖切面与观察者之间的部分，绘制剩余部分的投影称为全剖面图。全剖面图适用于结构不对称或内部形状复杂、外部形状简单的物体，它能直观表达内部结构，但可能会丢失部分外部细节，常与其他视图配合使用，如图 3.1 所示。

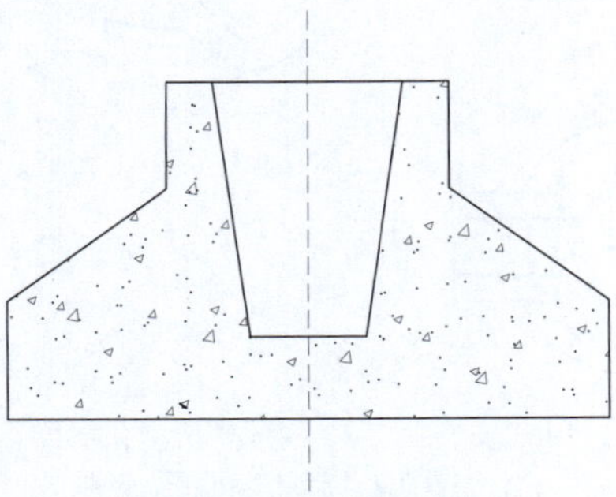

图 3.1　全剖面图

（2）半剖面图。半剖面图以对称中心线为界，将物体的一半剖开，另一半保留外形。半剖面图常用于对称物体，兼顾内、外结构的表达。当剖切平面通过物体的对称平面时，可不标注剖切符号，否则需按规定标注，而未剖部分不画虚线，如图3.2所示。

（3）局部剖面图。局部剖面图仅剖切物体的局部区域，用波浪线或双折线分隔剖切部分与未剖部分（不得用直线）。局部剖面图用于表达局部复杂结构（如结构配筋）或保留大部分外形特征，一般情况下不需标注剖切符号，如图3.3所示。

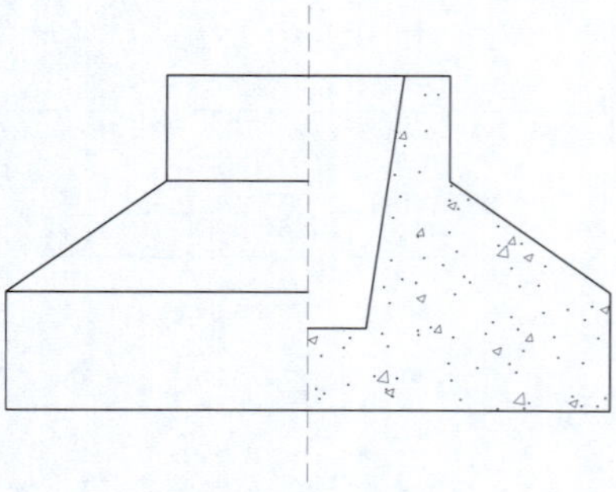

图3.2　半剖面图

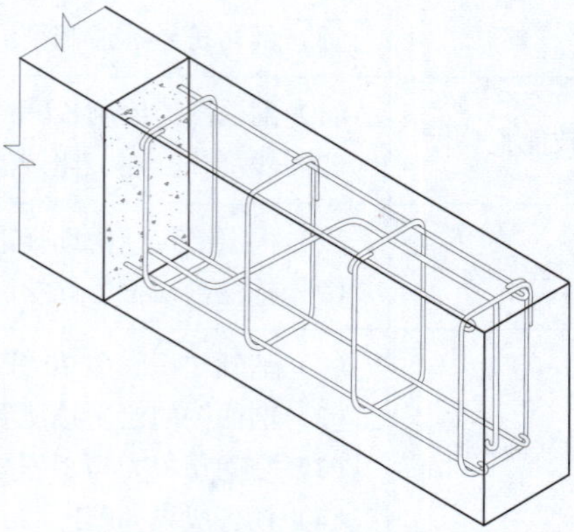

图3.3　局部剖面图

### 2. 按剖切方法分类

（1）旋转剖面图。旋转剖面图以其中一个剖切面作为投影面，两个相交的剖切面剖切物体，将另一个剖切面旋转到与投影面平行后绘制而成的。旋转剖面图常用于表达具有公共回转轴线的结构（如圆周分布的孔、肋板等），如图3.4所示。

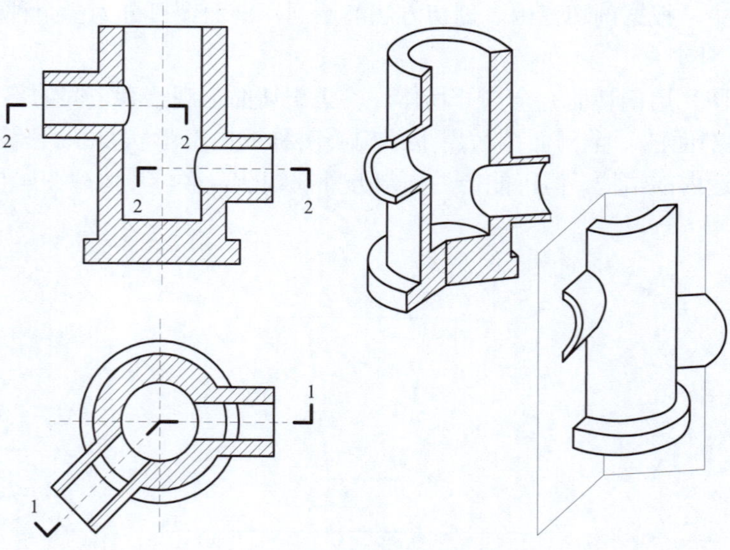


图3.4　旋转剖面图

（2）阶梯剖面图。阶梯剖面是用多个互相平行的剖切面剖切物体而形成的阶梯状剖面，常用于表达不在同一平面上的孔、槽等结构，如图 3.5 所示。绘制时需注意：

- 剖切符号在转折处标注相同编号，而当空间不足时可省略编号；
- 转折处剖切线不得与轮廓线重合或穿过孔、槽内部。

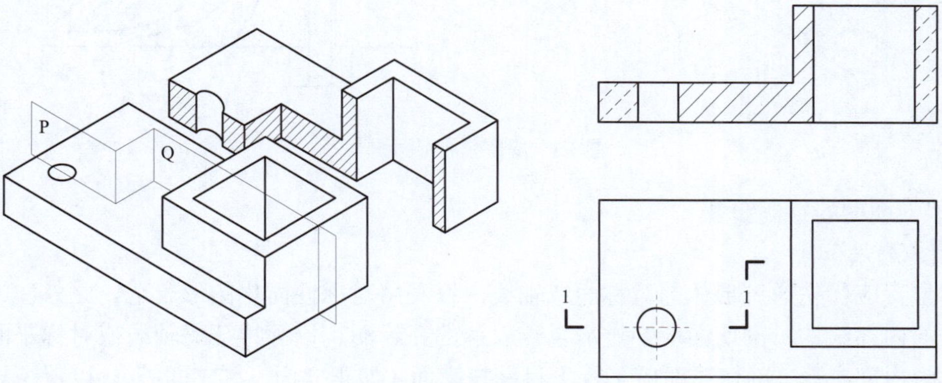


图 3.5　阶梯剖面图

（3）分层剖面图。在工程制图中，分层剖面图并非一种标准分类的剖面图类型，但这一剖面图可能在特定领域（如建筑、地质或复杂装配体设计）中用于描述分层次、分区域或分阶段剖切物体内部结构，如图 3.6 所示。

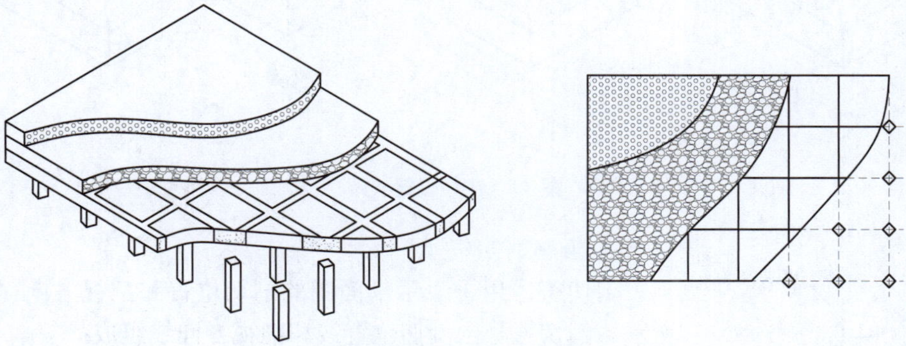

图 3.6　分层剖面图

（4）复合剖面图。复合剖面图结合旋转剖、阶梯剖等多种剖切方法，形成复杂的剖切路径，常用于结构复杂的零件，需多角度剖切才能清晰表达，如图 3.7 所示为局部分层剖面图。

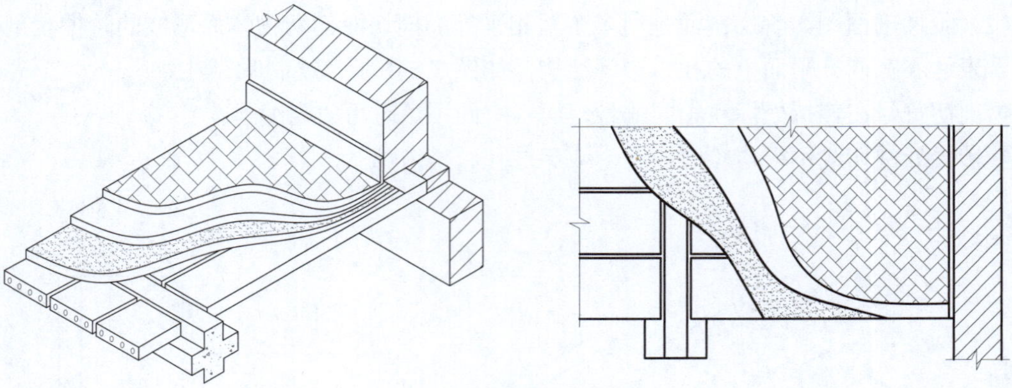

图 3.7　局部分层剖面图

### （二）剖面图的绘制步骤

#### 1. 选择剖切位置

剖切位置应优先通过形体的对称面或轴线，以利用对称性简化图形表达。此外，为清晰展现形体的内部结构，剖切面应穿过需重点表达的孔、洞、槽等特征的轴线或对称平面，确保能够反映内部实形。剖切平面应平行于目标投影面（如正立面、侧立面等），以保证投影后内部结构的形状不失真，如图 3.8 所示。

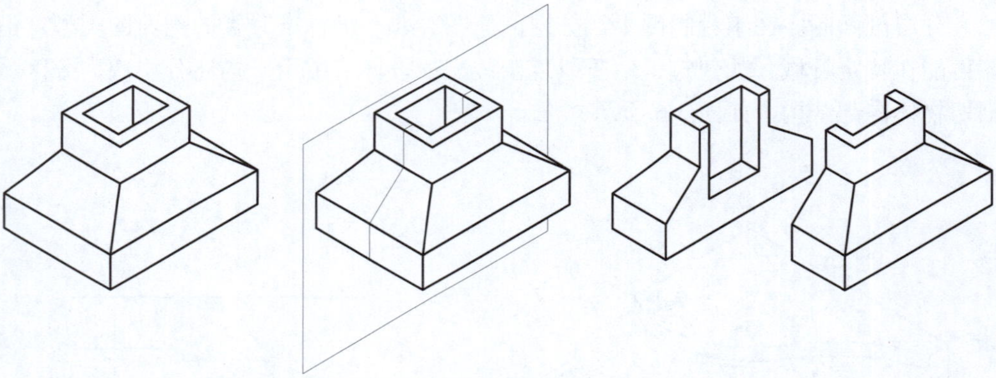

图 3.8　剖切位置选择

#### 2. 绘制剖切符号

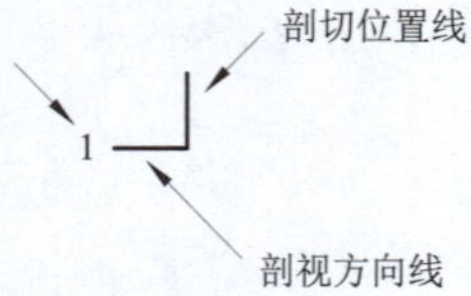


图 3.9　剖切符号

剖切符号用于表示剖面图的剖切位置和剖视方向，如图 3.9 所示。剖切符号由剖切位置线和剖视方向线组成：

（1）剖切位置线：用粗实线绘制，长度宜为 6～10 mm；

（2）剖视方向线：垂直于剖切位置线，用粗实线绘制，长度宜为 4～6 mm。

剖切符号绘制要求如下：

（1）剖切符号不应与图形中的其他图线相交。

（2）剖切符号的编号宜用阿拉伯数字表示，按剖切顺序从左至右、由下至上连续编排，并注写在剖视方向线的端部，如图 3.10 所示。

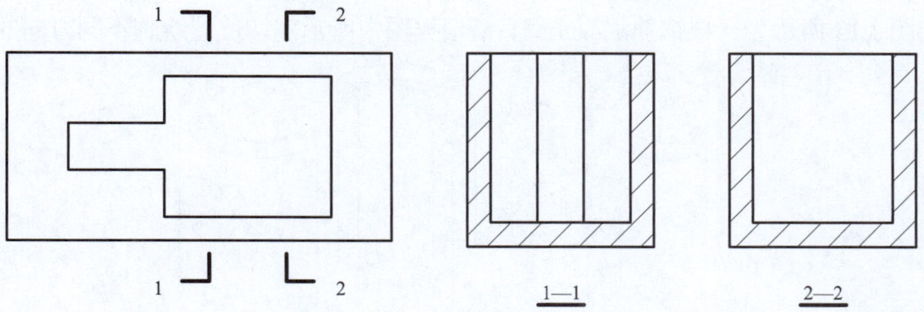


图 3.10　剖面图

### 3. 绘制剖面图

以图 3.8 所示结构为例，将剖切后剩余部分向投影面作正投影，绘制时需注意以下事项。

（1）剖切面后方的可见结构：用粗实线绘制，确保投影完整。

（2）未被剖切的外形轮廓线：需完整保留，以体现物体外部特征。

（3）虚线处理：对于已清晰表达的内部结构，其虚线可省略，绘制效果如图 3.11 所示。

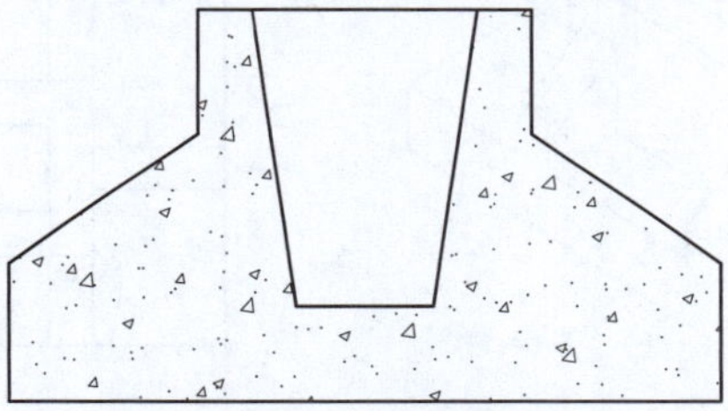

图 3.11　全剖面图

剖面区域填充要求：剖切面与物体的接触部分（即断面）应填充工程材料图例，常见材料图例见表 1.5 或参照相关国家标准。

## 二、任务实战

### （一）基础实践

（1）如图 3.12 所示为一根钢轨，在其中间任意位置进行剖切，试绘制不同方向的全剖面图。

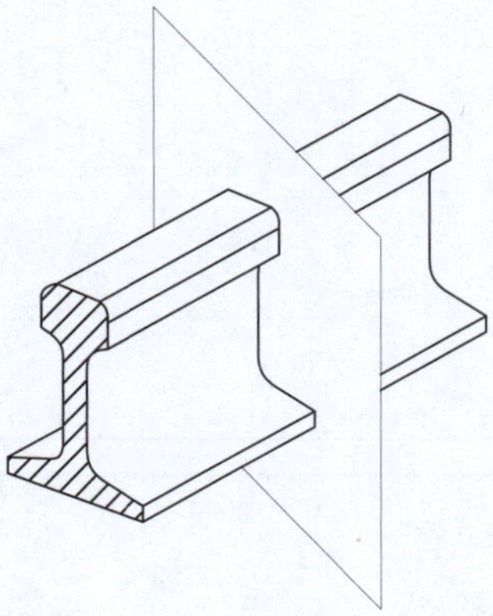

图 3.12　基础实践一

（2）如图3.13所示为一根钢筋混凝土管，请根据图中所示剖切位置绘制不同方向的全剖面图。

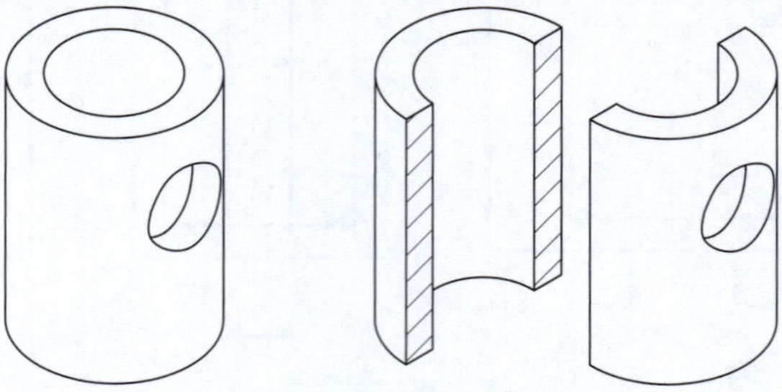

图 3.13　基础实践二

### （二）能力提升

（1）如图3.14所示为一个钢筋混凝土预制底座，请根据图中标注的剖切符号绘制1—1全剖面图和2—2半剖面图。

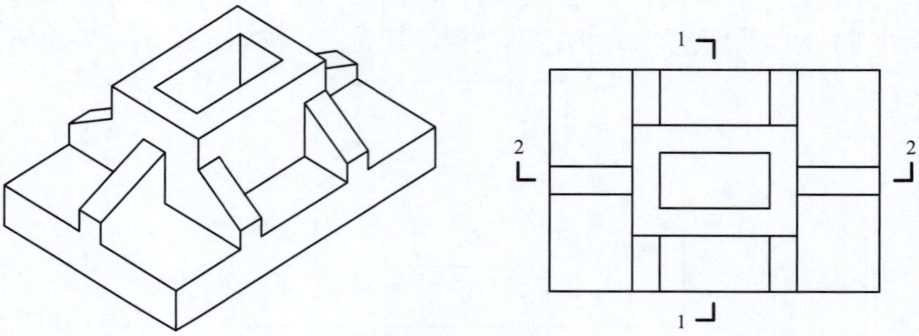


图 3.14　能力提升一

（2）如图3.15所示为一个钢筋混凝土楼梯平面图，请根据图中所标注的剖切符号绘制其剖面图。

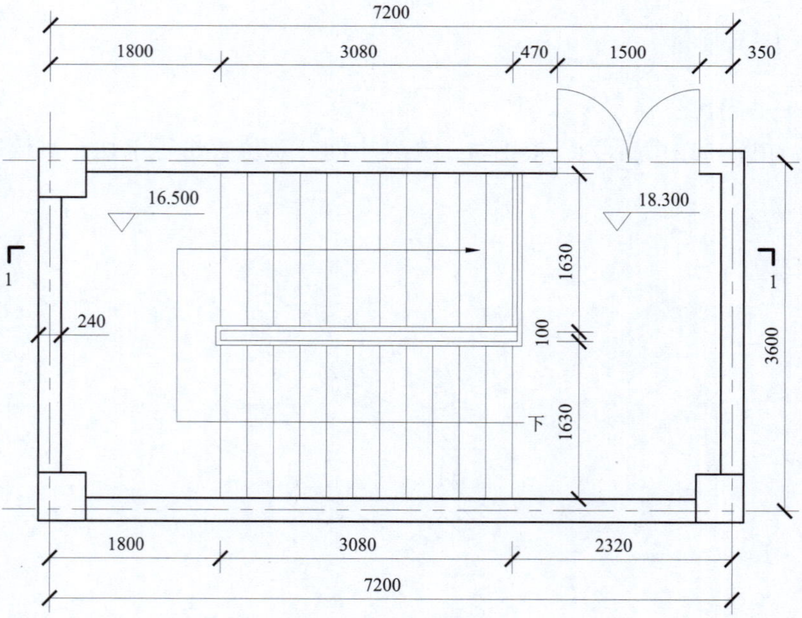


图 3.15　能力提升二

任务实战成果参考

# 任务二　断　面　图

| 断面图的绘制任务单 | |
|---|---|
| 任务描述 | 根据给定结构，正确绘制其断面图，清晰表达断面的形状和尺寸 |
| 知识点 | （1）断面图的定义和分类；<br>（2）剖切符号标注和断面图绘制要求 |
| 技能点 | （1）断面图的绘制步骤；<br>（2）线型、标注、比例的应用 |
| 任务实施 | （1）根据给定结构选择断面；<br>（2）标注剖切符号并绘制断面图 |
| 评价标准 | （1）基础知识掌握 20 分；<br>（2）断面图的绘制技能要点运用 20 分；<br>（3）空间想象力与工程思维等职业素养体现 20 分；<br>（4）任务成果 40 分 |

## 一、知识驿站

断面图（又称截面图）是通过假想剖切平面将物体在某处切断，仅绘制剖切平面与物体接触部分（即断面）的图形，并在断面区域填充工程材料图例（常见工程材料图例见表 1.5，或参照相关国家标准）。

### （一）断面图的分类与应用

在工程制图中，断面图按绘制位置主要分为移出断面图、重合断面图、中断断面图。

#### 1. 移出断面图

移出断面图绘制在原视图之外的适当位置，与原视图分离。

（1）标注要求。需标注剖切符号（剖切位置线）及断面图名称（如“1—1”）。

（2）应用场景。适用于断面形状复杂、需独立表达或放大绘制的情形，如图 3.16 所示。

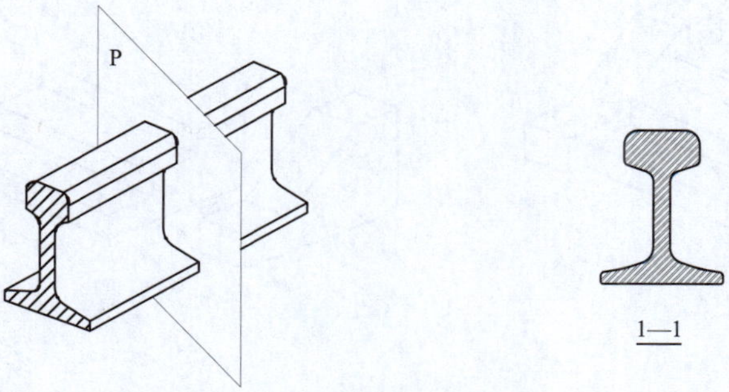


图 3.16　移出断面图

2. 重合断面图

重合断面图将断面图直接绘制在原视图的剖切位置处，与原视图重合，用细实线绘制，无须标注剖切符号，适用于简单断面或需要节省图纸空间的场合，如图 3.17 所示。

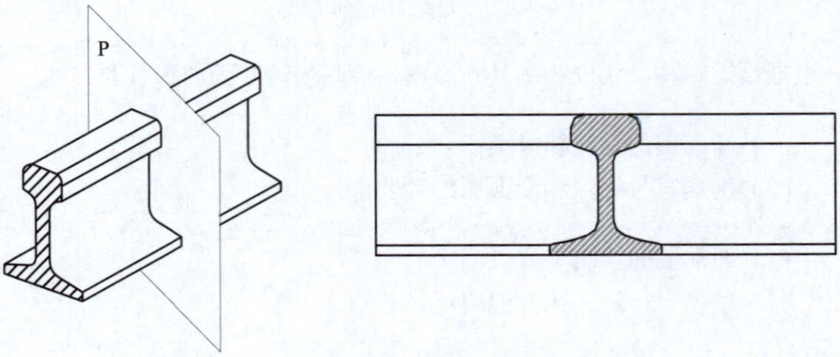


图 3.17　重合断面图

3. 中断断面图

中断断面图在物体中间断开处绘制，省略重复结构，节省图纸空间，适用于管道、钢轨等长条杆件，如图 3.18 所示。

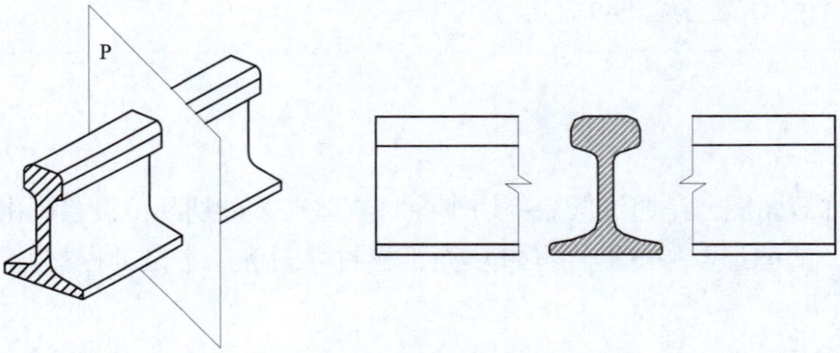


图 3.18　中断断面图

## （二）断面图与剖面图的区别

在工程制图中，断面图和剖面图是两种常用的表达方法，虽然都涉及“剖切”操作，但它们的表达目的、绘制内容和应用场景等均存在本质区别，本部分内容以图 3.19 所示的台阶为例展开分析。

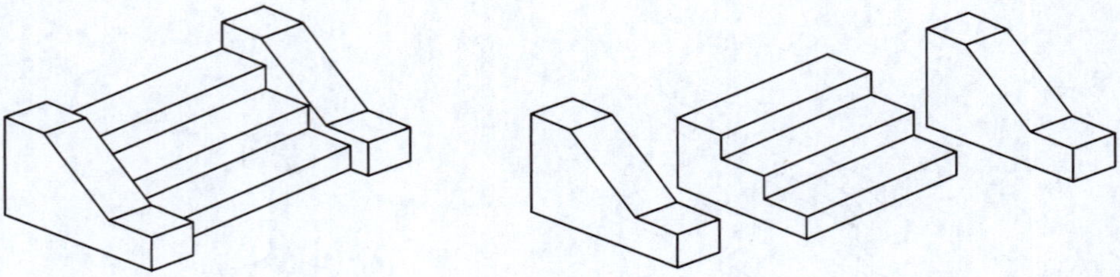

图 3.19　台阶

1. 表达目的

断面图仅绘制物体被剖切位置的截面形状，即剖切面与物体接触的部分的形状；而剖面图绘制的是剖切面及其后方可见的物体结构，即剖切面后剩余部分的投影。

## 2. 剖切符号

如图 3.20 所示，1—1 断面的剖切符号为“ｌ”，只画出剖切位置线，不画投射方向线，仅表示剖切位置；2–2 剖面的剖切符号为“∟”，需要画出剖切位置线和投射方向线，投射方向线表示剖切平面后的物体可见部分的投影方向。

## 3. 绘制内容

如图 3.21 所示，1—1 断面图只显示剖切面处的截面轮廓，不显示后方结构；2—2 剖面图既显示剖切面处的截面，又保留剖切面后方的可见轮廓。

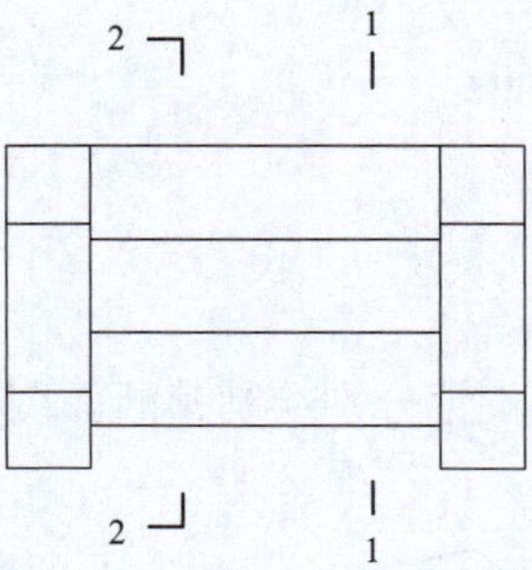


图 3.20　剖切符号

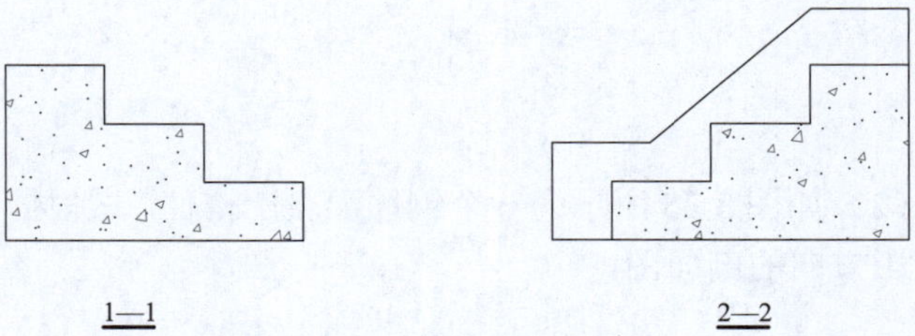


图 3.21　绘制内容

## 4. 应用场景

（1）断面图适用于展示轴类零件的键槽截面、型材的横断面，如图 3.22 所示为柱的配筋图；

（2）剖面图适用于表达机械零件的内部孔洞、建筑墙体的分层构造、复杂装配体的内部结构，如图 3.23 所示为楼梯剖面图。

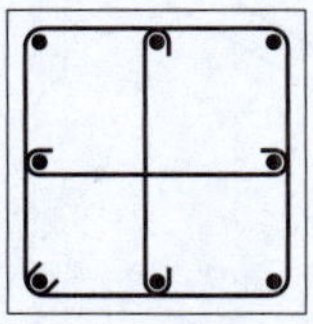

图 3.22　柱的配筋图

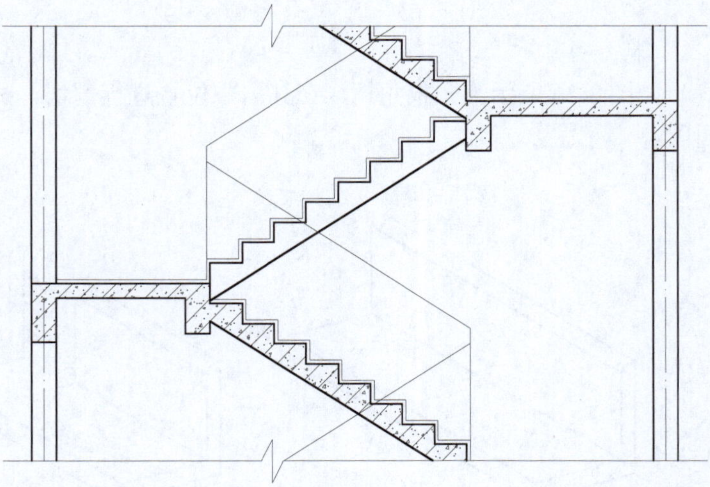

图 3.23　楼梯剖面图

## 二、任务实战

### （一）基础实践

（1）如图 3.24 所示为一个机械零件，试绘制其 1—1、2—2、3—3 的断面图。

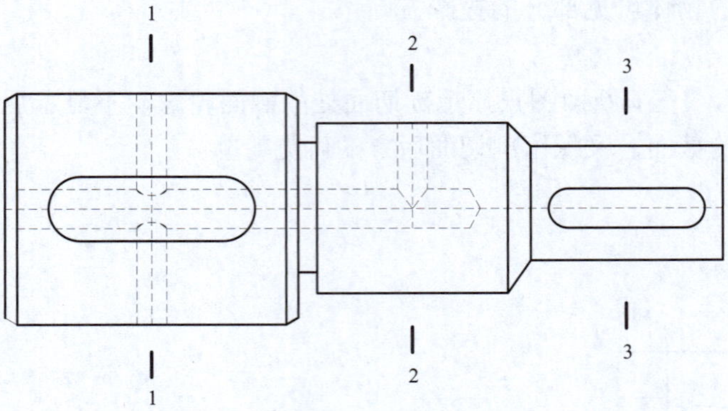


图 3.24　基础实践一

（2）如图 3.25 所示为一个钢筋混凝土构件，试根据图示剖切位置分别绘制其断面图和不同投影方向的剖面图。

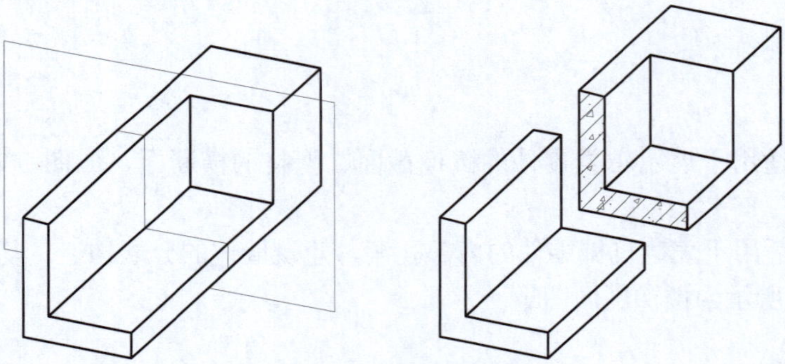

图 3.25　基础实践二

### （二）能力提升

（1）如图 3.26 所示为一根角钢，在其居中位置进行剖切，试分别绘制其重合断面图、中断断面图。

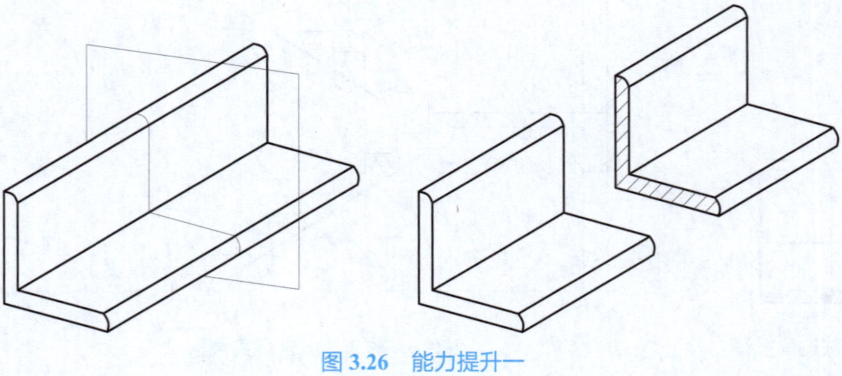

图 3.26　能力提升一

（2）如图 3.27（a）所示为一个钢筋混凝土预制底座，请根据图 3.27（b）所示的标注剖切符号绘制其断面图，并与图 3.14 的剖面图对比，分析两者的区别。

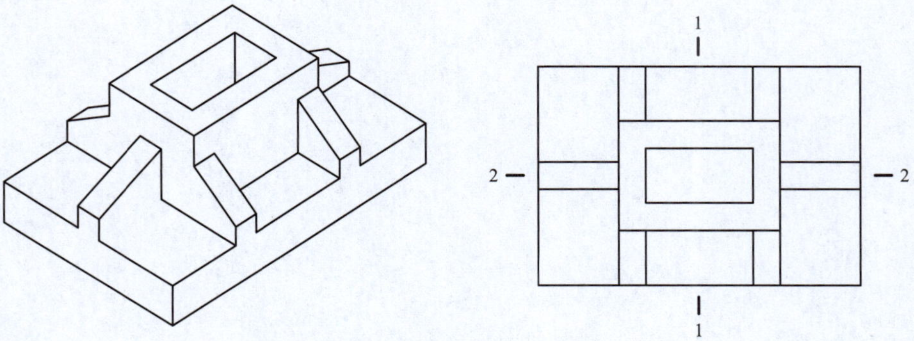


(a)　　(b)

图 3.27　能力提升二

任务实战成果参考

# 模块二　CAD 制图

CAD 制图是基于现代计算机辅助设计（CAD）技术，结合工程制图的标准和投影理论，将空间形体转化为平面图形的过程。

CAD 制图主要包括 CAD 制图基础和 CAD 制图实践两部分，前者为后者提供理论支撑，后者通过具体应用场景验证并强化理论知识。通过规范化的绘图流程与标准化的表达方式，CAD 制图能够高效、精准地传递设计意图，满足工程设计、施工、运维等多环节的需求。

思政园地

“纸上得来终觉浅，绝知此事要躬行。”2018 年，习近平总书记在北京大学师生座谈会上强调，学到的知识不能停留在书本上、装在脑袋里，而应落实到行动上，做到知行合一、以知促行、以行求知，正如“知者行之始，行者知之成”。总书记的讲话，是将实践视为最好的课堂。

如今，“夫耳闻之不如目见之，目见之不如足践之，足践之不如手辨之”的实践精神在 CAD 制图中焕发新活力。CAD 制图不仅是计算机辅助设计技术，更是践行实践精神的重要载体。从李时珍远行考察著成《本草纲目》，到袁隆平躬耕田野培育优质高产杂交水稻，“实践出真知，实践长才干”的先辈智慧在 CAD 制图学习中得以传承。

实践是创新的源泉，也是 CAD 制图的核心。正如李时珍跋涉山间、袁隆平深耕田间，CAD 制图需在实践中不断探索，方能真正掌握技能、解决实际问题。在 CAD 制图实践中，每一次操作都是对理论知识的验证与深化，每一次实践都是对绘图流程的巩固与应用。通过实践，学习者不仅能更好地理解设计需求，还能在工程场景中验证设计的可行性。

“为者常成，行者常至。”从万里长城到港珠澳大桥，跨时代的建筑奇迹离不开“实践”二字。求真务实、真抓实干，真干才能真出业绩、出真业绩，CAD 制图的学习亦是如此。

# 项目四 CAD 制图基础

AutoCAD 是一款集二维绘图、三维建模、数据管理及共享等多功能于一体的计算机辅助设计软件。它以功能强大、易于学习、操作便捷及良好的二次开发性能等特点著称，目前已广泛应用于土木、铁道、机械等领域。

随着版本的不断更新与完善，AutoCAD 的设计功能日益强大，熟练掌握其绘图技巧已成为工程专业人员必备的核心技能之一。AutoCAD 2025 作为 Autodesk 公司推出的最新版本，在智能块、二维和三维概念化设计、专业化工具组合、Autodesk Docs 及 Autodesk App Store 等方面实现了显著增强，进一步巩固了其行业领先地位。

对于初学者而言，推荐使用 AutoCAD 2020 简体中文版进行学习实践。该版本不仅涵盖了基本的绘图和编辑命令，且具备界面简洁、性能稳定、用户基数大等优势，符合初学者的操作习惯，有助于快速掌握软件操作技能。基于以上考量，本项目将以 AutoCAD 2020 简体中文版（以下简称“CAD”）为基础，系统介绍 CAD 制图基础知识。

## 项目简介

CAD 制图基础是学习和掌握计算机辅助设计（CAD）技能的核心内容，为后续的工程制图实践和复杂设计任务奠定坚实基础。本项目主要涵盖以下内容。

（1）CAD 基础应用，包括 CAD 基础操作、工作界面定制与管理等内容。

（2）基础图形绘制，涵盖直线、构造线、多线、多段线、矩形、正多边形、圆、圆弧等图形的绘制方法。

（3）基础图形编辑，包括移动、删除、修剪、分解、复制、偏移、镜像、阵列、图案填充、延伸、拉伸、缩放、旋转等编辑操作。

（4）辅助工具应用，涉及图层的设置与管理、文本注释与尺寸标注的参数配置、块的定义与插入，以及图形输出等流程。

（5）三维图形绘制，涉及三维界面管理与三维图形的绘制和编辑。

| 学习目标 | |
|---|---|
| 知识目标 | （1）掌握 CAD 基础应用与界面管理；<br>（2）掌握基础图形的绘制与编辑命令；<br>（3）掌握辅助工具的使用方法 |
| 能力目标 | （1）能绘制直线、矩形、圆等基础图形；<br>（2）会编辑直线、矩形、圆等基础图形；<br>（3）可运用辅助工具绘制图形 |
| 素质目标 | （1）培养严谨细致的实践作风；<br>（2）培养团队协作能力与集体意识；<br>（3）培养空间思维与三维表达能力 |

# 任务一　CAD 基础应用

| CAD 基础应用任务单 | |
|---|---|
| 任务描述 | 根据某实际工程制图要求，预先完成 CAD 工作界面的相关设置和应用 |
| 知识点 | （1）CAD 软件界面功能及操作；<br>（2）CAD 软件图形界限、图形单位的设置；<br>（3）创建并保存图形文件 |
| 技能点 | （1）启动 CAD 并创建和保存图形文件；<br>（2）根据制图需求设置图形单位与图形界限；<br>（3）规范操作界面工具并管理绘图文件 |
| 任务实施 | （1）完成 CAD 软件界面的基本操作及相关设置；<br>（2）正确创建并保存图形文件 |
| 评价标准 | （1）基础知识掌握 20 分；<br>（2）CAD 软件界面操作及设置要点运用 20 分；<br>（3）规范意识与标准化思维等职业素养体现 20 分；<br>（4）任务成果 40 分 |

## 一、知识驿站

### （一）CAD 基础应用

#### 1. CAD 概述

AutoCAD 是“Autodesk Computer Aided Design”的英文缩写，译为“计算机辅助设计软件”，由 Autodesk 公司于 1982 年正式推出。自推出 R1.0 版本以来，CAD 经历了三个重要发展阶段。

（1）1982—1990 年：基础功能构建期，实现了精确二维绘图与初步参数化设计。

（2）1991—2000 年：三维功能拓展期，引入实体建模、曲面建模与可视化渲染技术。

（3）2001 年至今：智能化与协同发展期，公司通过参数化设计、云协作（如 Autodesk Docs）、人工智能（如自动化标注）等技术持续引领行业变革。

作为计算机辅助设计（CAD）领域的开创性产品，该软件历经四十余年迭代，从最初的二维矢量绘图工具发展为覆盖建筑、机械、电子、土木等多学科的全流程三维设计平台，现已成为全球工程设计和数字建造领域的行业标准。

#### 2. 基础功能模块

CAD 的基础功能模块丰富，主要包括以下内容。

（1）二维绘图与编辑：支持直线、多段线、圆、多边形等基础图形绘制，提供移动、复制、旋转、镜像等编辑工具，并可通过坐标输入、对象捕捉、正交模式、极轴追踪等实现精确绘图。

（2）三维图形建模：可创建立方体、圆柱体、球体等基本几何体，通过拉伸、旋转、扫掠、放样等操作实现曲面建模与实体建模。

（3）图层属性管理：通过图层分类管理图形元素，控制对象的颜色、线型、线宽、可见性等属性。

（4）尺寸标注与注释：支持线形、角度、半径、直径等标注类型，具有文字注释、多重引线、形位公差标注等功能。

（5）文件管理与输出：支持 DWG、DXF、STEP、IGES 等格式的导入/导出，可设置打印布局并输出为 PDF、DWF 等格式。

### 3. 行业基础应用

CAD 因其功能强大、使用方便，在建筑、交通、机械、电子、化工、航空、船舶等领域得到广泛应用。例如，在建筑领域，使用 CAD 绘制平面图、立面图、剖面图，标注结构尺寸与标高，还可使用块功能快速插入家具、楼梯等标准构件；在机械领域，使用 CAD 绘制零件三视图、装配图，标注公差与粗糙度等，还可生成和导出机械图用于数控加工。

## （二）CAD 工作界面管理

### 1. 启动 CAD

完成软件安装后，Windows 系统中通常有以下四种启动方式。

（1）通过桌面快捷方式：双击桌面的 CAD 图标。

（2）通过文件关联启动：双击任意“.dwg”文件，系统将自动启动 CAD 并打开文件。

（3）通过开始菜单：单击 Windows 图标，在应用列表中找到 CAD 程序并启动。

（4）通过搜索栏启动：按“Win+S”打开搜索栏，输入“CAD”，单击搜索结果中的程序图标。

启动 CAD 后，将进入其工作界面，如图 4.1 所示。

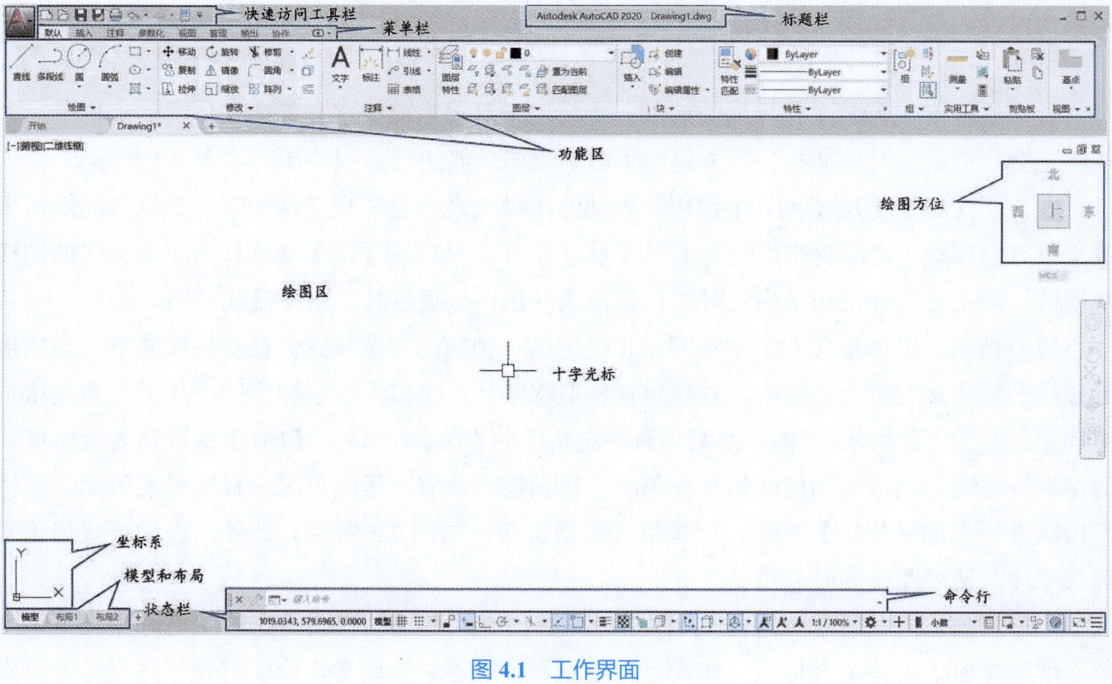


图 4.1　工作界面

### 2. 标题栏

标题栏位于 CAD 工作界面的顶部居中位置，由当前运行的程序名称和正在使用的图形文件名称组成。通常情况下，初次启动软件时显示的默认文件名为“Drawing1.dwg”，如图 4.1 所示。当打开已保存的图形文件时，标题栏将显示该文件的名称。

### 3. 应用程序和快速访问工具栏

应用程序按钮位于 CAD 工作界面的左上角，通过它可查看最近使用的文档、修改软件设置或退出软件。快速访问工具栏紧邻应用程序按钮右侧，包含“新建”“打开”“保存”“另存为”“输入”“输出”“打印”等常用命令，如图 4.2 所示。

### 4. 功能区

功能区位于 CAD 工作界面的上方，包含“绘图”“修改”“图层”“注释”“块”“特性”等面板（如图 4.1 所示），若某面板右下角显示三角箭头图标，则表明该面板中隐藏有其他命令，单击该三角箭头即可展开显示隐藏的命令。在功能区任意位置单击鼠标右键，通过弹出的快捷菜单可设置各面板的显示或隐藏状态。

### 5. 绘图区

绘图区位于 CAD 工作界面的中央，是用户进行图形绘制的核心区域，其功能类似于手工绘图时的图纸。绘图区除显示图形外，通常还会显示坐标系图标、十字光标等元素。在未设置绘图界限的情况下，绘图区可无限延伸，如图 4.1 所示。

### 6. 命令行

命令行位于 CAD 工作界面的下方，用于输入命令名称、参数及选项，并显示当前执行命令的提示信息。在命令行中输入命令、参数或选项后，需按空格键或【Enter】键确认，否则输入内容无效（如图 4.1 所示）。

### 7. 状态栏

状态栏位于 CAD 工作界面的底部，主要用于显示当前十字光标所在位置的坐标值，并控制正交、极轴、对象捕捉、对象追踪等精确绘图功能的开启或关闭，如图 4.1 所示。

（1）正交。正交是 CAD 中常用的辅助绘图模式之一。在正交模式下，光标只能沿水平或垂直方向移动，使绘制的直线为水平或垂直方向。CAD 中【F8】键默认为正交模式的切换快捷键，当正交功能按钮呈亮色时，正交模式开启；呈暗色时，正交模式关闭。

（2）极轴。极轴是 CAD 中不同于正交的另一种辅助绘图模式。在极轴模式下，光标接近预设的特定角度时会被吸附，并显示极轴追踪路径，类似于在绘图空间中生成一系列按角度规律分布的“磁力线”，便于绘制具有特定角度的直线。CAD 中【F10】键默认为极轴模式的切换快捷键，当极轴功能按钮呈亮色时，极轴模式开启；呈暗色时，极轴模式关闭。鼠标右击状态栏中的【极轴】按钮，可按需设置增量角，如图 4.3 所示。此外，极轴模式与正交模式互斥，两者无法同时启用。

（3）对象追踪。对象追踪是 CAD 中的一种精确绘图辅助模式。在对象追踪模式下，系统以现有对象上的特定几何点（如端点、中点、圆心等）为参考，绘图时光标移至参考点附

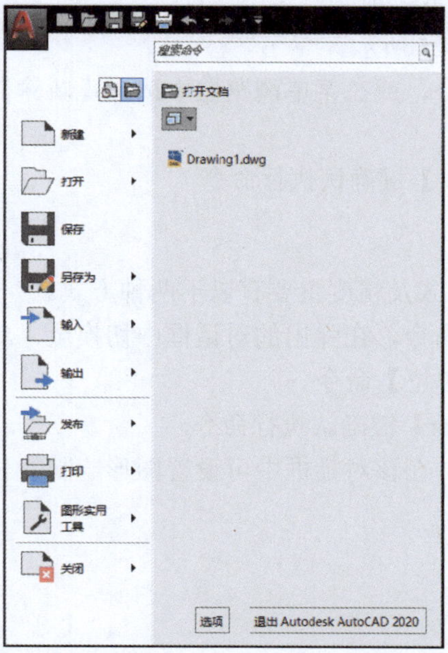


图 4.2　应用程序

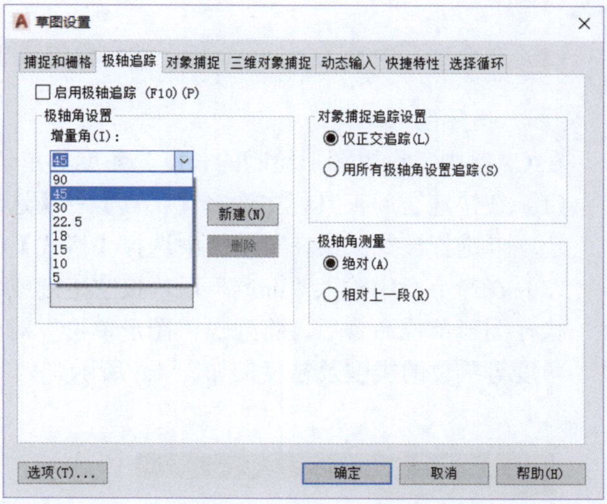


图 4.3　极轴

近，会显示追踪路径，用户可通过这些路径基于对象几何位置确定点位，便于绘制与已有对象存在相对位置关系的图形对象。在 CAD 中，【F11】键默认为对象追踪模式的切换快捷键，当对象追踪功能按钮呈亮色时，对象追踪模式开启；呈暗色时，模式关闭。右键单击状态栏中的【对象追踪】按钮，可按需设置对象捕捉点，如图 4.4 所示。

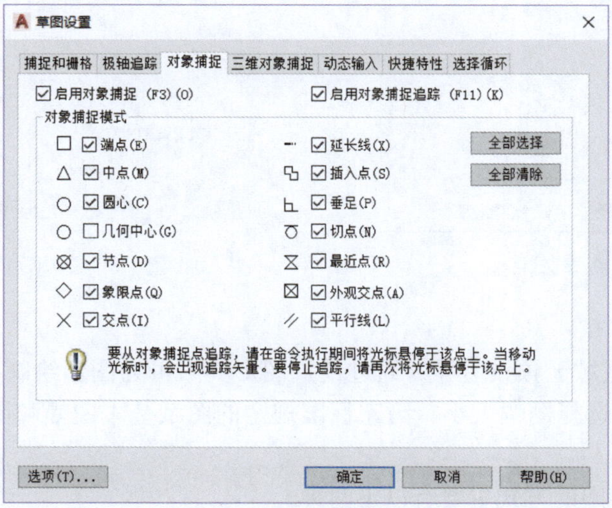


图 4.4　对象追踪

### （三）创建 dwg 文件

在 CAD 中创建 DWG 文件有多种方式，常见的有以下三种。

（1）在快速访问工具栏中单击【新建】按钮，如图 4.5 所示。

（2）在应用程序菜单中选择【文件】→【新建】命令，或在菜单浏览器中选择【新建】命令。

（3）在命令行中输入“new”后，按空格键或【Enter】键确认执行命令。

### （四）设置图形单位

在 CAD 中，设置图形绘制的长度、角度等单位的格式及精度主要有以下两种方式。

（1）在快速访问工具栏中选择【工具】→【选项】命令，在弹出的对话框中切换至“单位”选项卡进行设置；或在菜单栏中选择【格式】→【单位】命令。

（2）在命令行中输入“units”后，按空格键或【Enter】键确认执行命令。

执行图形单位命令后，将弹出“图形单位”对话框，在该对话框中可设置图形绘制的长度、角度等单位的类型及精度，如图 4.6 所示。

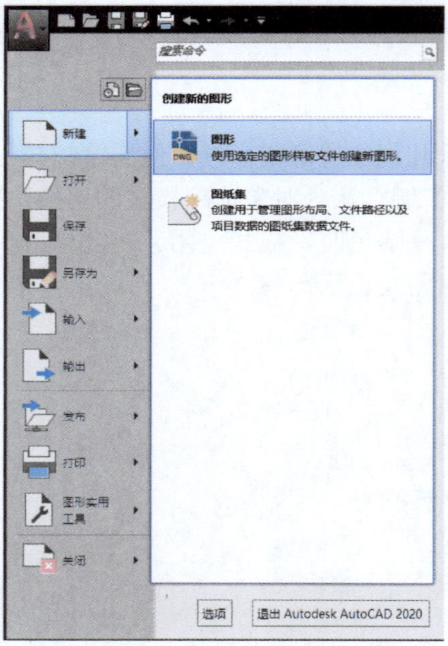


图 4.5　新建文件

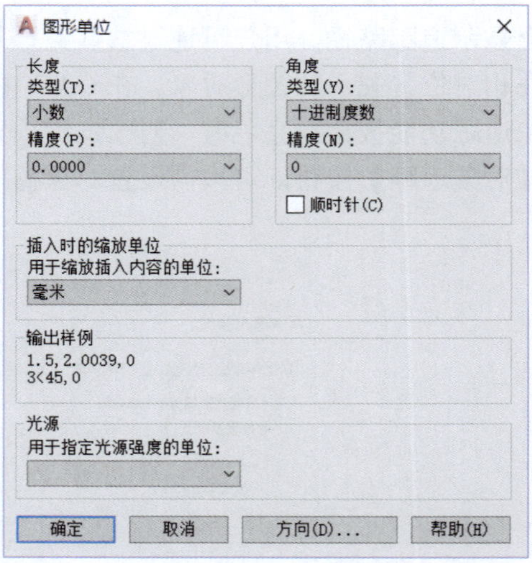


图 4.6　设置图形单位

### （五）设置图形界限

CAD 默认绘图区域无预设边界，通过设置图形界限可为图形绘制指定绘图范围，其功能类似于手工绘图中选择图幅大小。国家标准规定的图纸基本图幅和图框规格分别见表 1.1 和表 1.2。

CAD 设置图形界限的方式主要有以下两种。

（1）在菜单栏中选择【格式】→【图形界限】命令，如图 4.7 所示。

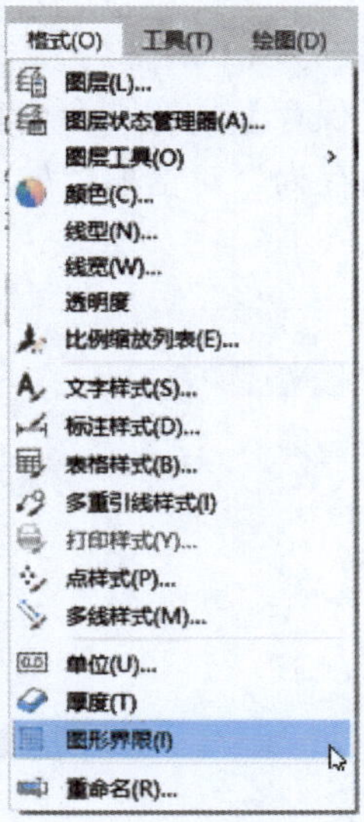


图 4.7 设置图形界限

（2）在命令行中输入“limits”后，按空格键或【Enter】键确认执行命令。执行图形界限设置命令后，命令行会依次提示“指定左下角点”和“指定右上角点”，用户可按实际需求输入（X，Y）坐标值。以 A3 图幅为例，其左下角点坐标为（0，0），右上角点坐标为（420，297），如图 4.8 所示。当图形界限功能处于【ON】状态时，绘图范围将被限制在设定的图幅界限内；处于【OFF】状态时，绘图范围恢复为初始无限延伸状态。

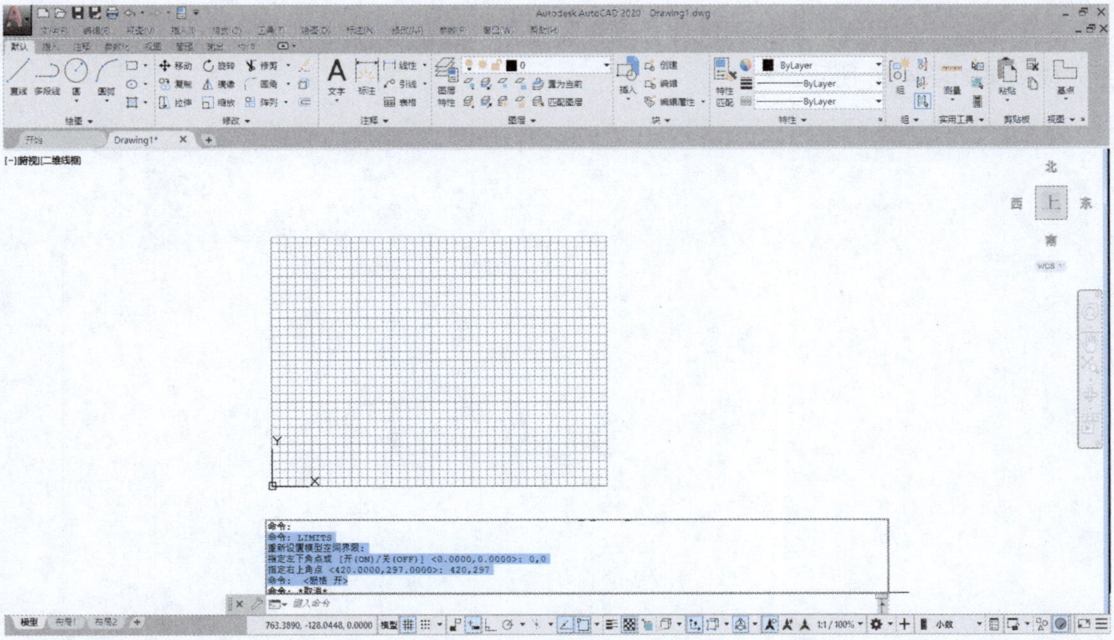


图 4.8 图形界限

### （六）保存图形

在 CAD 中，保存图形的方式主要有以下两种。

（1）在快速访问工具栏中单击【保存】按钮，命令行会提示文件保存信息。若为未命名的文件，初次保存时会弹出“图形另存为”对话框，如图 4.9 所示，可在其中设置文件名、文件类型、保存位置等参数。

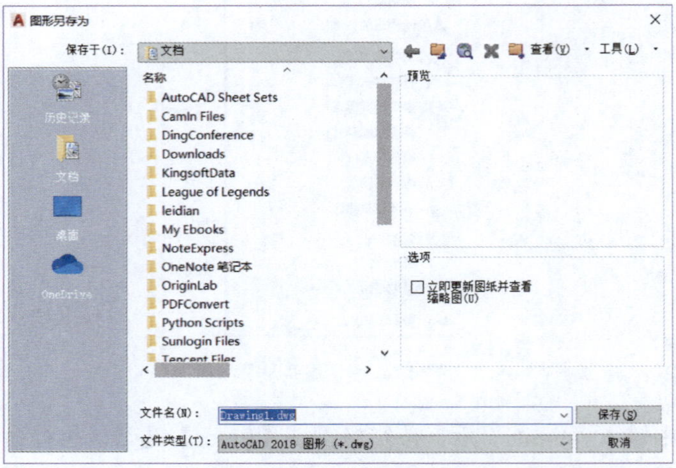


图 4.9　保存图形

（2）按【Ctrl+S】组合键，可快速保存图形。

## 二、任务实战

### （一）基础实践

（1）设置工作界面：将绘图区背景颜色设置为“白色”，十字光标大小调整为 25%，任务完成效果如图 4.10 所示。

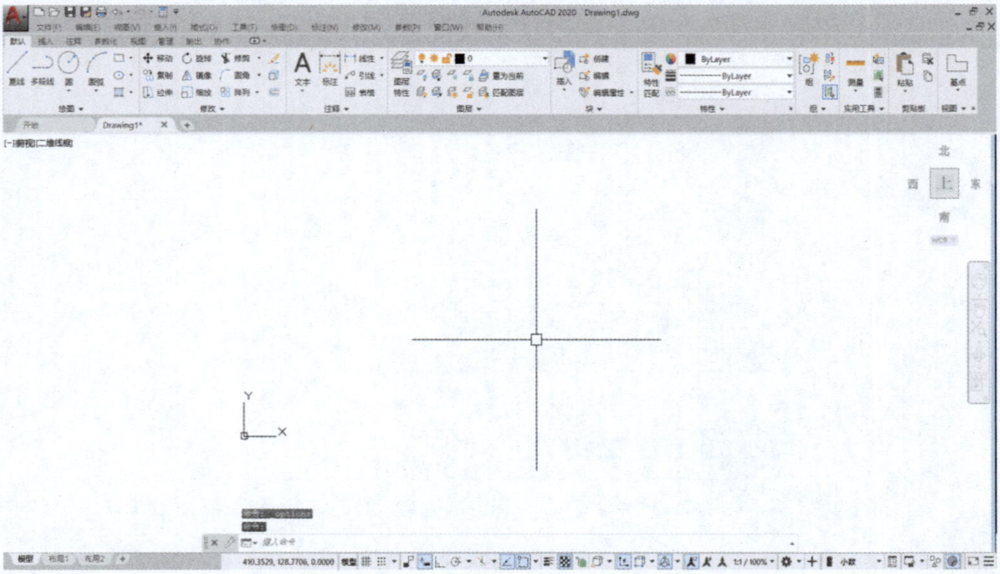


图 4.10　基础实践一

（2）创建一个新的 CAD 文件，将其命名为“某教学楼–建施 01”，文件类型设置为“.dwg”，保存位置指定为“桌面”，操作过程如图 4.11 所示。

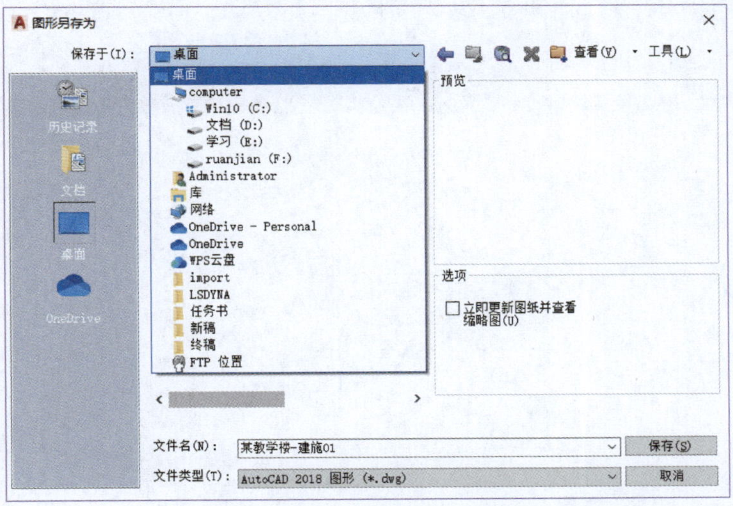


图 4.11　基础实践二

## （二）能力提升

（1）启动极轴追踪模式，将极轴增量角设置为 15°；同时启动对象追踪模式，设置对象追踪的几何点仅包含端点、中点、垂足、圆心，操作完成效果如图 4.12 所示。

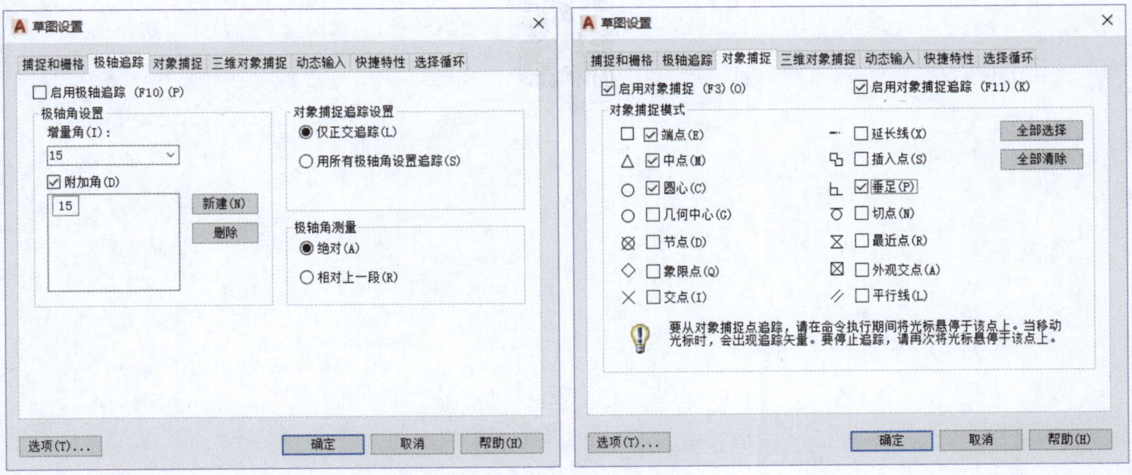


图 4.12　能力提升一

（2）设置 A4 图幅的图形界限，其中左下角点坐标为（0，0），右上角点坐标为（297，210），任务完成效果如图 4.13 所示。

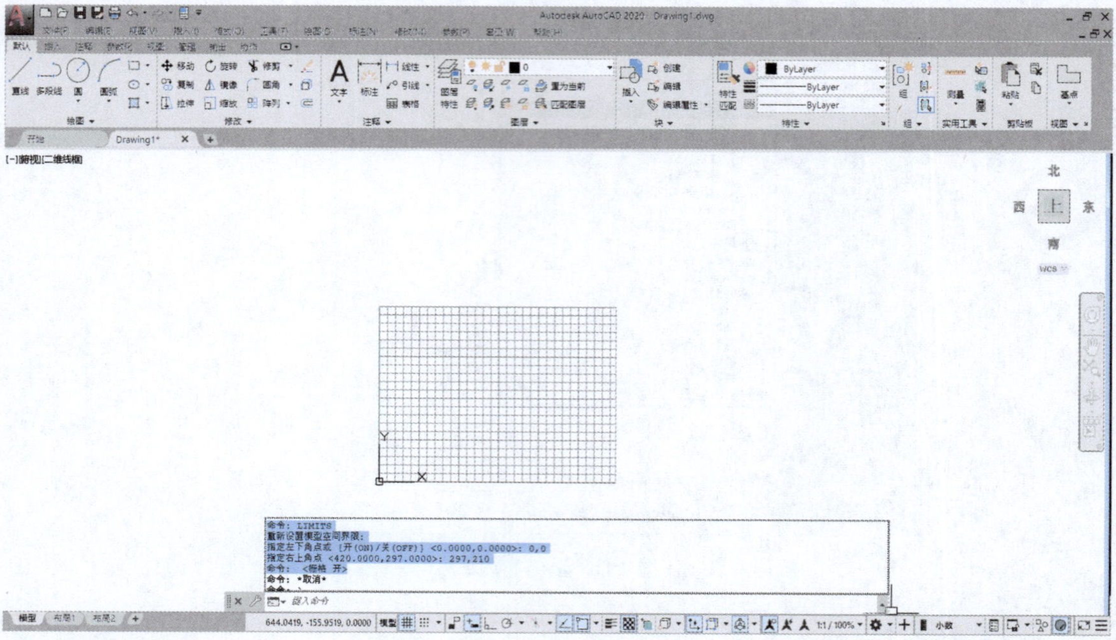


图 4.13　能力提升二

任务实战视频教程

# 任务二　基础图形绘制

| 基础图形绘制任务单 | |
|---|---|
| 任务描述 | 现有某工程制图任务，涉及直线、圆、矩形等基础图形的绘制 |
| 知识点 | （1）直线、构造线、射线的绘制方法；<br>（2）多线、多段线、样条曲线的绘制方法；<br>（3）点、矩形、正多边形的绘制方法；<br>（4）圆、圆弧、椭圆、椭圆弧的绘制方法 |
| 技能点 | （1）掌握基础图形的绘制方法；<br>（2）熟练使用快捷命令绘制基础图形 |
| 任务实施 | （1）根据工程制图任务，分析所需的图形绘制命令；<br>（2）执行图形绘制命令，完成多种基础图形的绘制 |
| 评价标准 | （1）基础知识掌握 20 分；<br>（2）基础图形绘制命令运用 20 分；<br>（3）规范意识与标准化思维等职业素养体现 20 分；<br>（4）任务成果 40 分 |

## 一、知识驿站

### 1. 直线

直线是 CAD 中最基本的绘图命令之一，使用【直线】命令可绘制任意长度的直线段。绘制直线的操作方法主要有以下三种。

（1）在快速访问工具栏中单击【直线】按钮，直接绘制直线段。

（2）在功能区中选择【直线】命令，直接绘制直线段，如图 4.14 所示。

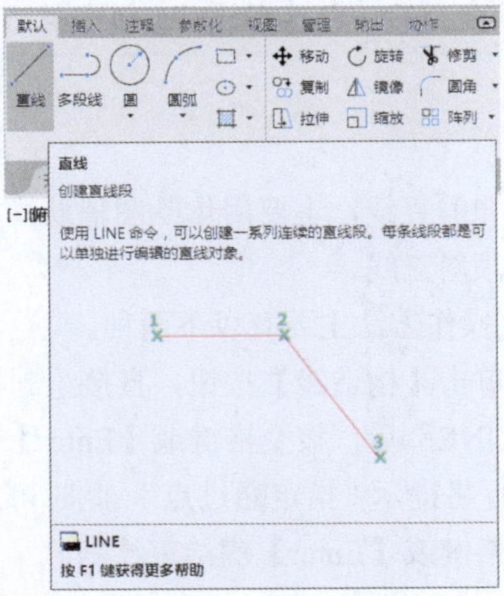


图 4.14　直线命令

（3）在命令行中输入“LINE”后，按空格键或【Enter】键确认执行命令。执行直线命令后，命令行将提示“指定起点”，此时可通过鼠标单击确定直线段起点，或输入坐标确定起点；确定起点后，命令行提示“指定端点”，按相同方式确定端点；最后按空格键或【Enter】键结束直线绘制，如图4.15所示。

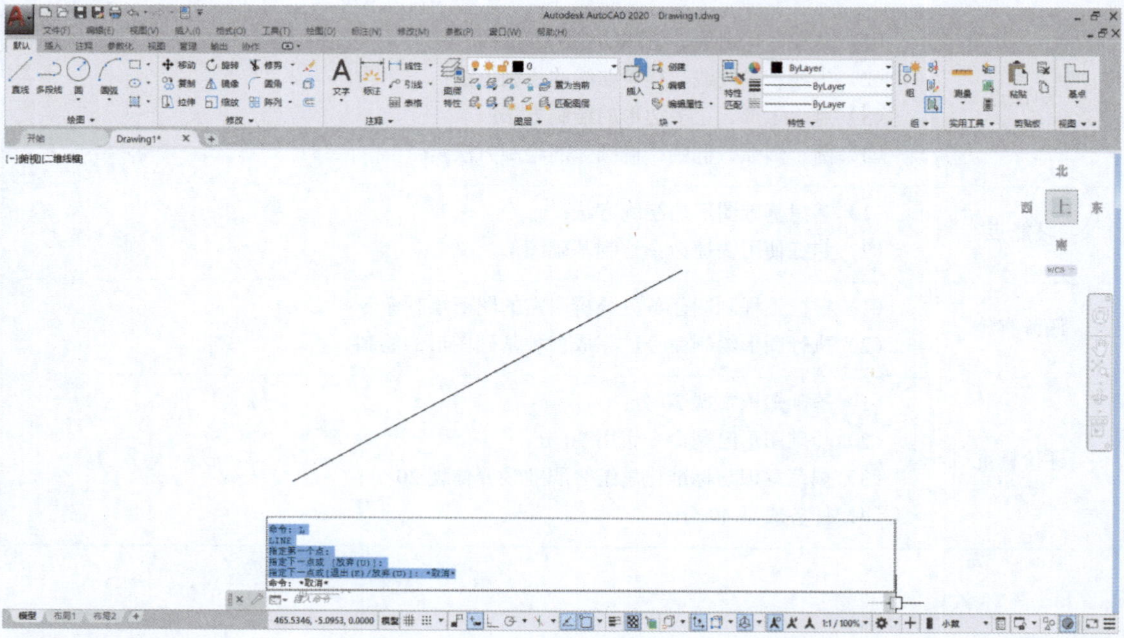


图4.15　直线绘制

**知识链接**

（1）在CAD中执行某项命令时，可随时按【Esc】键结束或取消当前操作。

（2）在CAD中执行某项命令后，按空格键或【Enter】键可重复执行上一条命令。

（3）在CAD中执行某项命令后，按【Ctrl+Z】组合键可撤销上一步操作。

### 2. 构造线

构造线是指两端可无限延伸的直线，主要用作绘图辅助线。使用构造线可快速绘制水平直线、垂直直线及指定角度的倾斜直线。

CAD中绘制构造线的常用操作方法主要有以下两种。

（1）在快速访问工具栏中单击【构造线】按钮，直接绘制构造线，如图4.16所示。

（2）在命令行中输入“XLINE”后，按空格键或【Enter】键确认执行命令。

执行构造线命令后，命令行将提示“指定通过点”，此时可通过鼠标单击或输入坐标确定构造线的通过点，确定后按空格键或【Enter】键结束绘制。

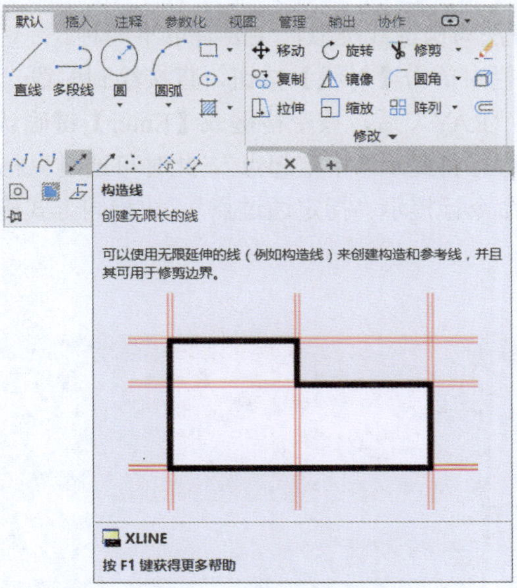


图 4.16　构造线命令

CAD 中可使用“构造线”命令绘制角平分线。执行构造线命令后，根据命令行提示依次捕捉并单击角的顶点、第一条边的端点和第二条边的端点，系统将自动绘制该角的平分线，如图 4.17 所示。

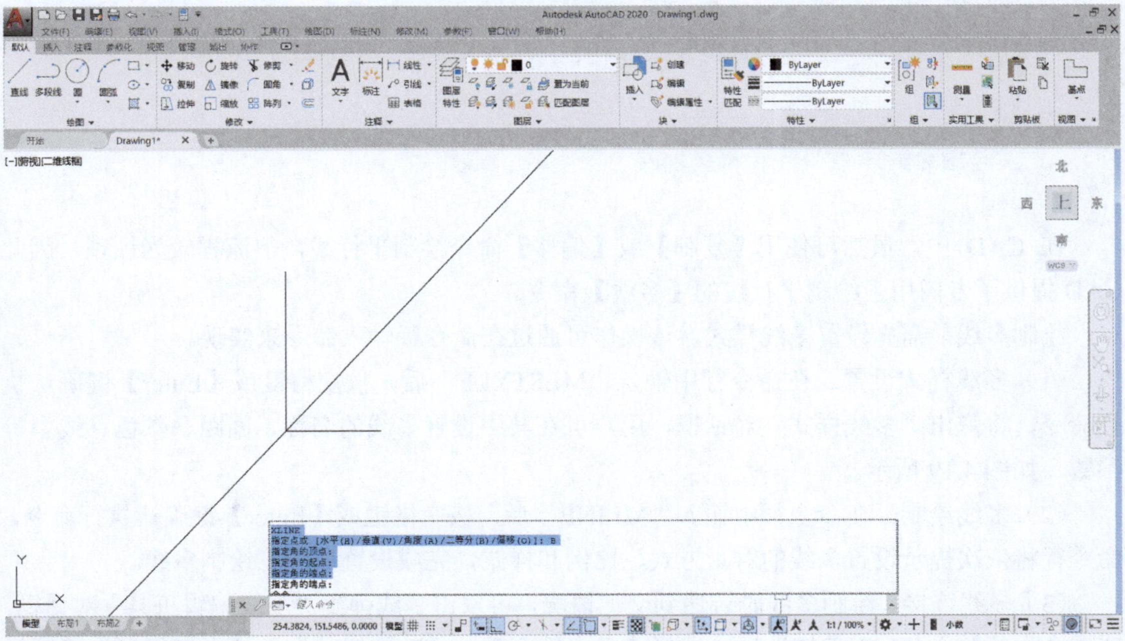


图 4.17　构造线绘制

3. 射线

CAD 中绘制射线的方法与构造线类似，主要有以下两种。

（1）在快速访问工具栏中单击【射线】按钮，直接绘制射线，如图 4.18 所示。

（2）在命令行中输入“RAY”后，按空格键或【Enter】键确认执行命令。

执行射线命令后，命令行将提示“指定起点”，此时可通过鼠标单击或输入坐标来确定射线的起点；确定起点后，命令行提示“指定通过点”，按相同方式确定通过点，即可完成射线的绘制。

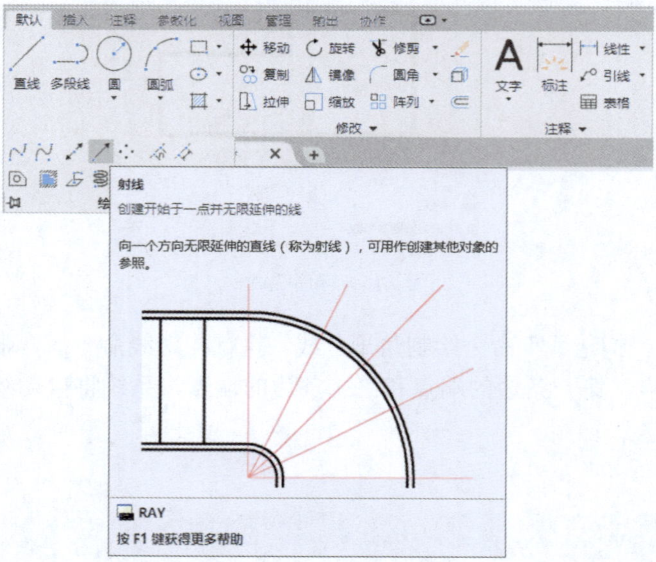


图 4.18　射线命令

## （二）绘制多线、多段线和样条曲线

1. 多线

在 CAD 中，虽然可使用【复制】或【偏移】命令绘制平行线，但流程较为烦琐，因此 CAD 提供了专门用于绘制平行线的【多线】命令。

绘制多线前需先设置多线样式，该操作可通过在命令行输入命令来实现。

（1）多线样式设置。在命令行中输入“MLSTYLE”后，按空格键或【Enter】键确认执行命令，将弹出“多线样式”对话框，用户可在其中设置多线的名称、间距、颜色、线型等参数，如图 4.19 所示。

（2）多线绘制。在命令行中输入“MLINE”后，按空格键或【Enter】键确认执行命令，命令行将依次提示设置多线的对正方式、比例和样式，完成设置后即可绘制多线。

（3）多线连接。绘制多线时若遇到交汇情况，可双击多线弹出“多线编辑工具”对话框，或在命令行输入“MLEDIT”后，选择【角点结合】→【T 形打开】→【十字打开】等编辑工具，快速完成多线连接，如图 4.20 所示。

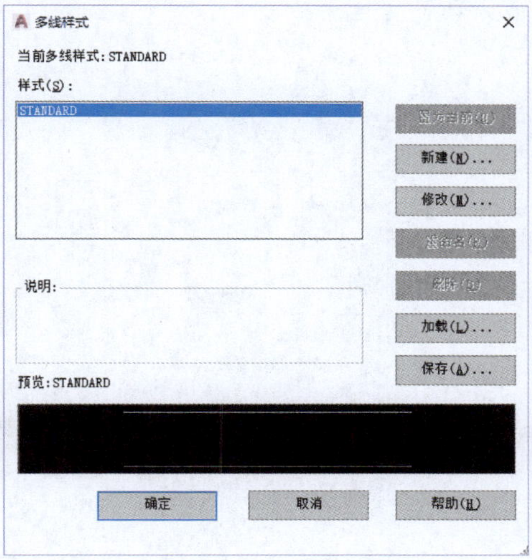


图 4.19　多线样式设置

图 4.20　多线编辑工具

### 2. 多段线

多段线由相连的直线段和弧线段组成，常用于绘制既有直线又有弧线的图形。多段线中每段直线或弧线的起点和终点宽度可任意设置，多段线可用于绘制特殊符号。

在命令行中输入“PLINE”后，按空格键或【Enter】键确认执行命令，命令行将提示“指定起点”，此时可通过鼠标单击或输入坐标确定起点；确定起点后，命令行提示“指定下一点或［圆弧（A）/半宽（H）/长度（L）/放弃（U）/宽度（W）］”，按需输入对应选项的首字母（如“A”表示圆弧）并设置相关参数，再按相同方式确定后续点，直至按空格键或【Enter】键结束绘制，如图 4.21 所示。

在 CAD 中，可通过多段线获取封闭图形的面积。将起点与端点重合的多段线［或通过【闭合（C）】选项直接封闭］选中后，按【Ctrl+1】键，即可在弹出的“特性”面板中查看包括长度、面积在内的图形属性。

### 3. 样条曲线

样条曲线是由绘图时指定的一系列控制点或拟合点确定的光滑曲线，可自由拟合复杂形状，区别于直线和圆弧等固定几何形态。

在命令行中输入“SPLINE”后，按空格键或【Enter】键确认执行命令，命令行将提示“指定第一个点”，此时可通过鼠标单击或输入坐标确定起点；确定起点后，命令行提示“指定下一个点”，按相同方式依次指定后续点，最后按空格键或【Enter】键结束绘制，如图 4.22 所示。

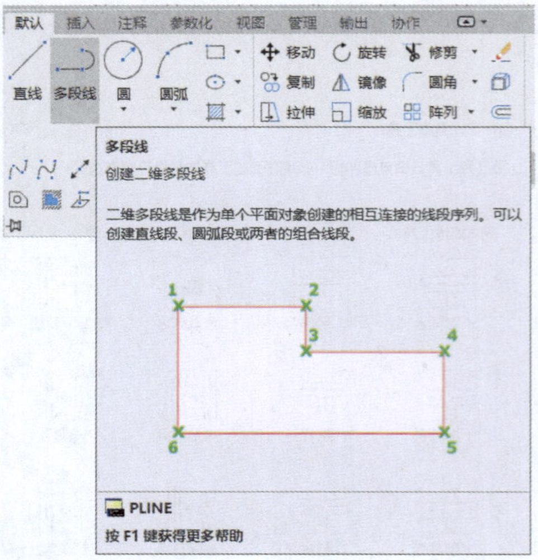


图 4.21　多段线命令

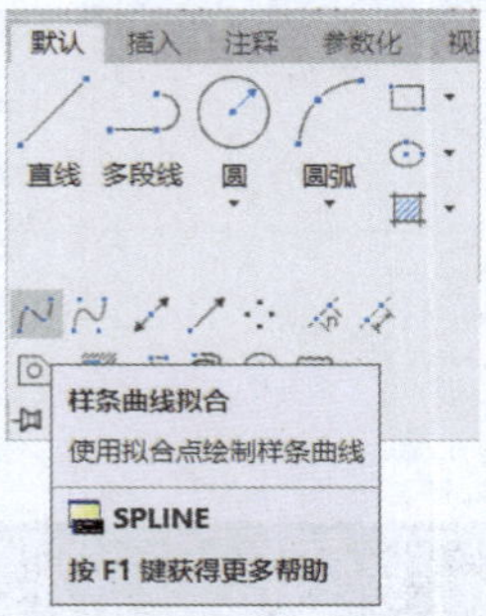


图 4.22　样条曲线命令

## (三) 绘制点、矩形和正多边形

### 1. 点

点是最基本的几何元素，它没有长度、宽度和厚度，仅表示空间中的一个位置。在 CAD 二维平面中，点可用坐标（X，Y）表示，在三维空间中则用（X，Y，Z）表示，这些坐标确定点相对于绘图区原点的位置。

在命令行中输入“POINT”后，按空格键或【Enter】键确认执行命令，命令行将提示“指定点”，此时可通过鼠标单击或输入坐标确定点的位置，完成后按空格键或【Enter】键结束绘制，如图 4.23 所示。

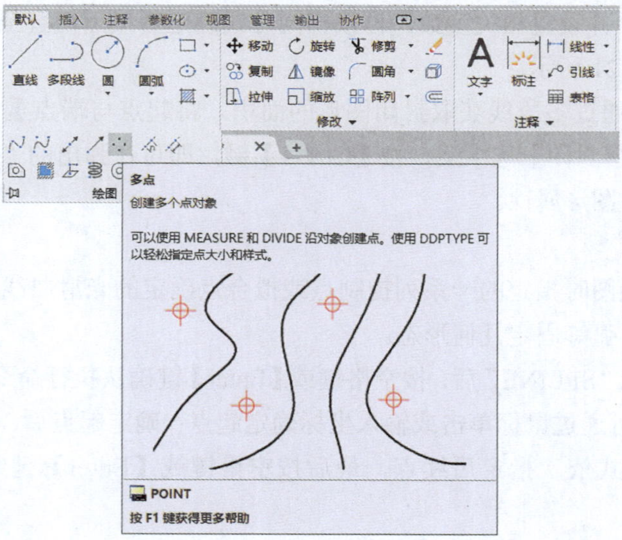


图 4.23　点的命令

### 2. 矩形

矩形是常见的几何图形，由四条边组成封闭图形，且四个角均为直角，具有长和宽两个维度，相对边平行且相等。在 CAD 二维平面中，矩形常用于表示工程图形的平面布局、机械零件的轮廓等。

CAD 中绘制矩形的操作方法主要有以下四种。

（1）在快速访问工具栏中单击【矩形】按钮，直接绘制矩形，如图 4.24 所示。

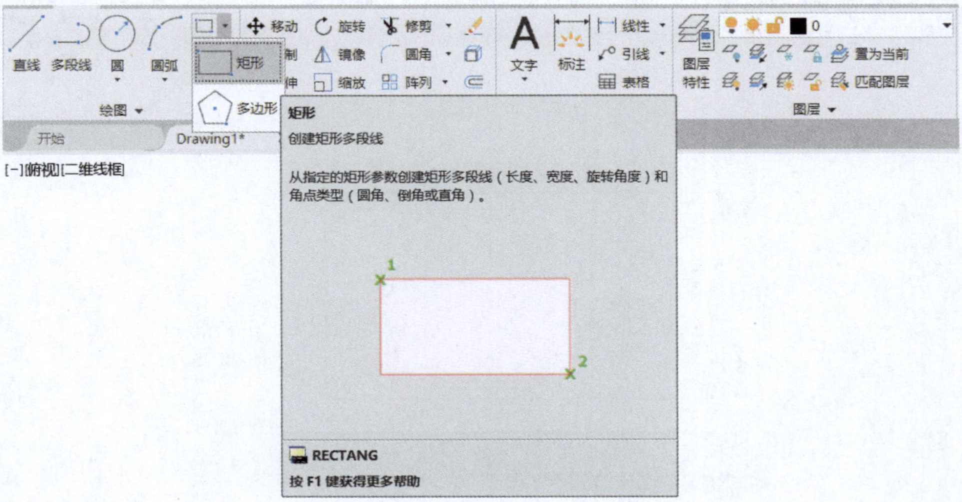


图 4.24　矩形命令

（2）在命令行中输入“RECTANG”后，按空格键或【Enter】键确认执行命令。

执行矩形命令后，命令行将提示“指定第一个角点”，此时可通过鼠标单击或输入坐标确定第一个角点；确定后，命令行提示“指定另一个角点”，可按相同方式确定另一角点，或通过输入相对坐标“@X、Y”等方式完成矩形绘制，如图 4.25 所示。

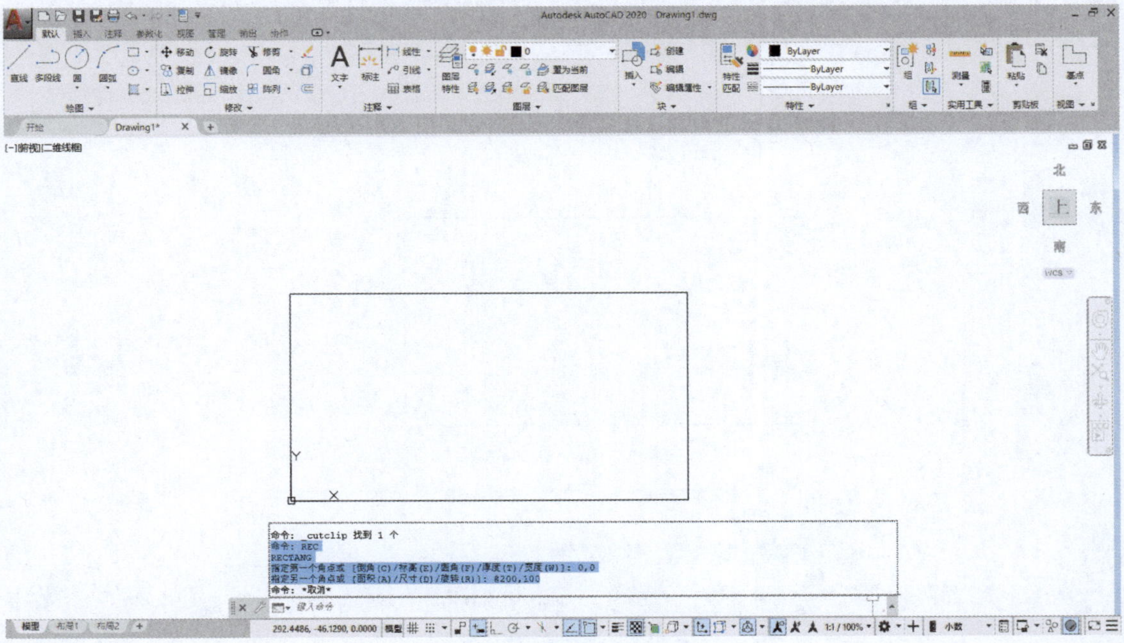

图 4.25　矩形绘制方法一

（3）在命令行中执行矩形命令并指定第一个角点后，通过动态输入功能输入长度，按【Tab】键切换至宽度输入框，输入宽度后按空格键或【Enter】键即可完成矩形绘制，如图4.26所示。

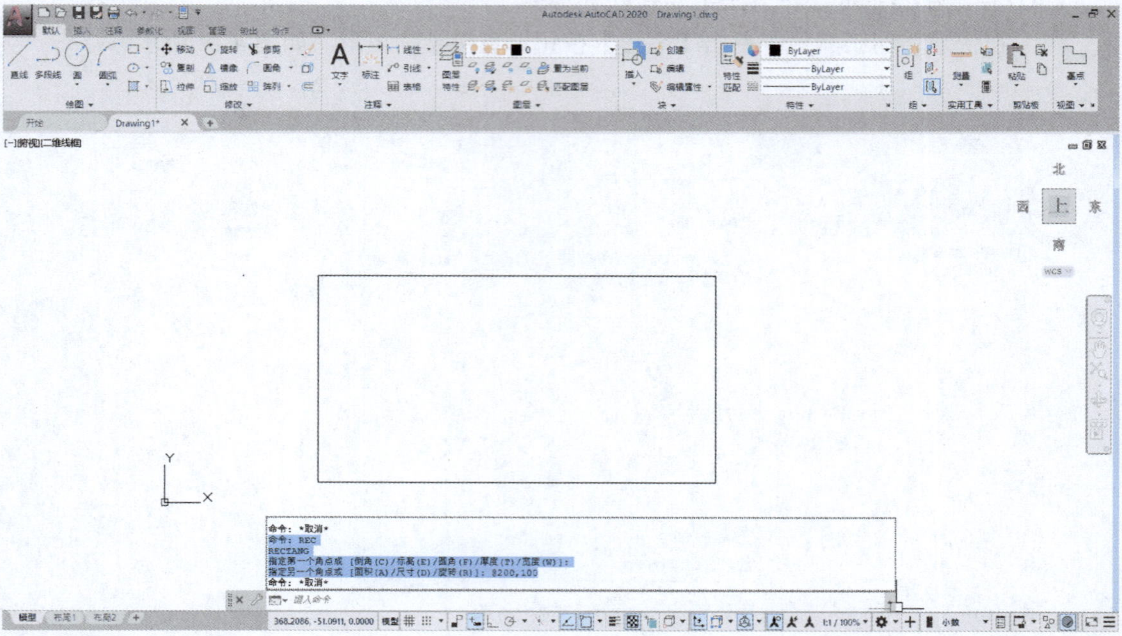


图 4.26　矩形绘制方法二

（4）在命令行中执行矩形命令并指定第一个角点后，输入相对坐标“@X，Y”，按空格键或【Enter】键即可完成矩形绘制，如图4.27所示。

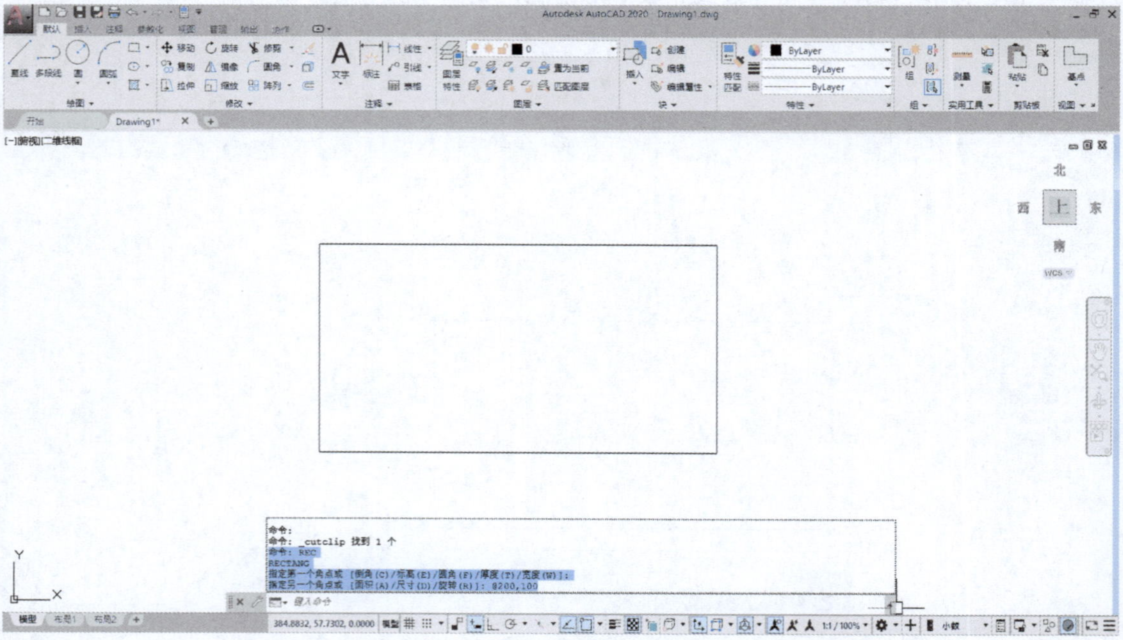


图 4.27　矩形绘制方法三

### 3. 正多边形

正多边形是指各边相等、各角也相等的多边形，具有高度对称性，其对称轴的数量取决于边数。在 CAD 中，需依次指定多边形的边数、内接于圆或外切于圆的方式及半径，或直接指定边长来确定其形状和大小。

在命令行中输入“POLYGON”后，按空格键或【Enter】键确认执行命令，命令行将提示“输入侧面数”；输入边数后，命令行提示“指定正多边形的中心点”，可通过鼠标单击或输入坐标确定中心点；随后命令行提示“输入选项［内接于圆（I）/外切于圆（C）］”，选择对应选项（输入“I”或“C”）后，输入圆的半径或指定边长，即可完成正多边形绘制，如图 4.28 所示。

## （四）绘制圆、圆弧、椭圆和椭圆弧

### 1. 圆

CAD 提供了多种绘制圆的方法，主要包括指定圆心和半径绘圆、指定圆心和直径绘圆、两点绘圆、三点绘圆、指定两个相切对象和半径绘圆以及指定三个相切对象绘圆等。本任务重点介绍指定圆心和半径绘圆的方法。

在命令行中输入“CIRCLE”后，按空格键或【Enter】键确认执行命令，命令行将提示“指定圆心”，此时可通过鼠标单击或输入坐标来确定圆心；确定圆心后，命令行提示“指定圆的半径”，可通过鼠标单击或输入半径数值完成绘制，如图 4.29 所示。

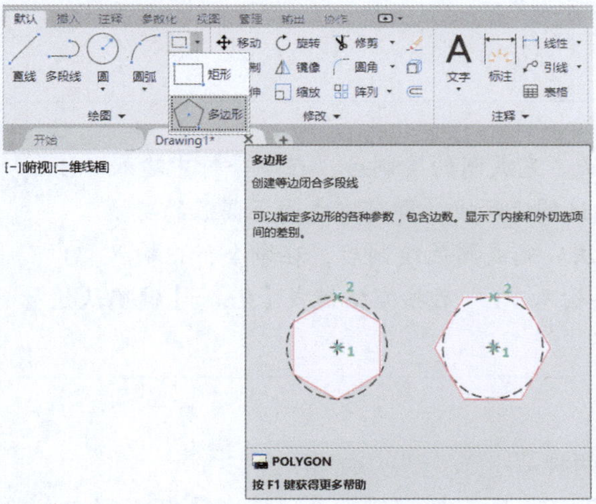


图 4.28　正多边形命令

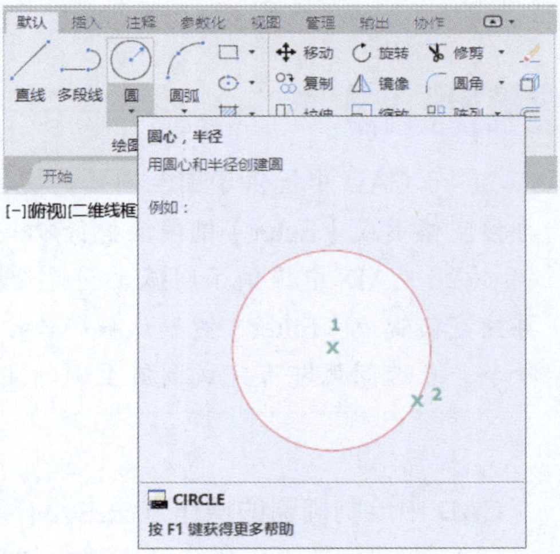


图 4.29　圆的命令

### 2. 圆弧

CAD 提供了多种绘制圆弧的方法，主要包括：三点绘弧，指定起点、圆心和端点绘弧，指定起点、圆心和角度绘弧，指定起点、圆心和长度绘弧，指定起点、端点和角度绘弧，指定起点、端点和方向绘弧，指定起点、端点和半径绘弧等。本任务重点介绍三点绘弧的方法。

在命令行中输入“ARC”后，按空格键或【Enter】键确认执行命令，命令行将依次提示“指定圆弧的起点”“指定圆弧的第二个点”“指定圆弧的端点”，这三个点均可通过鼠标单击或输入坐标指定，完成三点指定后即完成圆弧绘制，如图 4.30 所示。

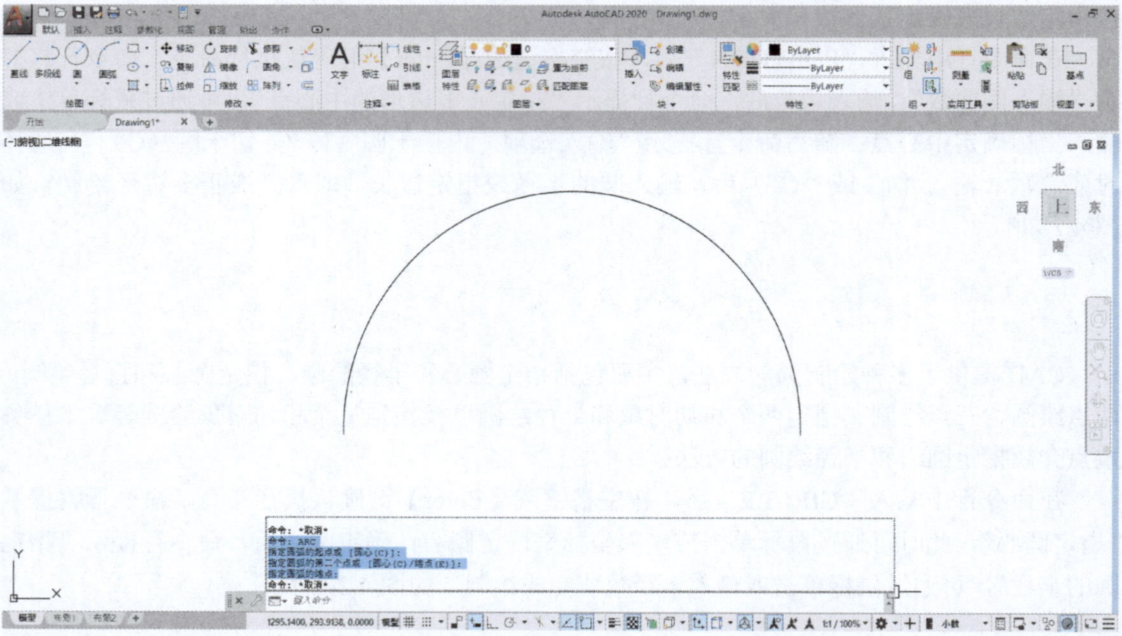


图 4.30　圆弧绘制

**知识链接**

（1）CAD 中提供了圆至圆弧的变换方法。完成圆的绘制后，在命令行中输入“Br”，再按空格键或【Enter】键确认执行命令，点选圆上两点，即可完成圆至圆弧的变换。

（2）CAD 中提供了圆弧至圆的变换方法。完成圆弧绘制后，在命令行中输入“J”，再按空格键或【Enter】键确认执行命令，再输入“L”后按空格键或【Enter】键确认执行命令，点选圆弧即可完成圆弧至圆的变换。

### 3. 椭圆

CAD 中绘制椭圆的操作方法主要有以下两种。

（1）轴端点法。在命令行中输入“ELLIPSE”后，按空格键或【Enter】键确认执行命令。首先指定椭圆一条轴的两个端点（可通过鼠标单击或输入坐标确定），然后以此确定椭圆的长轴或短轴；最后指定另一条半轴的长度（可通过鼠标单击或输入数值确定），如图 4.31 所示。

（2）中心点法。在命令行中输入“ELLIPSE”后，按空格键或【Enter】键确认执行命令。首先输入“C”选择中心点模式，然后通过鼠标单击或输入坐标指定椭圆的中心点；接着指定椭圆一条轴的端点，以确定长轴或短轴的长度；最后指定另一条半轴的长度（可通过鼠标单击或输入数值确定），如图 4.32 所示。

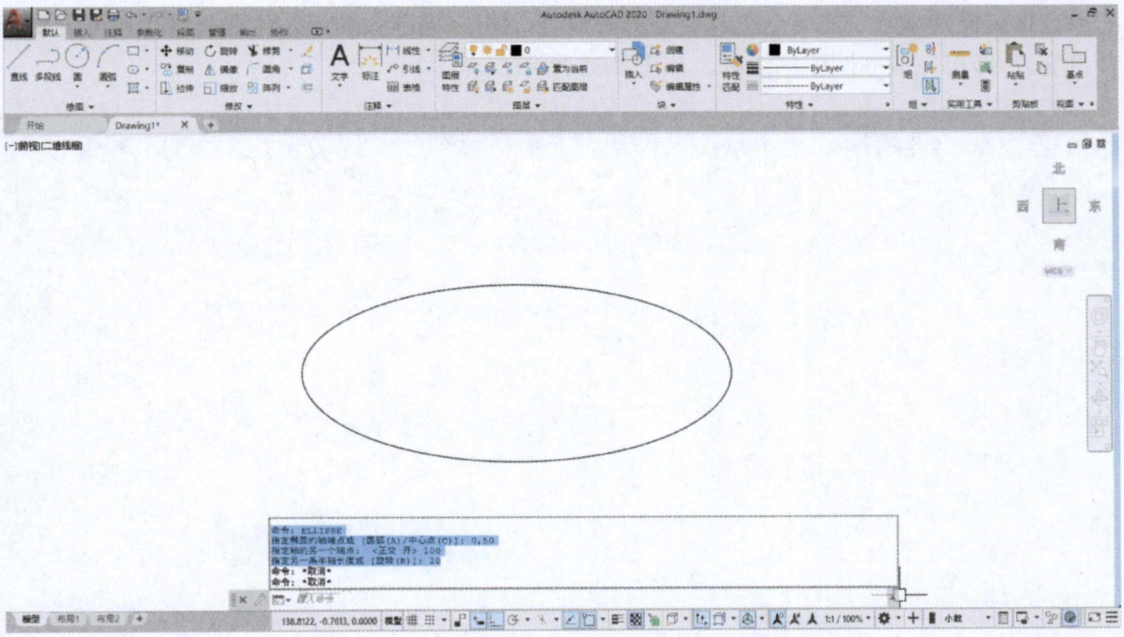


图 4.31　轴端点法

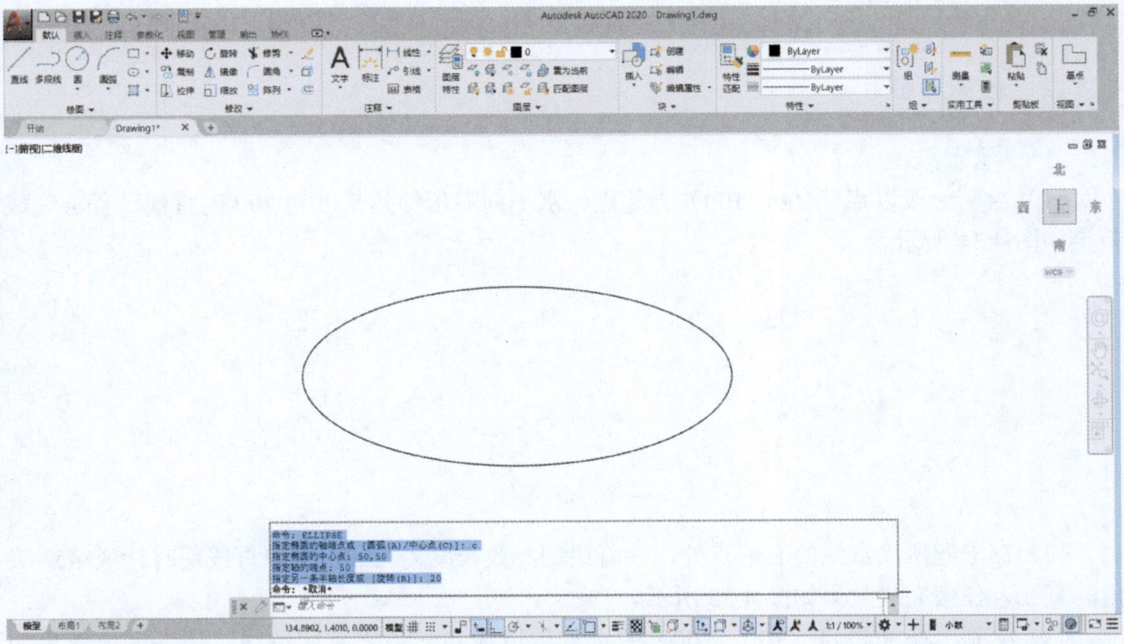


图 4.32　中心点法

### 4. 椭圆弧

椭圆弧是椭圆的一部分，可通过截取椭圆或直接绘制生成。在命令行中输入“ELLIPSE”后，按空格键或【Enter】键确认执行命令，输入“A”选择“圆弧（A）”选项，按绘制椭圆的步骤指定椭圆参数（轴端点法或中心点法），最后指定椭圆弧的起始角度和终止角度（或包含角度），即可完成椭圆弧的绘制，如图 4.33 所示。

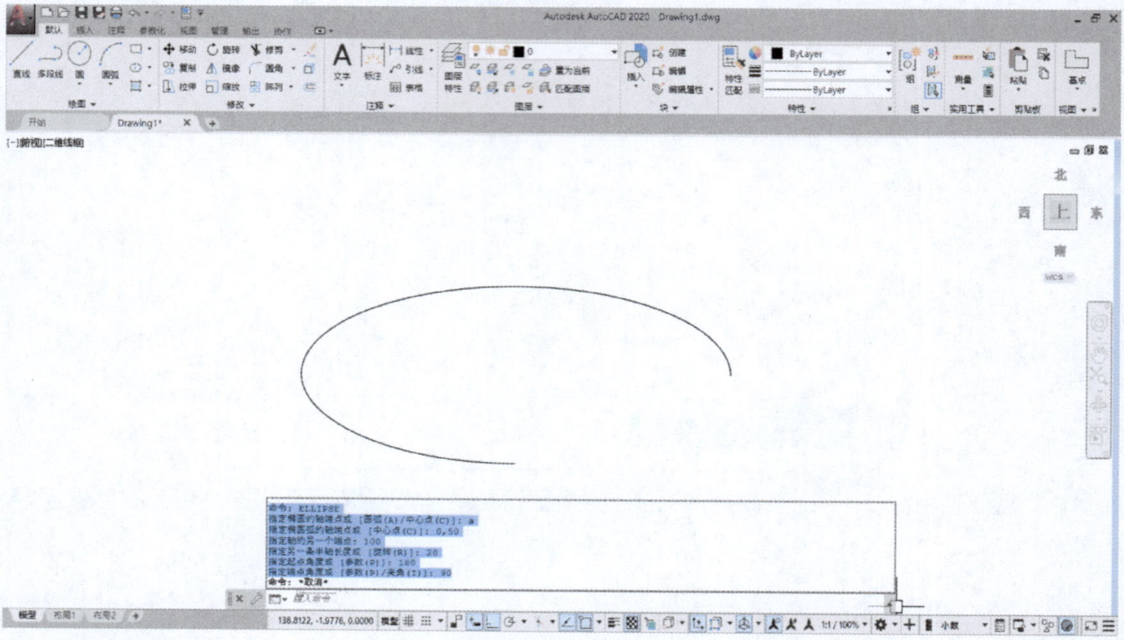


图 4.33　椭圆弧绘制

## 二、任务实战

### （一）基础实践

（1）绘制一段以点（100，100）为起点、水平向右延伸且长度为 200 的直线，任务完成效果如图 4.34 所示。

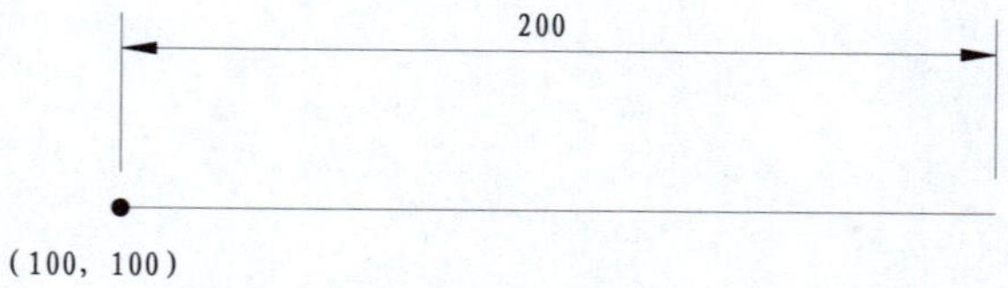


图 4.34　基础实践一

（2）在上题所绘直线的右端点处，接着绘制一段长度为 200、与原直线逆时针成 45° 夹角的直线，任务完成效果如图 4.35 所示。

（3）绘制一条通过点（100，100）的水平构造线和一条竖直构造线，任务完成效果如图 4.36 所示，图中虚线表示构造线无限延伸。

（4）绘制一条通过点（100，100）、与 X 轴正方向成 45° 的构造线，再绘制一条通过点（100，100）、与 Y 轴正方向成 45° 的构造线，任务完成效果如图 4.37 所示，图中虚线表示构造线无限延伸。

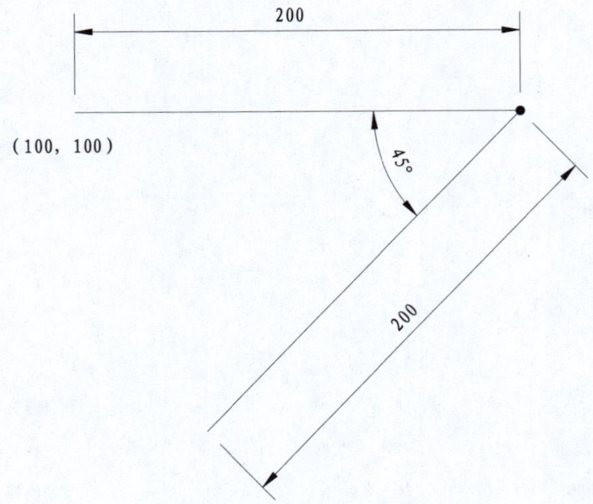


图 4.35　基础实践二

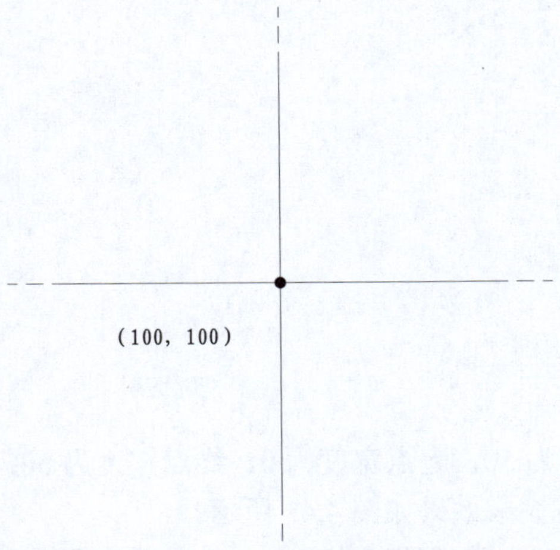


图 4.36　基础实践三

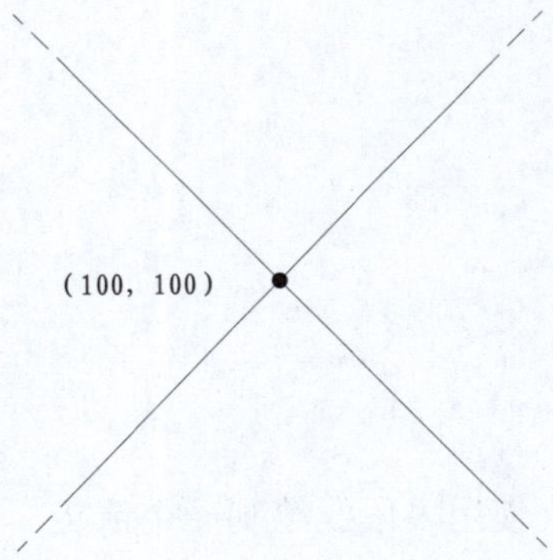


图 4.37　基础实践四

（5）绘制一条通过点（100，100）的水平射线和一条通过点（100，100）的竖直射线，任务完成效果如图 4.38 所示，图中虚线表示射线无限延伸。

（6）绘制一条通过点（100，100）且与 X 轴正方向成 45° 的射线和一条通过点（100，100）且与 X 轴正方向成–45° 的射线，任务完成效果如图 4.39 所示，图中虚线表示射线无限延伸。

（7）根据图 4.40 所示信息，绘制两条平行线组成的多线，多线样式名称为“墙体”，线间间距为 240，颜色为灰色，对正方式选择“无”，比例设为 1，任务完成效果如图 4.40 所示。

（8）根据图 4.41 所示信息，绘制四条平行线组成的多线，多线样式名称为“窗户”，相邻线间距为 80，颜色为青色，对正方式选择“无”，比例设为 1，任务完成效果如图 4.41 所示。

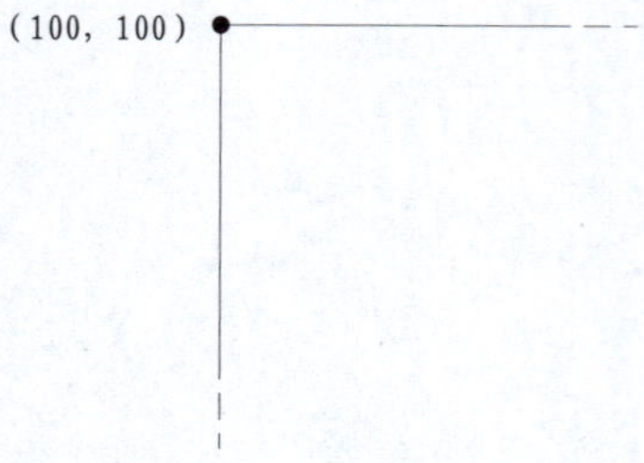


图 4.38　基础实践五

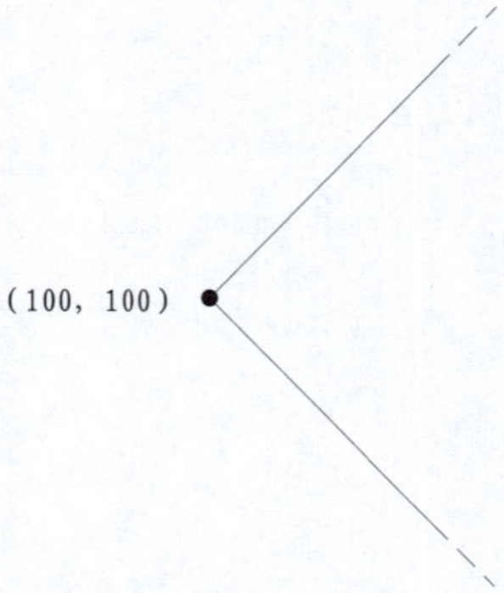


图 4.39　基础实践六

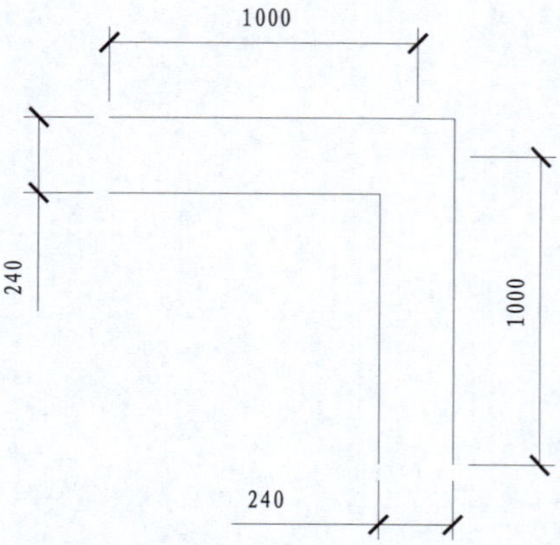


图 4.40　基础实践七

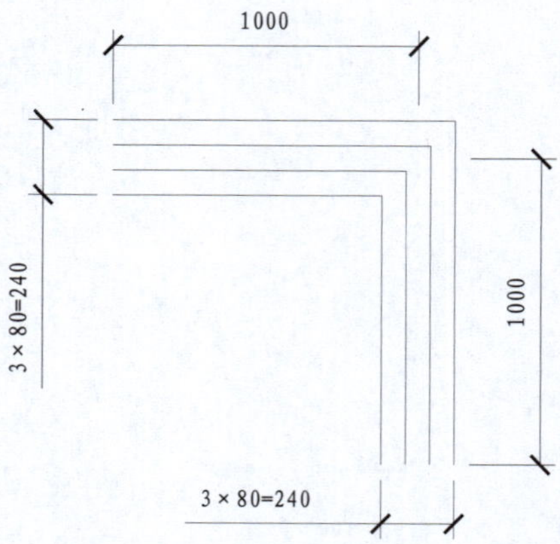


图 4.41　基础实践八

（9）使用多段线绘制一个箭头，箭头长度为 50，起点宽度为 0，终点宽度为 30；箭尾长度为 200，起点宽度为 1，终点宽度为 1。任务完成效果如图 4.42 所示。

（10）使用多段线绘制一条跑道，线宽为 1220，直线段长为 844390，圆弧段半径为 36500。完成绘制后，通过【特性】工具查询图形总长度，任务完成效果如图 4.43 所示。

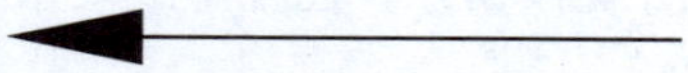

图 4.42　基础实践九

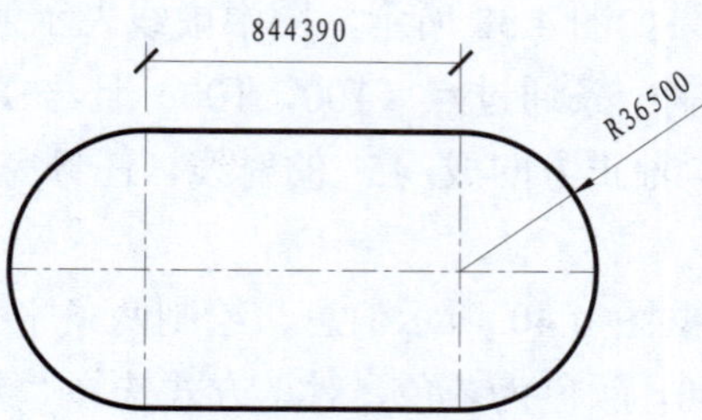


图 4.43　基础实践十

（11）绘制三个线宽为 0.3 的直角矩形：第一个矩形的第一个角点坐标为（0，0），长度为 420，宽度为 297；第二个矩形的第一个角点坐标为（25，5），长度为 390，宽度为 287；第三个矩形的第一个角点坐标为（235，5），长度为 180，宽度为 30，任务完成效果如图 4.44 所示。

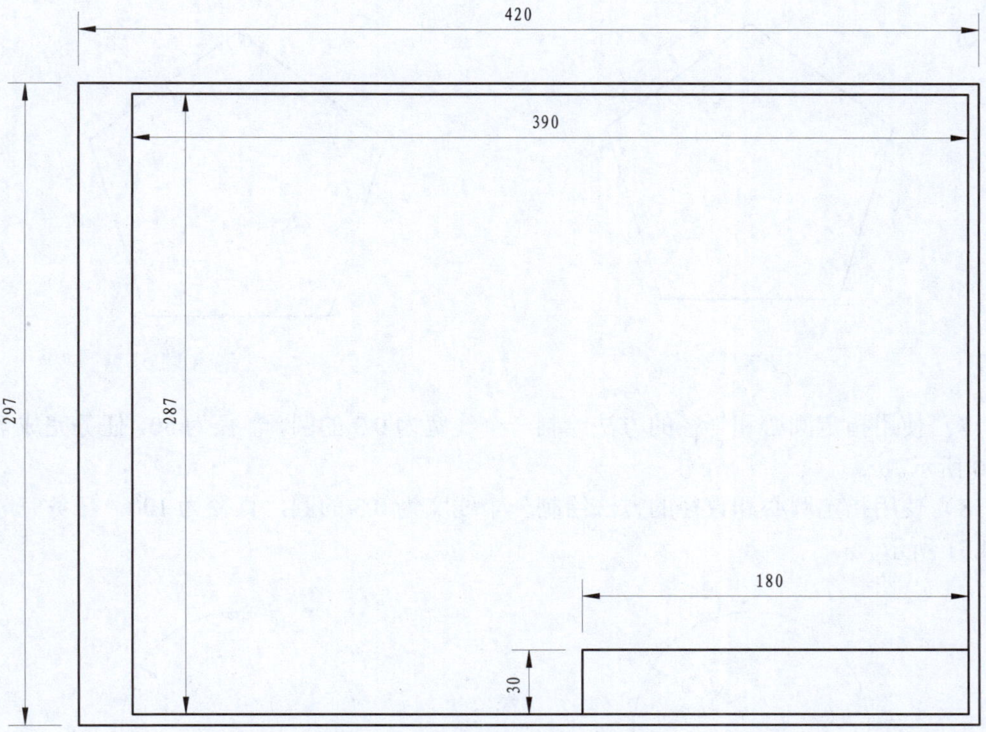


图 4.44　基础实践十一

（12）绘制一个线宽为 0.3 的正方形，边长为 100，任务完成效果如图 4.45 所示。

（13）绘制一个线宽为 0.3 的倒角矩形，边长均为 100，倒角距离为 10，任务完成效果如图 4.46 所示。

（14）绘制一个线宽为 0.3 的圆角矩形，边长均为 100，圆角半径为 10，任务完成效果如图 4.47 所示。

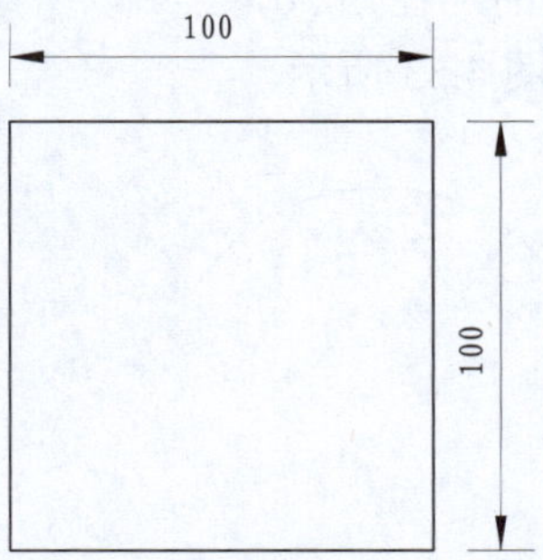


图 4.45　基础实践十二

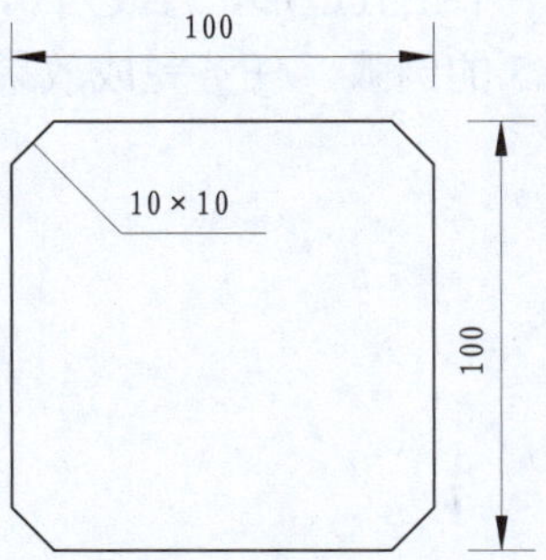


图 4.46　基础实践十三

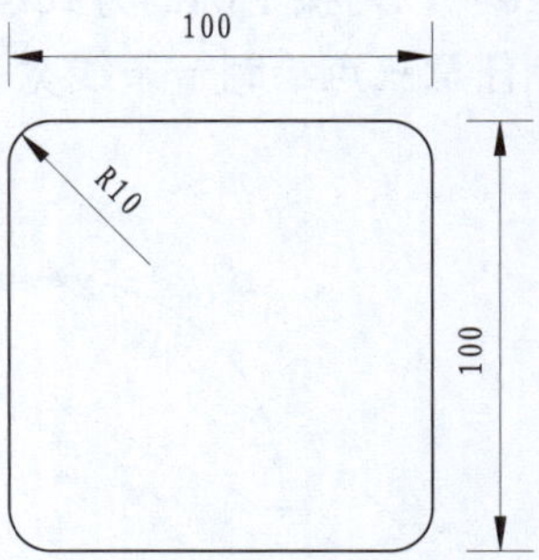


图 4.47　基础实践十四

（15）以内接于圆的方式绘制一个线宽为0.3的正五边形，边数为5，圆的半径为70，任务完成效果如图4.48所示。

（16）以外切于圆的方式绘制一个线宽为0.3的正五边形，边数为5，圆的半径为57，任务完成效果如图4.49所示。

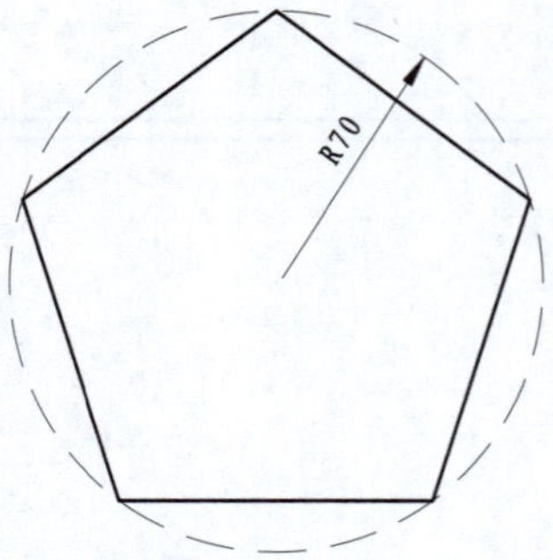


图4.48 基础实践十五

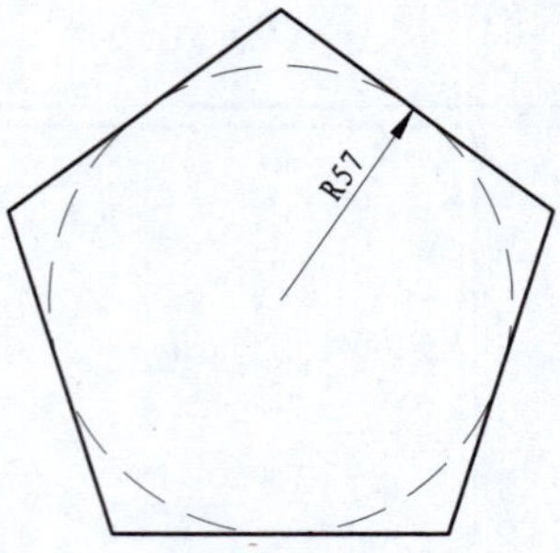


图4.49 基础实践十六

（17）使用指定圆心和半径的方法绘制一个线宽为0.3的圆，半径为50，任务完成效果如图4.50所示。

（18）使用指定圆心和直径的方法绘制一个线宽为0.3的圆，直径为100，任务完成效果如图4.51所示。

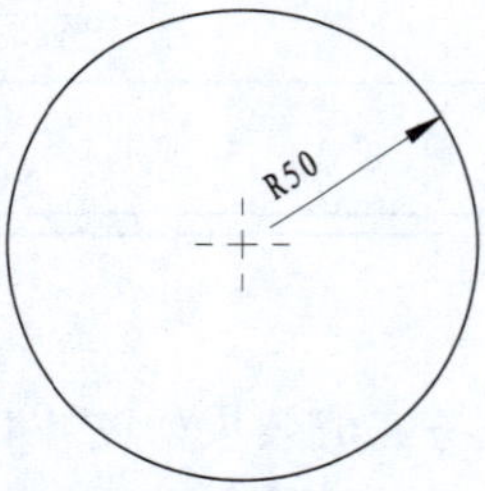


图4.50 基础实践十七

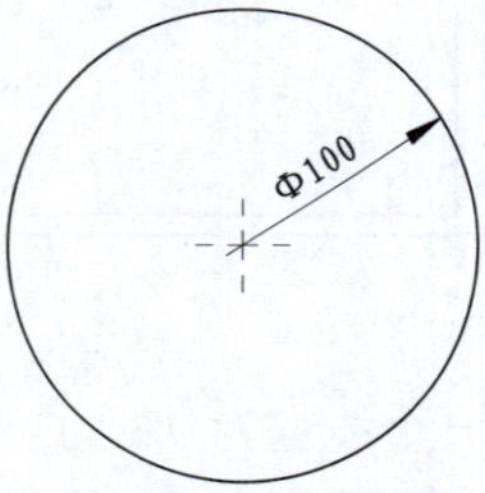


图4.51 基础实践十八

（19）使用指定圆弧上三点的方法绘制一条线宽为0.3的圆弧，起点坐标为（100，100），圆弧的第二个点坐标为（150，150），端点坐标为（200，100），任务完成效果如图4.52所示。

（20）以内接于圆的方式绘制一个正五边形，边数为5，圆的半径为50，然后以所绘正五边形上任意三点绘制一条线宽为0.3的圆弧，任务完成效果如图4.53所示。

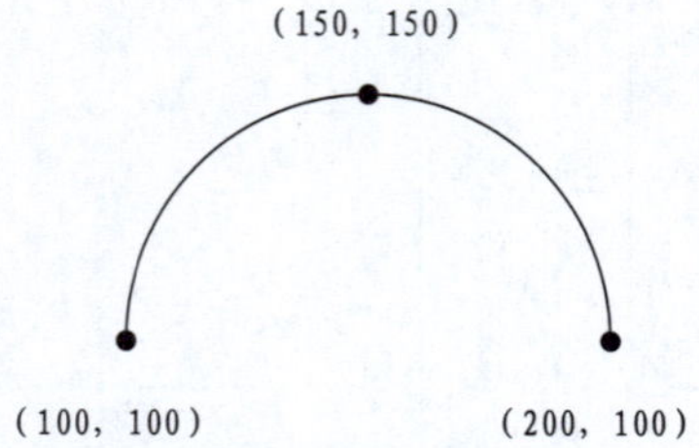


图4.52 基础实践十九

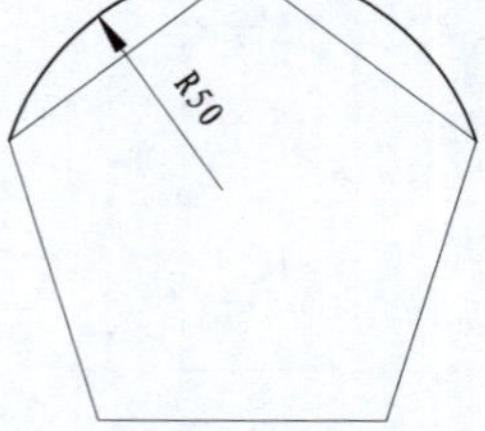


图4.53 基础实践二十

（21）使用轴端点法绘制一个线宽为 0.3 的椭圆，水平长轴的起点坐标为（100，100），端点坐标为（260，100），竖直短半轴长度为 48，任务完成效果如图 4.54 所示。

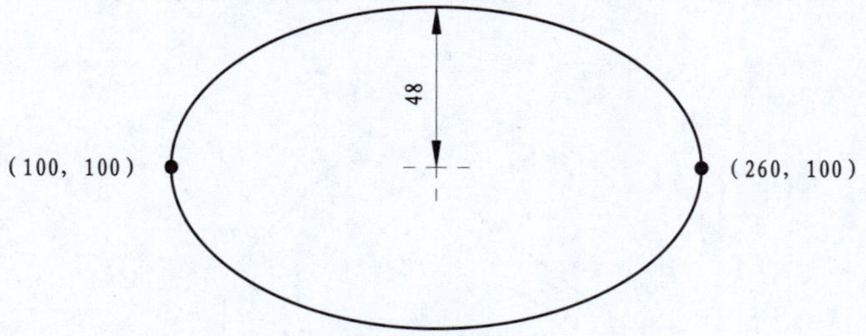


图 4.54　基础实践二十一

（22）使用中心点法绘制一个线宽为 0.3 的椭圆，椭圆中心点坐标为（400，100），水平长半轴长度为 80，竖直短半轴长度为 48，任务完成效果如图 4.55 所示。

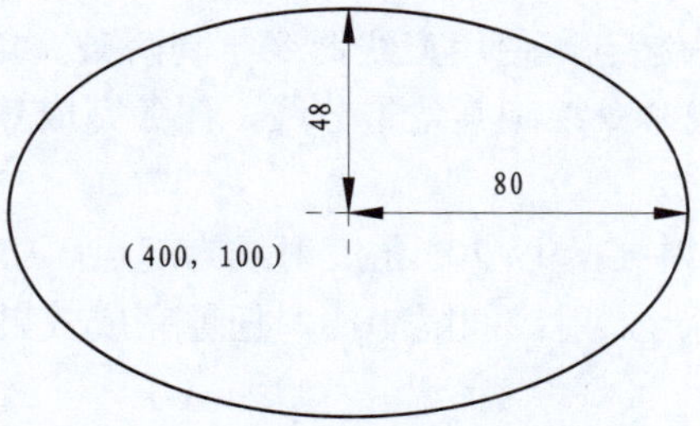


图 4.55　基础实践二十二

（23）绘制一个直角矩形，第一个角点坐标为（100，100），第二个角点坐标为（260，196）；再以矩形左上角点为椭圆弧起点、右上角点为椭圆弧终点，绘制一个线宽为 0.3 的矩形内切椭圆弧，任务完成效果如图 4.56 所示。

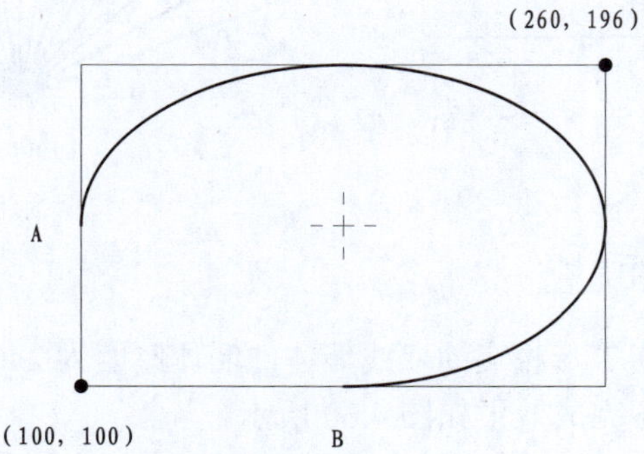


图 4.56　基础实践二十三

## （二）能力提升

（1）使用直线命令在相对坐标系中绘制一个线宽为 0.3 的五边形，顶点坐标依次为（0，0）、（0，40）、（80，100）、（120，60）、（120，0），任务完成效果如图 4.57 所示。

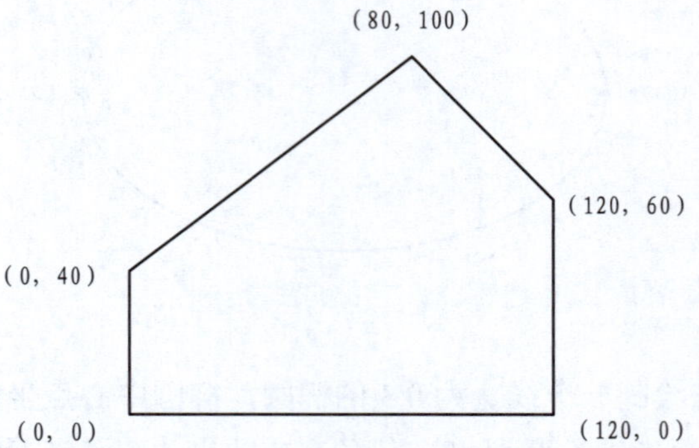


图 4.57　能力提升一

（2）以点（100，100）为起点，使用直线命令绘制两条夹角为 120°、线宽为 0.3、长度为 100 的直线，再使用构造线命令绘制其角平分线，任务完成效果如图 4.58 所示，图中虚线表示无限延伸。

（3）以点（100，100）为中心，以 20° 角度射线为起点、160° 角度射线为终点，绘制 12 条线宽为 0.3 的射线组成的扇形，射线间隔 10°，任务完成效果如图 4.59 所示，图中虚线表示无限延伸。

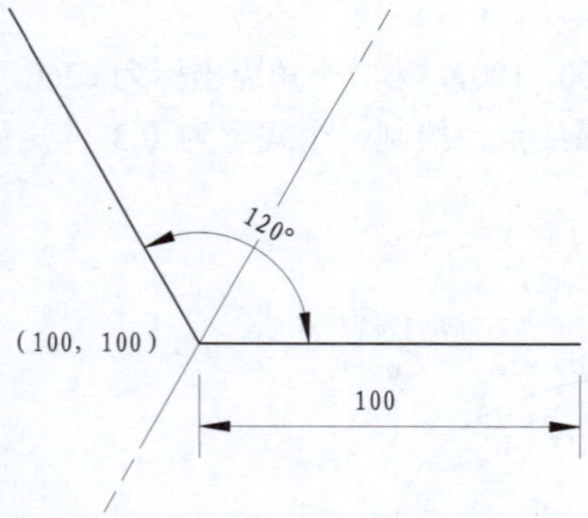


图 4.58　能力提升二

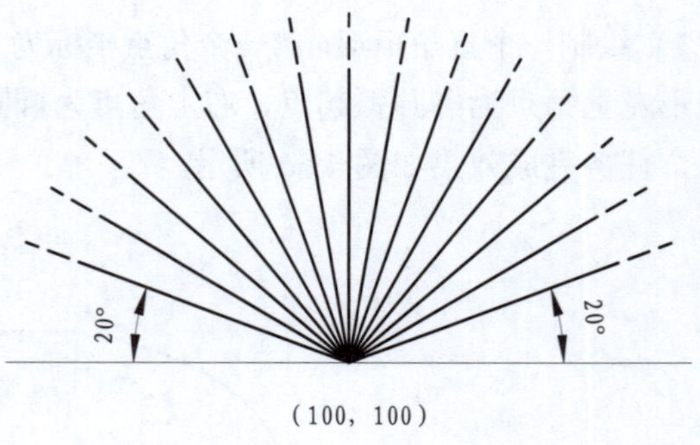


图 4.59　能力提升三

（4）使用多线命令绘制 T 形相交的双线墙体，墙体厚度为 240，单墙宽度为 1000，交接处采用 T 形打开连接，任务完成效果如图 4.60 所示。

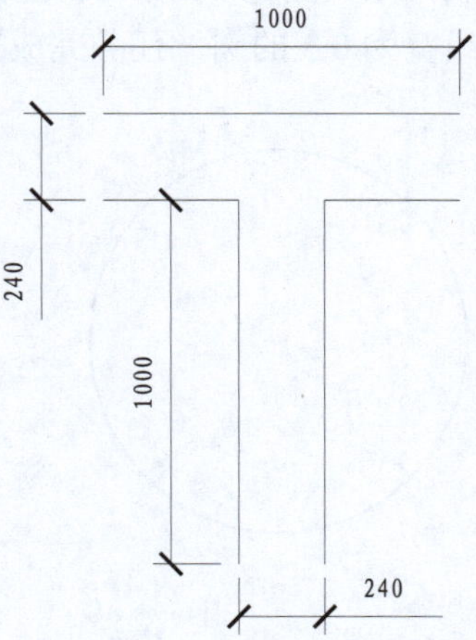


图 4.60　能力提升四

（5）使用多段线命令绘制宝剑：剑尖部分，起点宽度为 0，终点宽度为 50，长度为 80；剑身部分，起点宽度为 50，终点宽度为 50，长度为 1000；护手部分，起点宽度为 100，终点宽度为 100，长度为 50；剑把部分，起点宽度为 50，终点宽度为 50，长度为 200；剑首部分，起点宽度为 70，终点宽度为 70，长度为 30，任务完成效果如图 4.61 所示。

图 4.61　能力提升五

（6）绘制一个内接于半径为 100、线宽为 0.3 的圆的正六边形，以该六边形的中心为圆心绘制一个半径为 40、线宽为 0.3 的圆，任务完成效果如图 4.62 所示。

（7）绘制倒置的正五边形，边长为 100，在正五边形内部绘制正五角星，五角星顶点与五边形边中点重合，任务完成效果如图 4.63 所示。

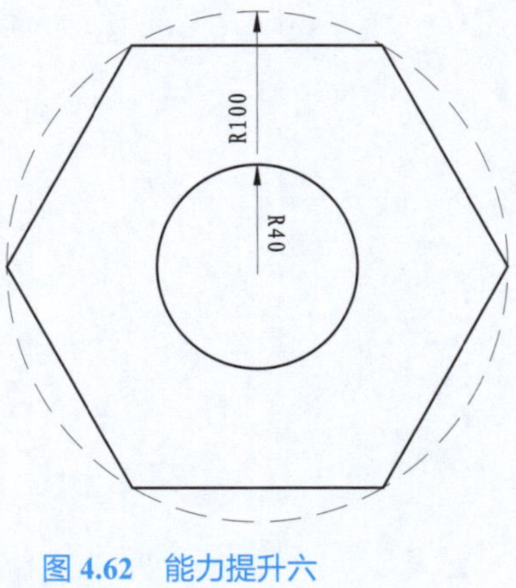


图 4.62　能力提升六

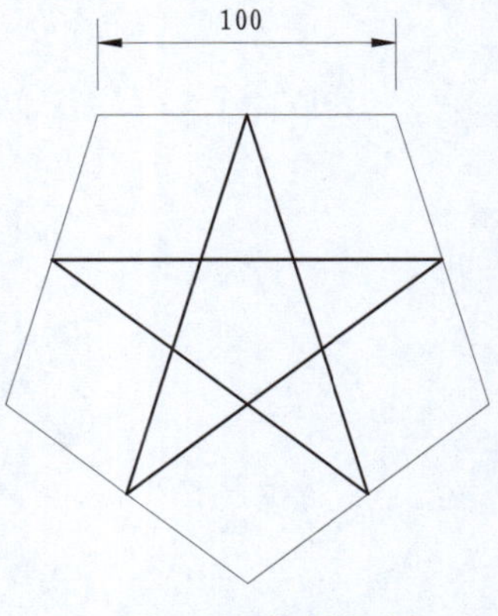


图 4.63　能力提升七

（8）以点（0，0）为起点绘制两条夹角为 90°、长度为 200 的直线，再以点（0，100）为圆心绘制一个与两直线相切、线宽为 0.3 的圆，任务完成效果如图 4.64 所示。

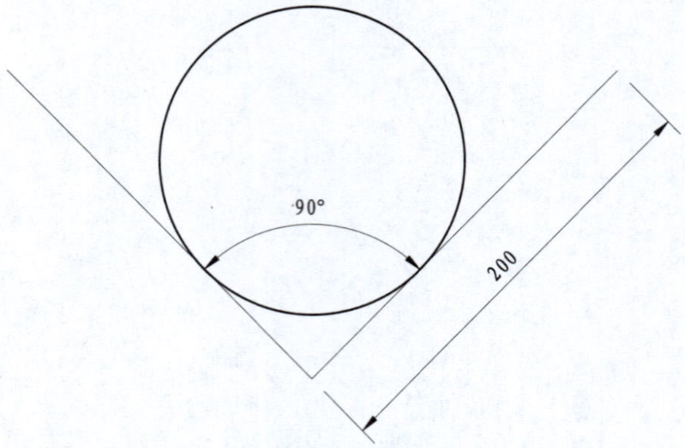


图 4.64　能力提升八

任务实战视频教程

# 任务三 基础图形编辑

| 基础图形编辑任务单 | |
|---|---|
| 任务描述 | 现有某工程制图任务，涉及移动、删除、剪切等基础图形编辑 |
| 知识点 | （1）移动、删除、剪切以及分解图形；<br>（2）复制、偏移、镜像、阵列以及填充图形；<br>（3）延伸、拉伸、缩放以及旋转图形 |
| 技能点 | （1）掌握基础图形的多种编辑方法；<br>（2）熟练使用快捷命令进行图形编辑 |
| 任务实施 | （1）根据工程制图任务，分析所需的图形编辑命令；<br>（2）执行图形编辑命令，完成多种基础图形的编辑 |
| 评价标准 | （1）基础知识掌握 20 分；<br>（2）基础图形编辑操作要点运用 20 分；<br>（3）规范意识与标准化思维等职业素养体现 20 分；<br>（4）任务成果 40 分 |

## 一、知识驿站

### （一）图形对象的移动、删除、修剪和分解

#### 1. 移动

“移动”命令用于将选定的图形对象从一个位置移动到另一个位置，此过程不改变图形的大小和形状，如图 4.65 所示。在命令行中输入“MOVE”后，按空格键或【Enter】键确认执行命令，命令行将依次提示“选择对象”“指定基点”“指定第二个点”。操作要点如下。

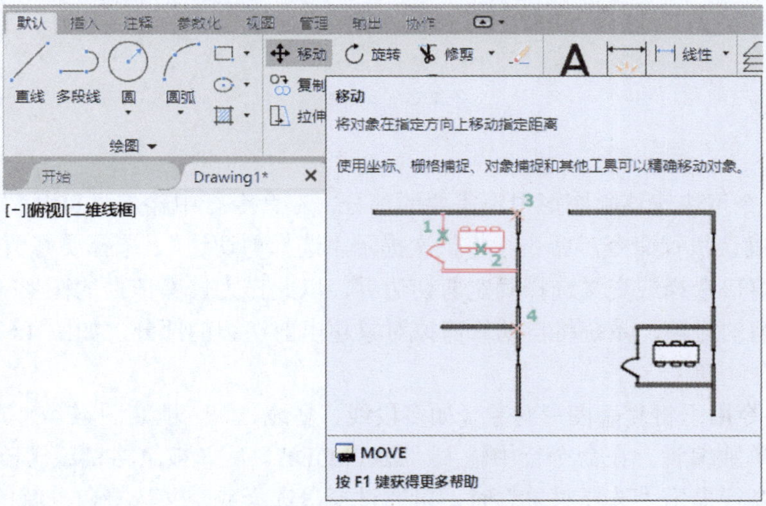


图 4.65　移动命令

（1）选择对象。通过点选或框选对象后，按空格键或【Enter】键确认选择。

（2）指定基点。可选取图形上的特征点或任意位置点作为移动基准点。

（3）指定第二个点。通过鼠标单击或输入坐标，确定对象移动的目标位置。

**知识链接**

（1）窗口选择（从左向右框选）：将光标移至绘图区域，按住鼠标左键并从左向右拖动，形成一个实线矩形框。此时，仅完全包含在矩形框内的图形对象会被选中。

（2）交叉选择（从右向左框选）：将光标定位到绘图区域，按住鼠标左键并从右向左拖动，形成一个虚线矩形框。此时，与矩形框相交或完全包含在内的图形对象均会被选中。

### 2. 删除

在命令行中输入“ERASE”后，按空格键或【Enter】键确认执行命令，命令行将依次提示“选择对象”“删除对象”。操作时，可通过窗口选择、交叉选择等方式选取对象，按空格键或【Enter】键确认执行命令，即可删除所选对象，如图 4.66 所示。

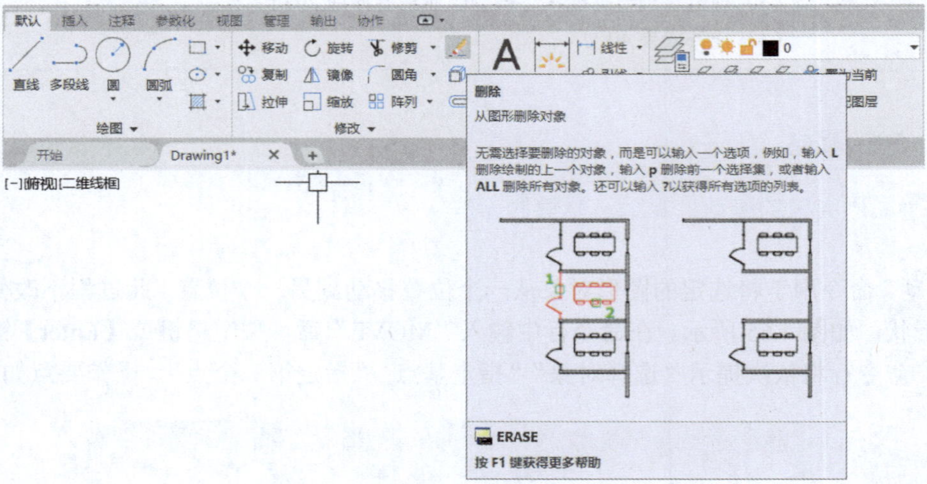


图 4.66　删除命令

### 3. 修剪

“修剪”命令可快速移除图形中不需要的部分。在命令行中输入“TRIM”后，按空格键或【Enter】键确认执行命令，命令行将依次提示“选择剪切边”“选择要修剪的对象”。操作时，首先通过窗口选择或交叉选择确定剪切边界，以此作为修剪依据的图形对象，然后点选或框选需要修剪的对象，系统将自动修剪掉对象超出剪切边的部分，如图 4.67 所示。

### 4. 分解

“分解”命令用于将复杂图形对象（如多段线、多线、块、填充图案等）拆解为独立的基本图元，以便单独编辑。在命令行中输入“EXPLODE”后，按空格键或【Enter】键确认执行命令，当命令行提示“选择对象”时，可通过窗口选择或交叉选择需分解的对象，按空格键或【Enter】键确认执行命令，如图 4.68 所示。

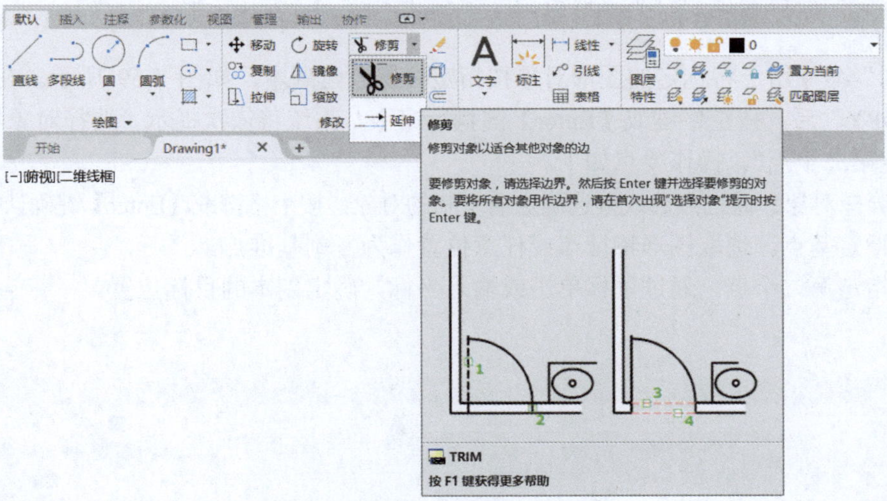


图 4.67　修剪命令

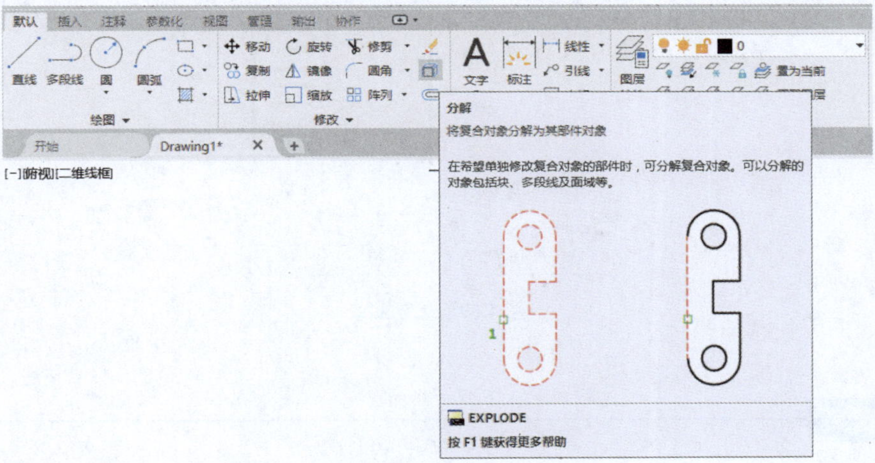


图 4.68　分解命令

## 知识链接

（1）分解后的对象特性：对象分解后可能会失去原有复合特性，例如块的属性定义、多段线的宽度信息等，会转变为普通图形对象（如直线、圆弧等）。其颜色、图层等基础属性可能恢复为系统默认设置或发生改变，需根据实际需求重新调整。

（2）分解命令对复杂图形的影响：对于复杂图形对象（如多线、多边形网格、参数化图形等），分解后可能生成大量独立图元，导致图形文件数据量激增，增加管理复杂度，并可能影响图形的显示速度和编辑性能。因此，使用分解命令时应谨慎评估需求，仅对必要对象执行操作。

## （二）图形对象的复制、偏移、镜像、阵列和填充

### 1. 复制

“复制”命令用于将选定的图形对象按指定位置创建副本，如图 4.69 所示。在命令行中输入“COPY”后，按空格键或【Enter】键执行命令，系统将依次提示“选择对象”“指定基点”“指定第二个点”。操作要点如下。

（1）选择对象。通过点选或框选确定需复制的对象，按空格键或【Enter】键确认执行命令。

（2）指定基点。选取图形特征点或任意位置作为复制基准点。

（3）指定第二个点。通过鼠标单击或输入坐标，确定副本的目标位置。

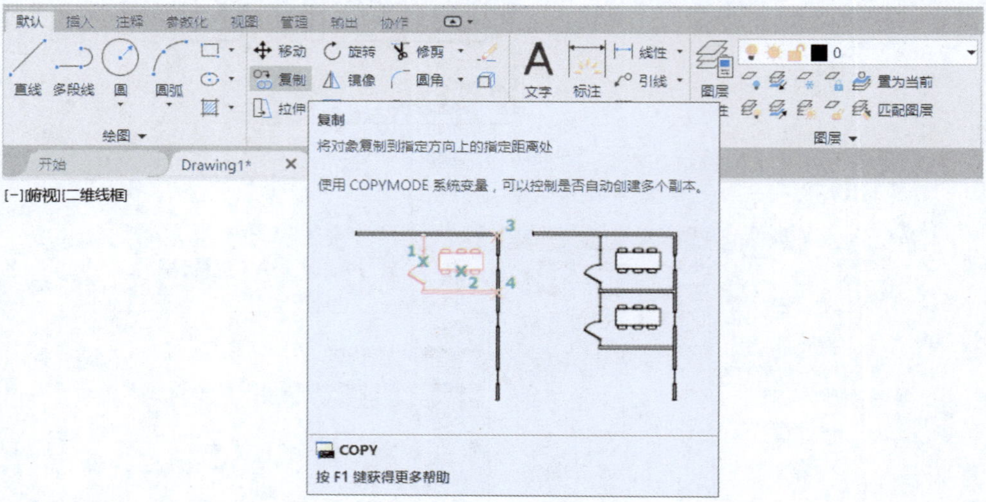


图 4.69　复制命令

**知识链接**

（1）等距批量复制：在执行复制命令过程中，依次选择阵列、阵列数、图形间隔等参数，即可快速完成等距批量复制。

（2）平均布满复制：在执行复制命令时，通过选择“阵列（A）”选项，设置阵列数量及总布满距离，可快速完成平均布满复制。

### 2. 偏移

“偏移”命令用于创建与原对象平行等距的新对象，如图 4.70 所示。在命令行中输入“OFFSET”后，按空格键或【Enter】键执行命令，系统将依次提示“指定偏移距离”“选择对象”“指定偏移方向”。操作要点如下。

（1）指定偏移距离：可直接输入数值（单位为当前绘图单位），或通过选取现有线段、圆弧等对象，系统将自动以其长度/半径作为偏移距离。

（2）选择偏移对象：选取直线、圆、圆弧、多段线等可偏移的图形对象。

（3）指定偏移距离和方向：在原对象一侧单击鼠标，系统按指定距离和方向生成新对象。

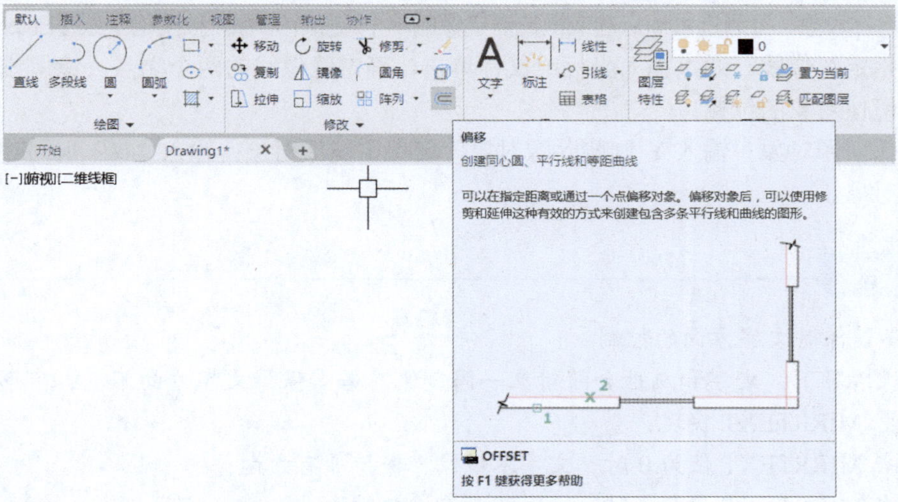


图 4.70　偏移命令

## 知识链接

（1）等分偏移。在偏移命令执行时，可根据偏移区域总长度和偏移次数自动计算偏移距离，实现等分偏移。

（2）多次偏移。在偏移命令执行时，完成首次偏移后，在命令行中输入“m”，并按空格键或【Enter】键，可连续指定偏移方向，执行多次偏移操作。

### 3. 镜像

“镜像”命令用于创建与选定对象关于指定镜像线对称的新对象，如图 4.71 所示。在命令行中输入“MIRROR”后，按空格键或【Enter】键确认执行命令，系统将依次提示“选择对象”“指定镜像线的第一点”“指定镜像线的第二点”“要删除源对象吗？[是(Y)/否(N)]”。操作要点如下。

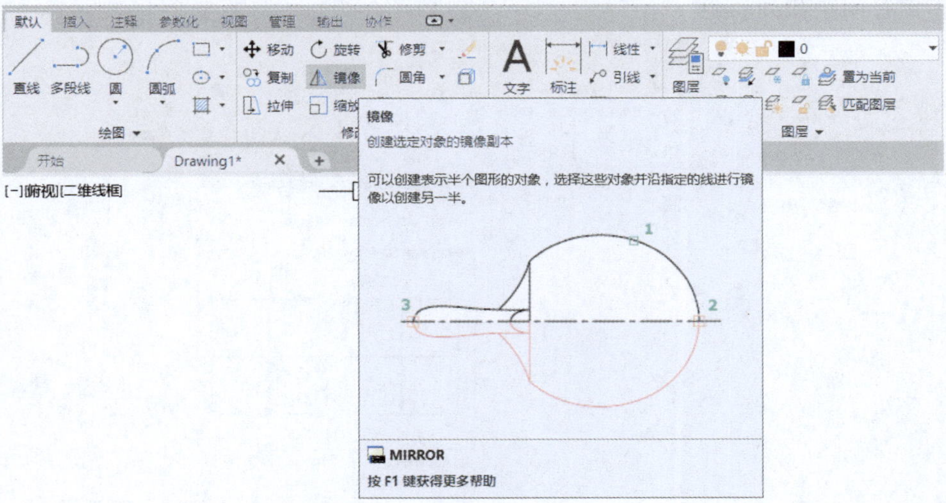


图 4.71　镜像命令

（1）选择对象。可通过鼠标点选或框选需镜像的单个或多个对象，按空格键或【Enter】键确认。

（2）指定镜像线。通过输入坐标或鼠标单击，确定镜像线的两个端点，镜像线的位置和方向决定镜像对象的位置。

（3）保留源对象。输入 Y 则删除源对象，仅保留镜像对象；输入“N”则同时保留源对象与镜像对象。

**知识链接**

（1）镜像时文字方向的控制。

默认情况下，文字和属性会随对象一同镜像。若需保持文字方向不变，可通过设置系统变量 MIRRTEXT 实现：

① 当 MIRRTEXT 值为 0 时，文字不镜像，保持原有方向；

② 当 MIRRTEXT 值为 1 时，文字随对象一起镜像。

（2）三维对象的镜像规则。

对三维对象执行镜像操作时，需指定镜像平面（而非二维镜像中的直线）。操作方法如下：

① 通过输入坐标值（如三点坐标）定义镜像平面；

② 或选择现有平面（如实体的某一表面）作为镜像平面。

### 4. 阵列

“阵列”命令可按指定规律批量创建相同对象，支持矩形阵列、路径阵列和环形阵列等模式，如图 4.72 至图 4.74 所示。以矩形阵列为例，在命令行中输入“ARRAY”并按空格键或【Enter】键后，操作要点如下。

（1）选择对象。点选或框选需阵列的对象，按空格键或【Enter】键确认。

（2）设置阵列参数。

- 指定行数和列数：直接输入数值（如行数 3、列数 4）。
- 指定行间距和列间距。

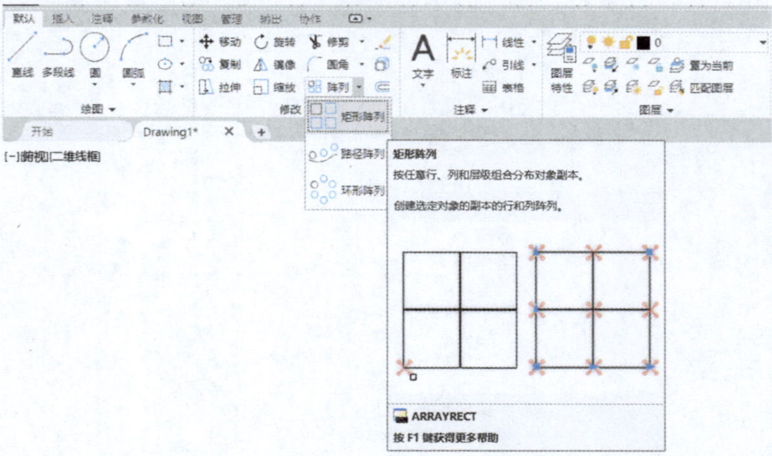


图 4.72　矩形阵列命令

- 行间距：相邻两行对象的垂直距离（正值向上，负值向下）。
- 列间距：相邻两列对象的水平距离（正值向右，负值向左）。
- 可输入数值或通过鼠标在绘图区指定两点间距。

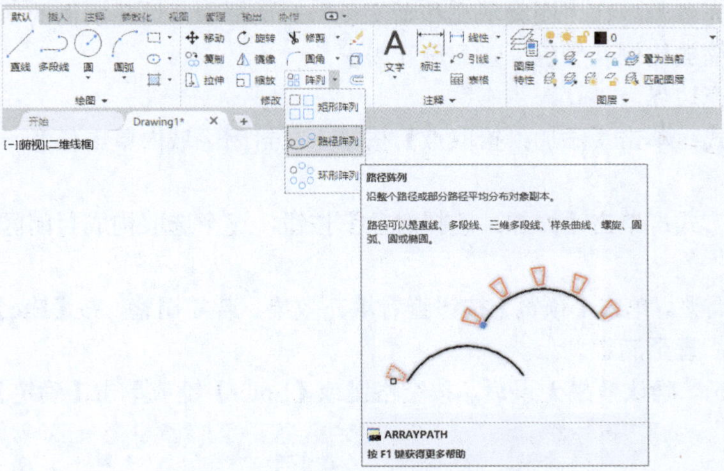


图 4.73　路径阵列命令

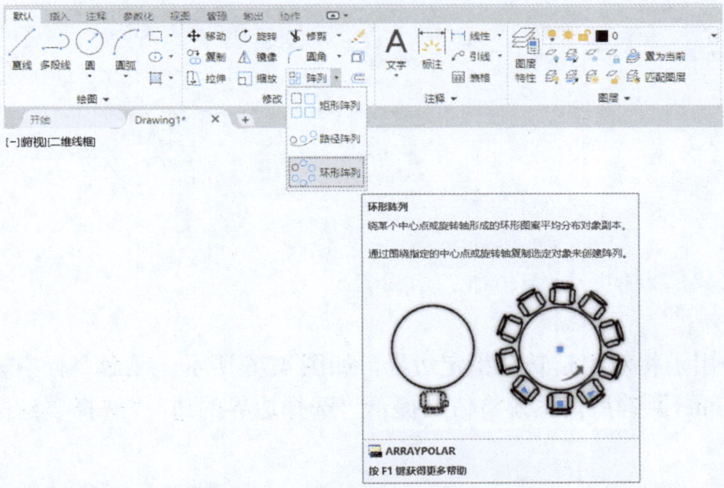


图 4.74　环形阵列命令

**知识链接**

（1）阵列基点的选择规则。

矩形阵列中，基点决定阵列对象的定位基准；环形阵列中，基点（圆心）的选择会直接影响阵列对象的位置分布和旋转方向。因此，需根据设计需求精准选取阵列基点。

（2）阵列参数的计算要点。

设置行间距、列间距或填充角度时，需确保参数计算准确，避免出现阵列对象间距不均或角度偏差。例如：

- 矩形阵列：行间距×（行数−1）=垂直总间距，列间距×（列数−1）=水平总间距；
- 环形阵列：填充角度÷项目数=相邻对象的角度间隔。

### 5. 填充

“填充”命令用于在封闭图形区域内填充指定图案或颜色，以增强图形的表达效果，如图 4.75 所示。在命令行中输入“HATCHEDIT”并按空格键或【Enter】键后，操作要点如下。

（1）设置填充参数。在“图案填充和渐变色”对话框中，选择所需的填充图案，设置图案的旋转角度、缩放比例及颜色，匹配设计需求。

（2）选择填充边界。

- 拾取点方式：单击【添加：拾取点】按钮，在封闭区域内单击任意一点，系统自动识别边界；
- 选择对象方式：单击【添加：选择对象】按钮，逐个选取构成封闭区域的图元（如直线、圆弧等）。

（3）预览与调整。单击【预览】按钮查看填充效果。若需调整，按【Esc】键返回对话框，修改参数或边界，直至满意。

（4）确认填充。确认效果无误后，按空格键或【Enter】键或单击【确定】按钮完成填充。

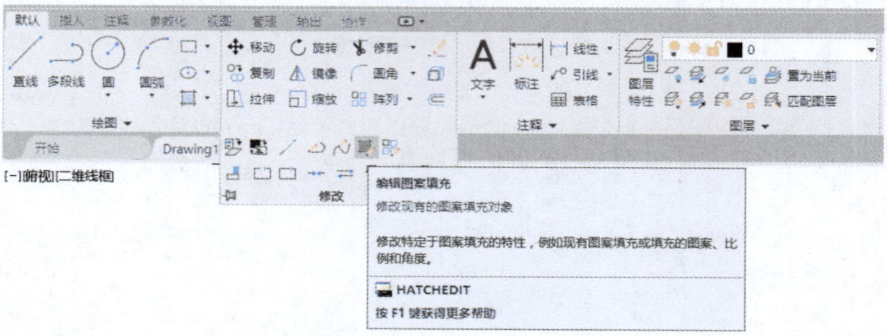


图 4.75　填充命令

## （三）图形对象的延伸、拉伸、缩放和旋转

### 1. 延伸

“延伸”命令用于将对象延长至指定边界，如图 4.76 所示。在命令行中输入“EXTEND”并按空格键或【Enter】键后，系统将依次提示“选择边界的边”“选择要延伸的对象”。操作要点如下。

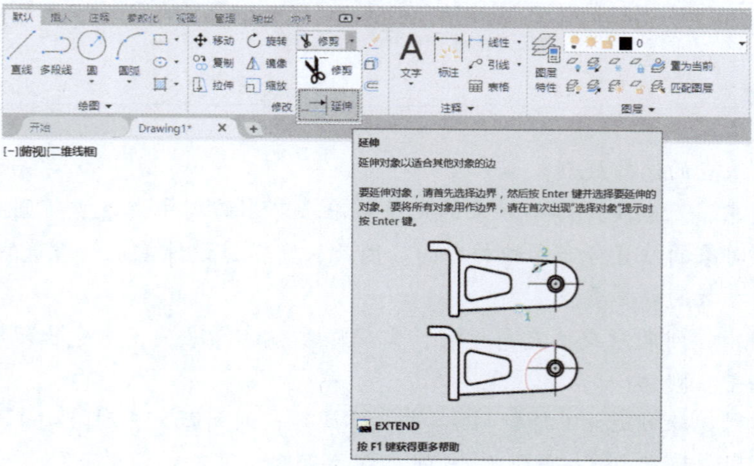


图 4.76　延伸命令

- 选择边界边：可选取单个或多个对象（如直线、圆弧、多段线等）作为延伸边界，按空格键或【Enter】键确认；
- 选择延伸对象：点选或框选需延伸的对象（如直线、圆弧），系统将自动将其延伸至最近的边界。

### 2. 拉伸

“拉伸”命令用于按指定方向和距离延展二维对象，或沿路径修改对象形状（三维拉伸需通过其他工具实现），如图 4.77 所示。在命令行中输入“STRETCH”并按空格键或【Enter】键后，操作要点如下。

（1）选择拉伸对象。通过交叉窗口（从右向左框选）选择需拉伸的对象（如直线、多段线、圆弧等），选中的对象部分将被延展，未选中的部分保持不动。

（2）指定拉伸基点。基点作为拉伸的参考点，可通过鼠标单击或输入坐标确定。

（3）指定拉伸方向和长度。

- 输入数值：直接在命令行输入拉伸距离（正值按当前坐标系方向延伸，负值反向）；
- 动态拉伸：拖动鼠标指定方向，系统根据移动距离计算拉伸量。

（4）完成拉伸。确认参数无误后，按空格键或【Enter】键执行拉伸。

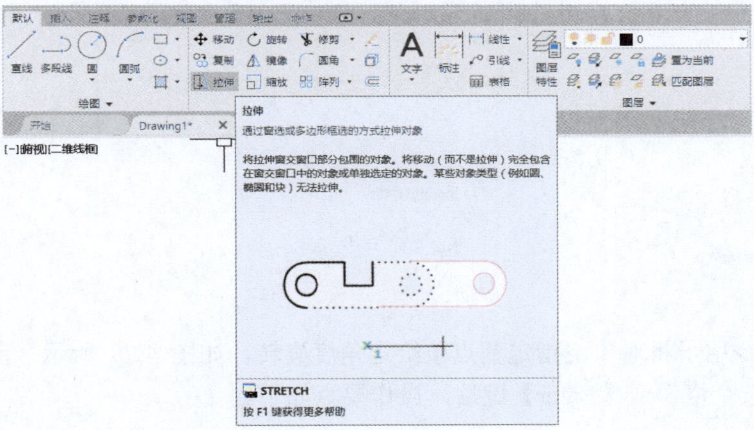


图 4.77　拉伸命令

> **知识链接**
>
> 执行拉伸命令时，需通过交叉窗口（从右向左框选）选择对象需拉伸的部分，系统将根据选中的端点或图元进行延展。若完全框选对象（即所有端点均被选中），则拉伸操作将等同于移动操作，对象整体位置改变但形状不变。

### 3. 缩放

“缩放”命令用于按比例放大或缩小图形对象，如图 4.78 所示。在命令行中输入“SCALE”并按空格键或【Enter】键后，系统将依次提示“选择对象”“指定基点”“指定比例因子或[参照（R）]”，操作要点如下。

（1）选择对象。点选或框选需缩放的单个或多个对象，按空格键或【Enter】键确认。

（2）指定基点。选取缩放中心点（对象将围绕该点缩放），可通过鼠标单击或输入坐标来确定。

（3）设置缩放参数：

- 比例因子：直接输入数值，>1为放大，<1为缩小（如输入“2”放大2倍，输入“0.5”缩小至原尺寸的50%）；
- 参照缩放：通过指定参考长度和新长度自动计算比例因子，适用于非数值驱动的缩放场景。

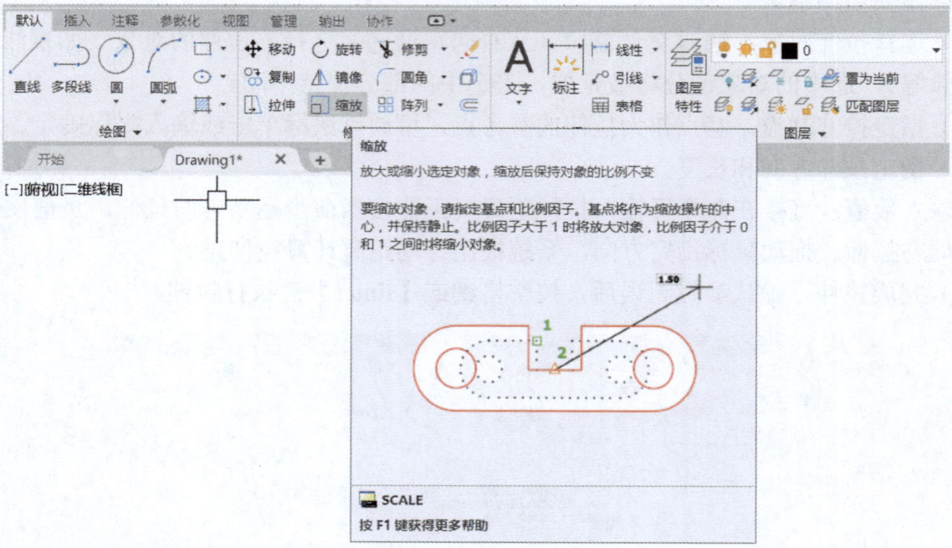


图4.78　缩放命令

### 4. 旋转

“旋转”命令用于将对象绕指定基点按给定角度旋转，如图4.79所示。在命令行中输入“ROTATE”并按空格键或【Enter】键后，操作要点如下。

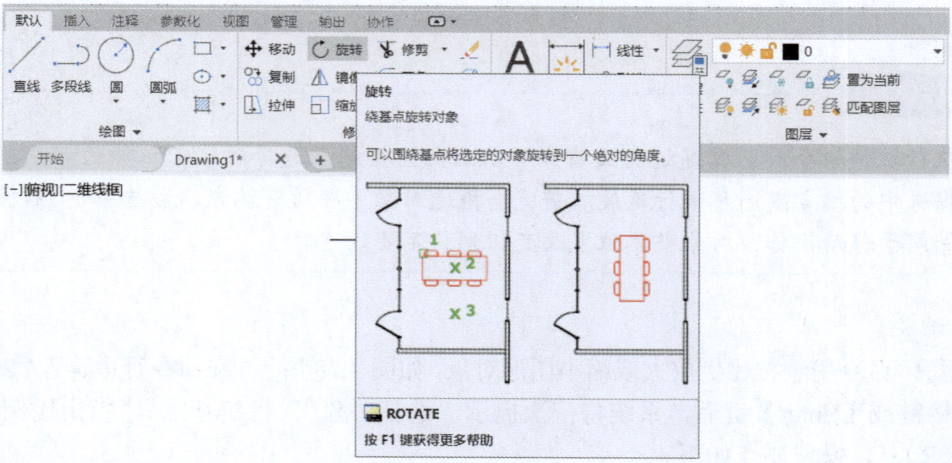


图4.79　旋转命令

（1）选择对象。通过点选或框选需旋转的对象，按空格键或【Enter】键确认。

（2）指定基点。输入坐标或用鼠标单击确定旋转中心（对象绕此点转动）。

（3）输入旋转角度。

- 数值输入：直接输入角度值（正值按逆时针旋转，负值按顺时针旋转，如“45°”“–30°”）；
- 动态旋转：拖动鼠标转动对象，系统实时显示旋转角度，确认后完成操作。

## 二、任务实战

### （一）基础实践

（1）绘制线宽为 0.3 的直角矩形，第一个角点坐标为（100，100），第二个角点坐标为（200，200），将矩形水平向右移动 200，任务完成效果如图 4.80 所示。

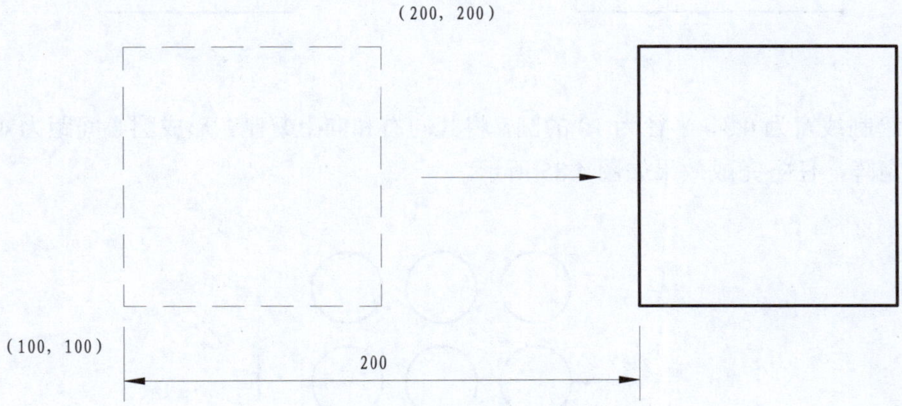


图 4.80　基础实践一

（2）以内接于圆的方式绘制正五边形，中心点坐标为（100，100），圆半径为 100，使用直线命令绘制线宽为 0.3 的五角星（顶点与正五边形顶点重合），最后删除正五边形，任务完成效果如图 4.81 所示。

（3）以内接于圆的方式绘制正五边形，中心点坐标为（100，100），圆半径为 100，使用直线命令绘制线宽为 0.3 的五角星（顶点与正五边形顶点重合），删除正五边形并修剪五角星内部多余线段，任务完成效果如图 4.82 所示。

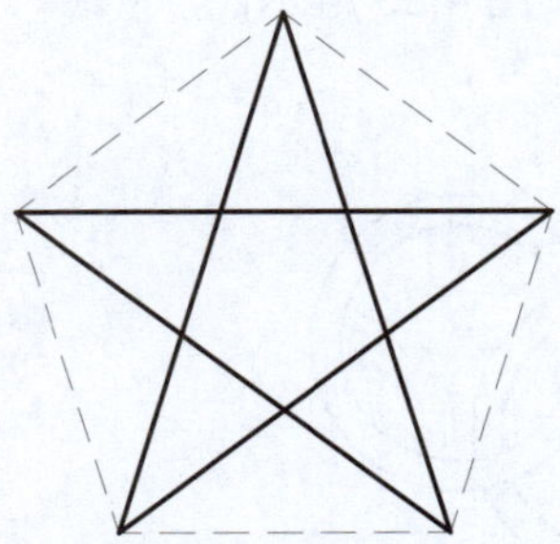

图 4.81　基础实践二

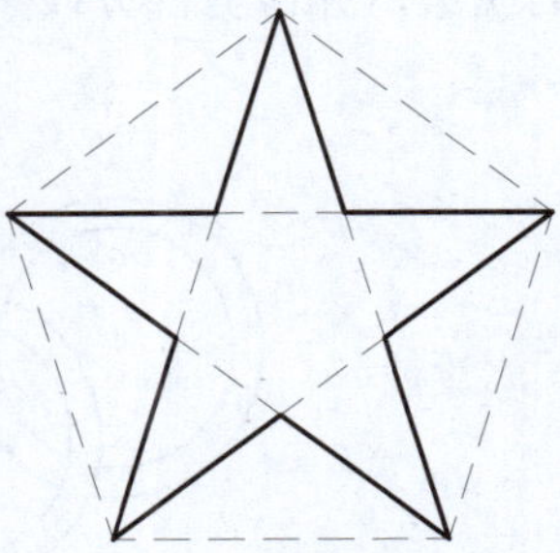

图 4.82　基础实践三

（4）绘制线宽为 0.3 的直角矩形，第一个角点坐标为（100，100），第二个角点坐标为（200，200），将矩形作为偏移对象，分别向内和向外偏移 20，任务完成效果如图 4.83 所示。

（5）绘制线宽为 0.3 的直角矩形，第一个角点坐标为（100，100），第二个角点坐标为（200，200），分解矩形后，将图线分别向内和向外偏移 20，任务完成效果如图 4.84 所示。

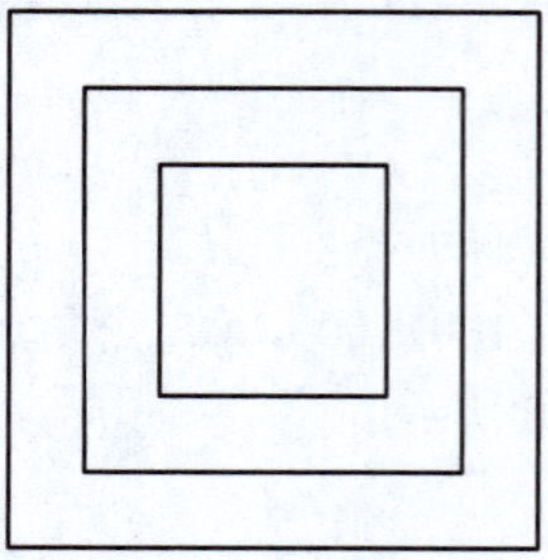

图 4.83　基础实践四

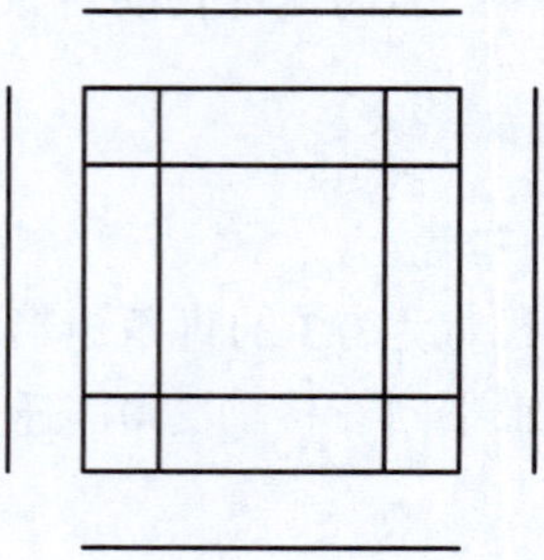

图 4.84　基础实践五

（6）绘制线宽为 0.3、半径为 10 的圆，将其向右和向上复制，形成圆心间距为 40 的三行三列圆形矩阵，任务完成效果如图 4.85 所示。

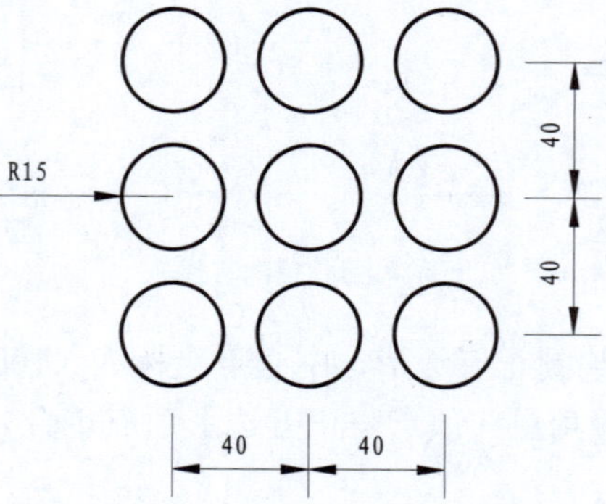


图 4.85　基础实践六

（7）绘制线宽为 0.3 的圆环，内圆半径为 16，外圆半径为 20，将圆环复制为左右间距 22、上下间距 12 的图案，并修剪部分线条，任务完成效果如图 4.86 所示。

图 4.86　基础实践七

（8）绘制线宽为 0.3、半径为 50 的圆，以圆的上下象限点为端点绘制直线，将直线向右移动 80，以圆为镜像对象、移动后的直线为镜像线进行镜像，任务完成效果如图 4.87 所示。

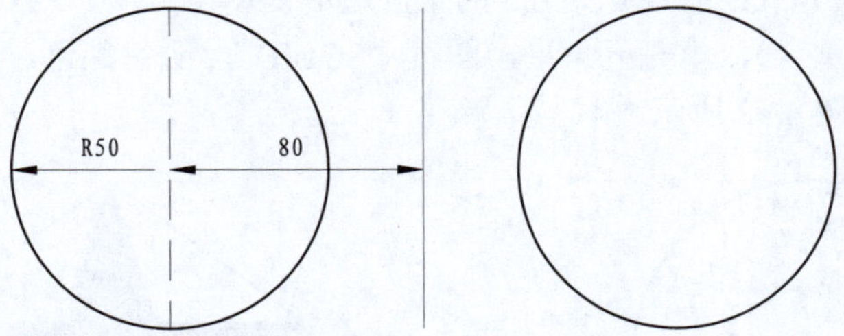


图 4.87　基础实践八

（9）绘制线宽为 0.3 的直角矩形，第一个角点坐标为（100，100），第二个角点坐标为（200，200），以矩形为镜像对象，镜像线第一点坐标为（230，0）、第二点坐标为（230，200），任务完成效果如图 4.88 所示。

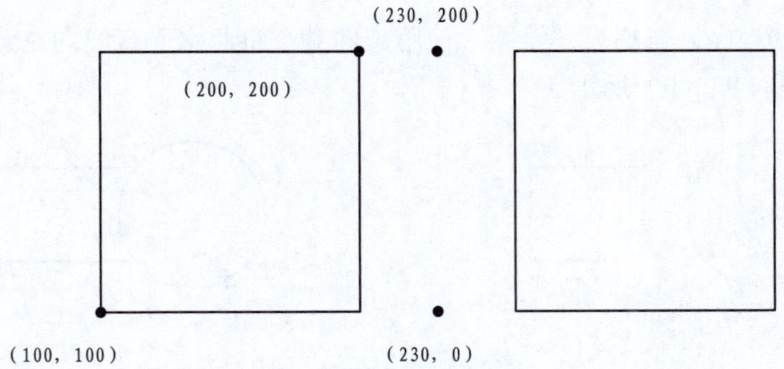


图 4.88　基础实践九

（10）绘制一个线宽为“0.3”、长为“20”、宽为“20”的直角矩形，以矩形为阵列对象进行矩形阵列，行数为“6”，行间距为“200”，列数为“6”，列间距为“200”，任务完成效果如图 4.89 所示。

（11）绘制线宽为 0.3、半径为 80 的圆，以圆心为中心绘制线宽为 0.3、边长为 10 的正方形，将正方形向上移动 100，以移动后的正方形为阵列对象进行环形阵列，阵列中心为圆心，项目数 12、填充角度 360°，任务完成效果如图 4.90 所示。

图 4.89　基础实践十

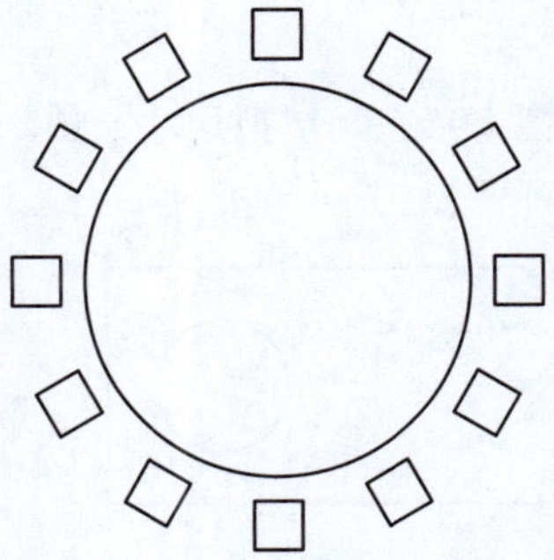

图 4.90　基础实践十一

（12）绘制线宽为0.3、半径为100的圆，使用填充命令填充，图案为“AR-CONC”，颜色为灰色，比例为1，其余参数默认，任务完成效果如图4.91所示。

（13）以内接于圆方式绘制线宽为0.3的正五边形（圆半径100），在正五边形内用直线命令绘制五角星（顶点重合），填充五角星，图案“SOLID”，颜色红色，比例1，其余参数默认，任务完成效果如图4.92所示。

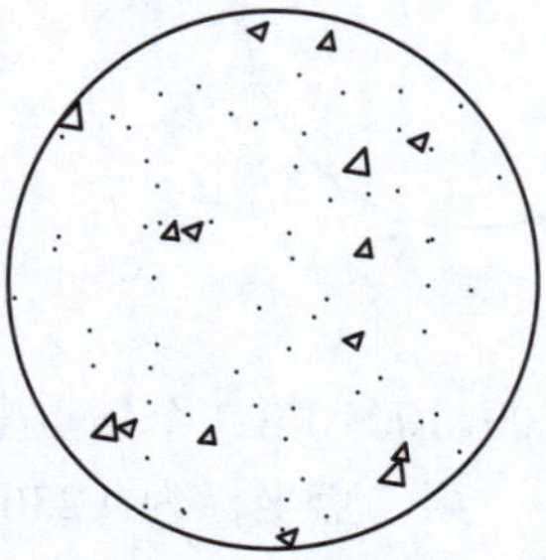

图4.91　基础实践十二

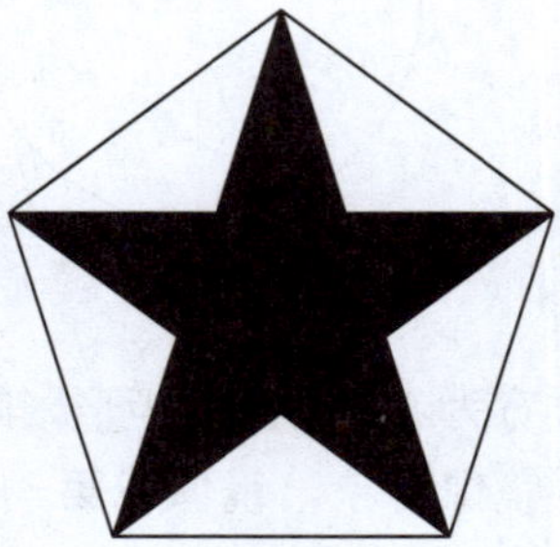

图4.92　基础实践十三

（14）按图4.93（a）自拟尺寸绘图，使用延伸命令将两水平直线向左延伸至与圆相交，任务完成效果如图4.93（b）所示。

（a）初始图形　　（b）完成图形

图4.93　基础实践十四

（15）按图4.94（a）自拟尺寸绘图，使用延伸命令将水平直线向左右延伸至与两侧圆相交，任务完成效果如图4.94（b）所示。

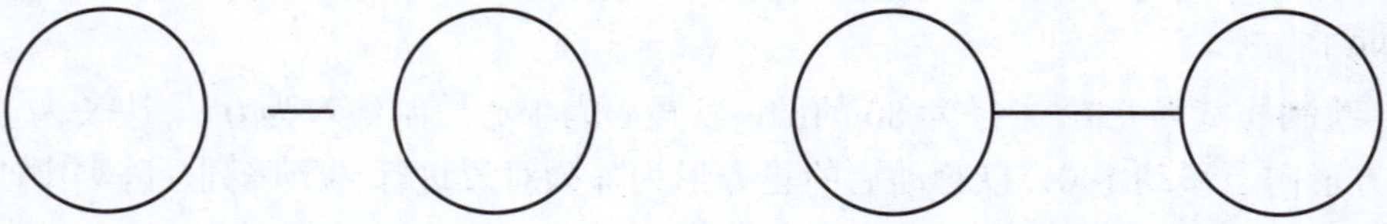

（a）初始图形　　（b）完成图形

图4.94　基础实践十五

（16）按图4.95（a）自拟尺寸绘图，使用拉伸命令拉伸图形右侧，任务完成效果如图4.95（b）所示。

（a）初始图形　　（b）完成图形

图4.95　基础实践十六

（17）以内接于圆方式绘制线宽为 0.3 的正五边形（圆半径 100），在正五边形内绘制线宽为 0.3 的五角星（顶点重合），以五角星中心为基点，缩放比例为 0.8，任务完成效果如图 4.96 所示。

（18）绘制线宽为 0.3、边长为 100 的正方形，以左下角点为基点，缩放比例为 2，任务完成效果如图 4.97 所示。

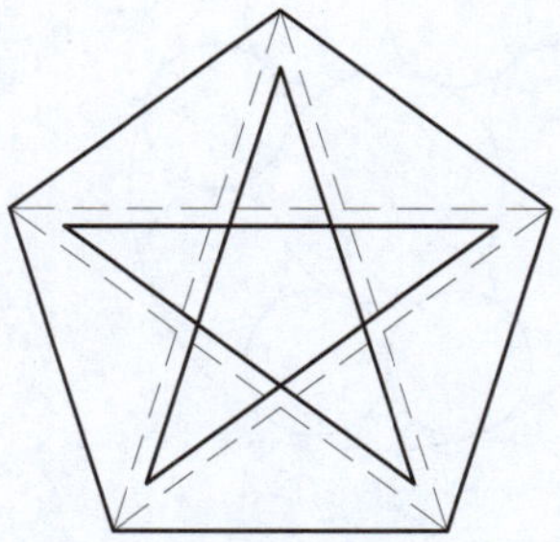

图 4.96　基础实践十七

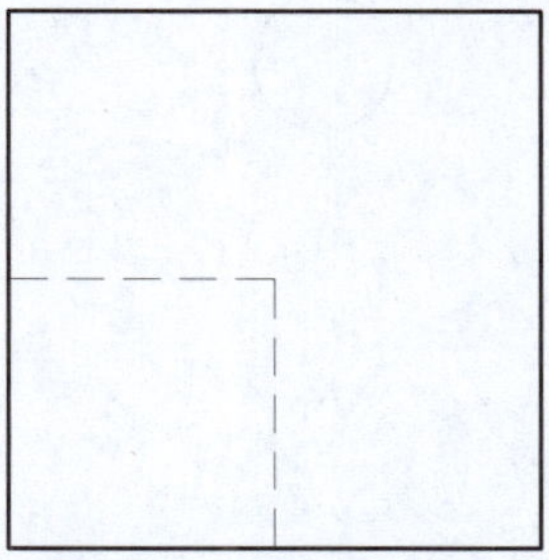

图 4.97　基础实践十八

（19）按图 4.98 自拟尺寸绘制线宽为 0.3 的矩形，以左下角点为旋转基点并复制，旋转角度 90°，任务完成效果如图 4.98 所示。

（20）按图 4.99 自拟尺寸绘制线宽为 0.3 的矩形，以左下角点为旋转基点并复制，旋转角度 30°，任务完成效果如图 4.99 所示。

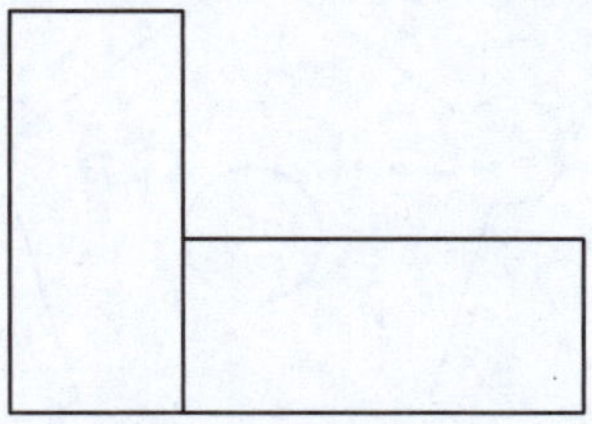

图 4.98　基础实践十九

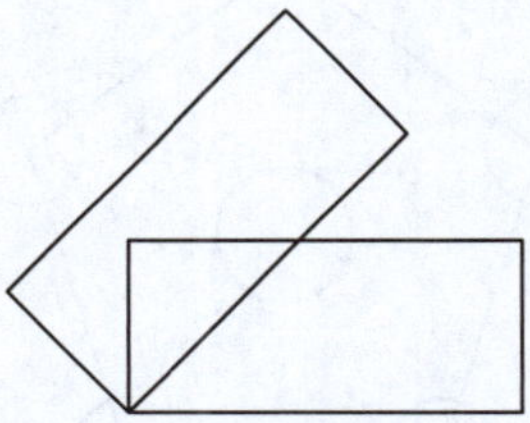

图 4.99　基础实践二十

## （二）能力提升

（1）绘制半径为 60、圆心角为 180° 的圆弧，再绘制圆心相同、半径为 78、圆心角为 15° 的圆弧，将两条圆弧转换为多段线并设置宽度均为 5，如图 4.100（a）所示。通过镜像、阵列、填充等命令编辑图形：环形阵列项目数为 12，填充角度为 360°；填充图案为“STARS”，比例为 1，其余参数默认，任务完成效果如图 4.100（b）所示。

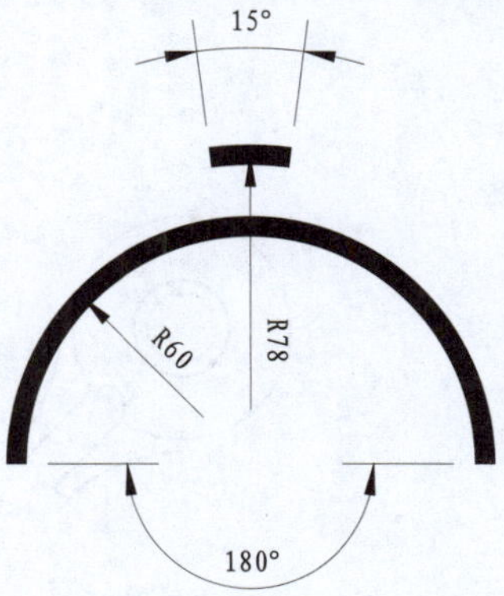


(a) 初始图形

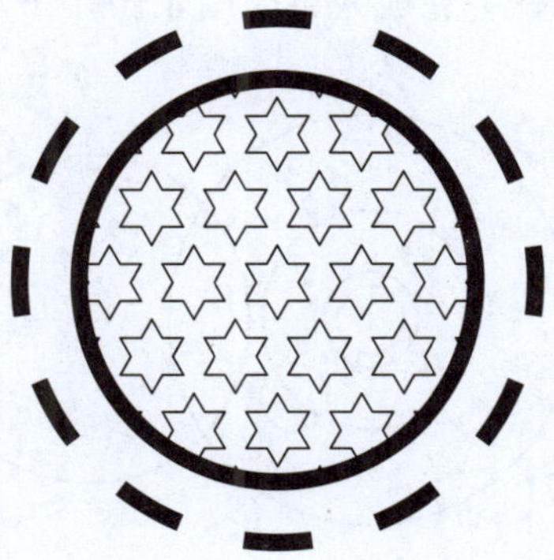

(b) 完成图形

图 4.100　能力提升一

（2）绘制正八边形，以其一顶点为圆心、相邻边长的一半为半径绘制线宽为 0.3 的圆，如图 4.101（a）所示。以该圆为环形阵列对象，阵列中心点为正八边形中心，项目数 8，填充角度 360°；绘制与各圆相切的圆环，删除正八边形，任务完成效果如图 4.101（b）所示。

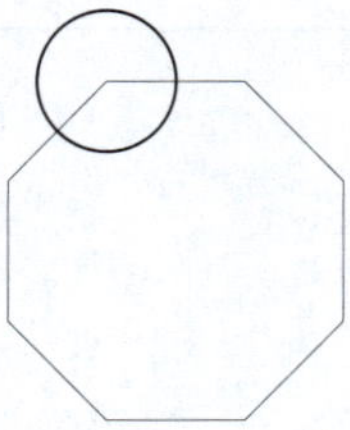

(a) 初始图形

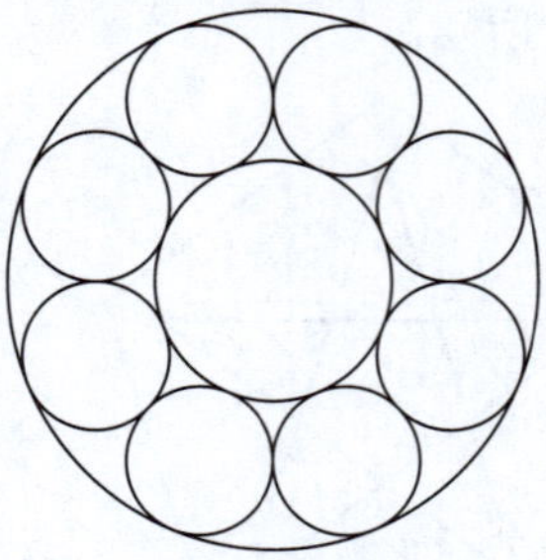

(b) 完成图形

图 4.101　能力提升二

（3）以内接于圆的方式绘制一个正五边形，圆的半径为“100”；以正五边形的几何中心为圆心绘制一个半径为“25”的圆，以正五边形的五个顶点为圆心绘制半径为“20”的圆，如图 4.102（a）所示。使用修剪命令对多余图形进行修剪，完成效果如图 4.102（b）所示。

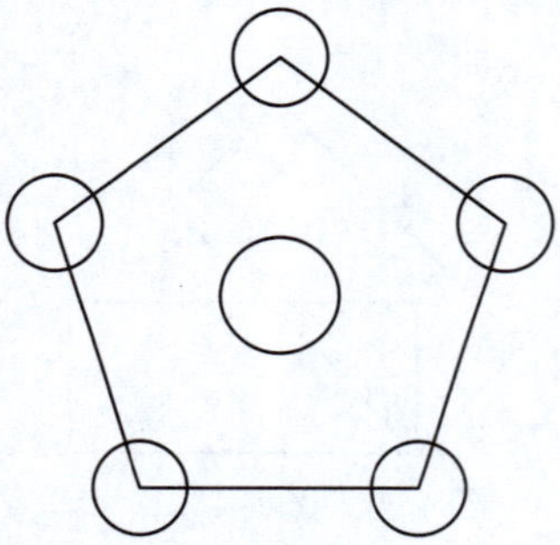

(a) 初始图形

(b) 完成图形

图 4.102　能力提升三

（4）以坐标点（100，100）为圆心，分别绘制直径为“10、14、32、60”的同心圆，以坐标点（142，100）为圆心，绘制直径为“48”的圆，以直径“32”的圆与 45° 辅助线交点为圆心，绘制直径为“6”的圆，如图 4.103（a）所示。通过修剪、阵列、复制、偏移等命令编辑图形，任务完成效果如图 4.103（b）所示。

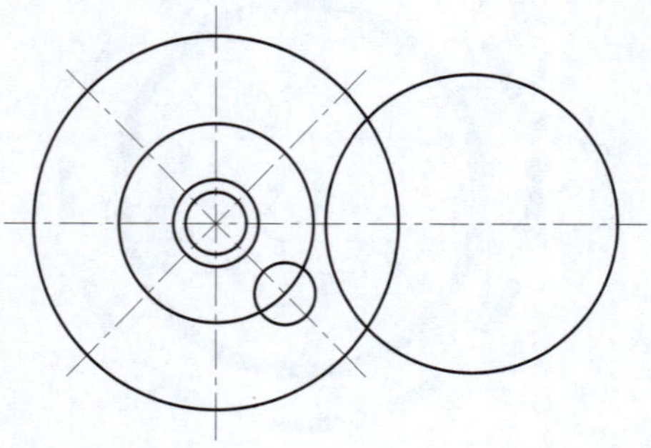

(a) 初始图形

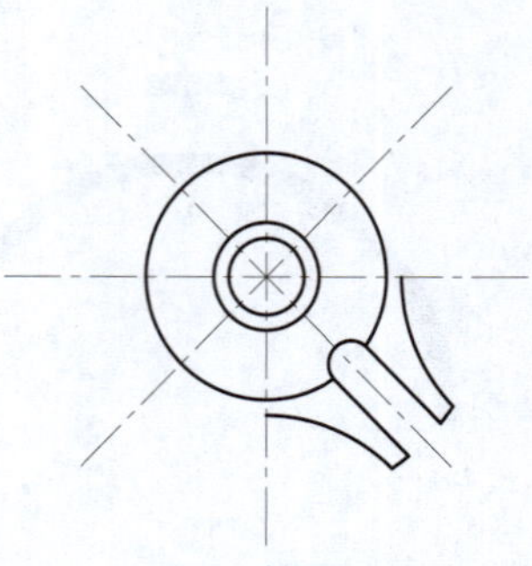

(b) 次级图形

图 4.103　能力提升四

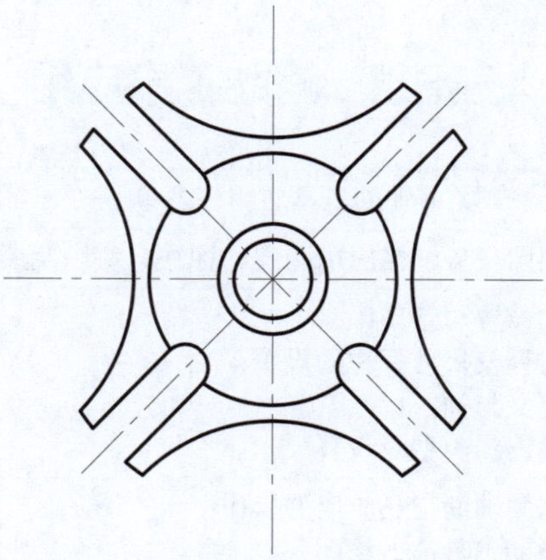

（c）完成图形

图 4.103　能力提升四（续）

（5）根据图 4.104（a）绘制线宽为 0.3 的图形，通过连接、修剪、填充、旋转等操作编辑图形，任务完成效果如图 4.104（b）所示。

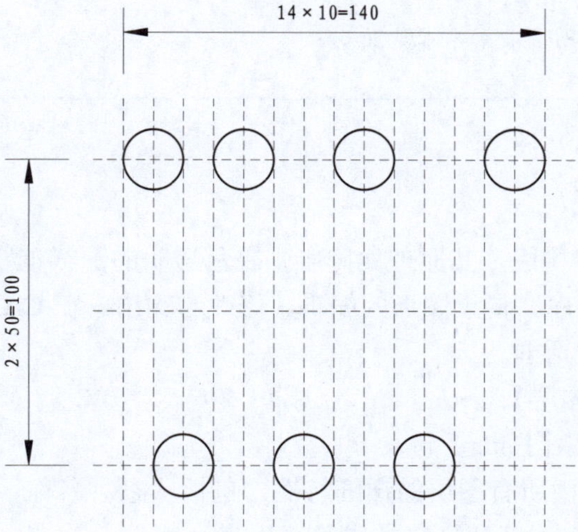


（a）初始图形

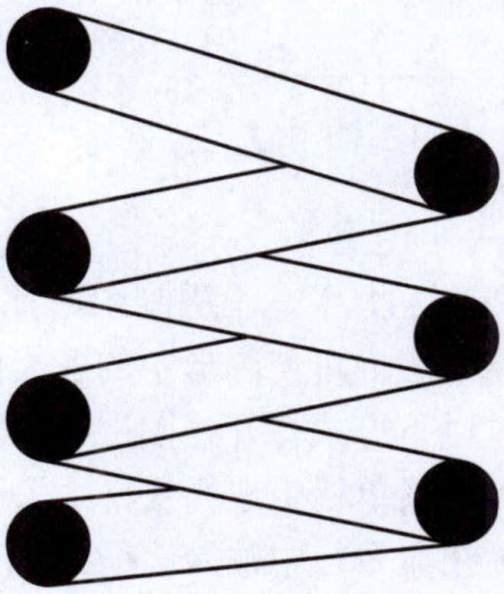

（b）完成图形

图 4.104　能力提升五

任务实战视频教程

# 任务四　辅助工具应用

| 辅助工具应用任务单 | |
|---|---|
| 任务描述 | 现有某工程制图任务，需应用图层、标注、块以及图形输出工具辅助设计 |
| 知识点 | （1）图层的设置与管理；<br>（2）文本注释及尺寸标注的设置；<br>（3）块的定义与插入；<br>（4）图形输出的类型及设置 |
| 技能点 | （1）掌握相关辅助工具应用的操作；<br>（2）应用辅助工具高效绘图 |
| 任务实施 | （1）根据工程制图任务，新建图层并进行相应设置和管理；<br>（2）根据工程制图任务，新建标注和文字样式，并进行相应设置和应用；<br>（3）根据工程制图任务，定义块并准确插入块；<br>（4）根据工程制图任务，完成图形的输出或打印 |
| 评价标准 | （1）基础知识掌握 20 分；<br>（2）辅助工具操作要点运用 20 分；<br>（3）规范意识与标准化思维等职业素养体现 20 分；<br>（4）任务成果 40 分 |

## 一、知识驿站

### （一）图层

在 CAD 中，工程制图通常由多个图层构成，其原理如同多张底色透明的图纸重叠。通过图层管理，可使图形中的各类信息清晰有序，便于图形的编辑、修改与输出。在 CAD 中，可通过以下方式打开“图层特性管理器”对话框。

- 在菜单栏中选择【格式】，再选择【图层】。
- 在命令行中输入“LA”并按空格键或【Enter】键。

如图 4.105 所示，该对话框显示了图形中所有图层的详细特性，包括状态、名称、打开/关闭、冻结/解冻、锁定/解锁、线型、颜色、线宽和打印样式等。

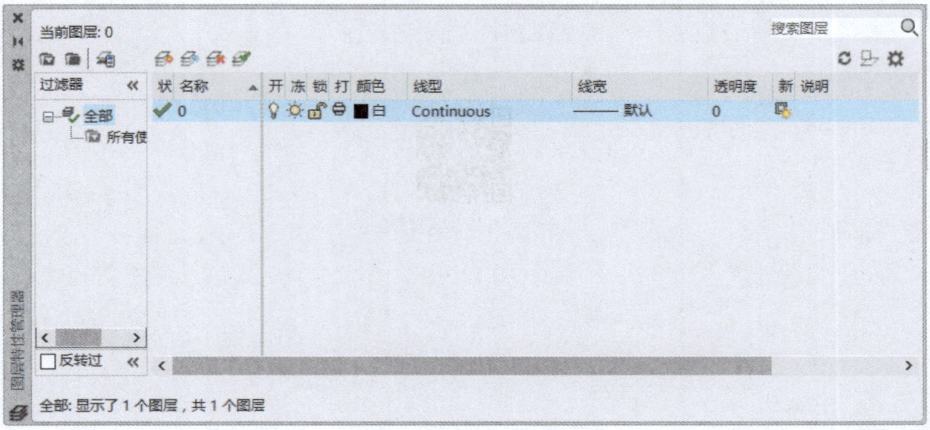


图 4.105　图层特性管理器

在绘制新图形时，CAD 默认创建名为“0”的图层，其颜色为“黑/白”，线型为“Continuous”，线宽为“默认”。该图层无法删除或重命名，用户可在其基础上创建新图层。在“图层特性管理器”对话框中，单击【新建图层】按钮即可创建新图层。

1. 修改图层颜色

新建图层后，在“图层特性管理器”对话框中单击“颜色”列，打开“选择颜色”对话框，如图 4.106 所示，可从中选择所需颜色。

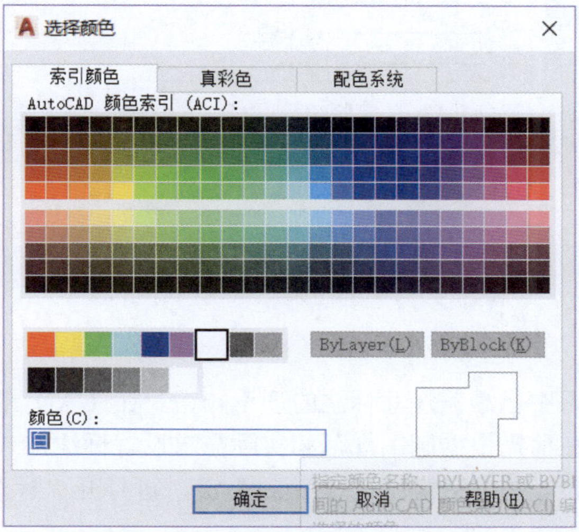


图 4.106　选择颜色

2. 修改图层线型

若需改变图层线型，在“图层特性管理器”对话框中单击“线型”列，打开“选择线型”对话框。在“已加载的线型”列表中选择线型；若无线型可用，单击【加载】按钮，在“加载或重载线型”对话框中选择所需线型并单击【确定】按钮完成加载，如图 4.107 所示。

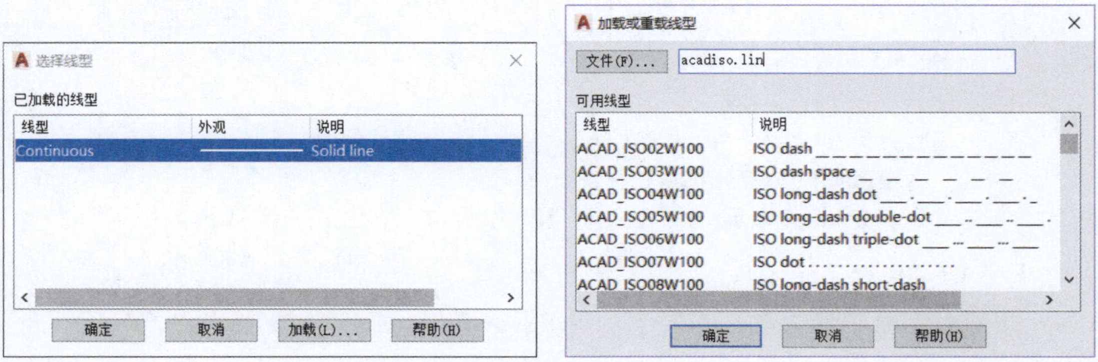


图 4.107　修改图层线型

3. 修改图层线宽

在“图层特性管理器”对话框中单击“线宽”列，打开“线宽”对话框，选择所需线宽后单击【确定】按钮，如图 4.108 所示。

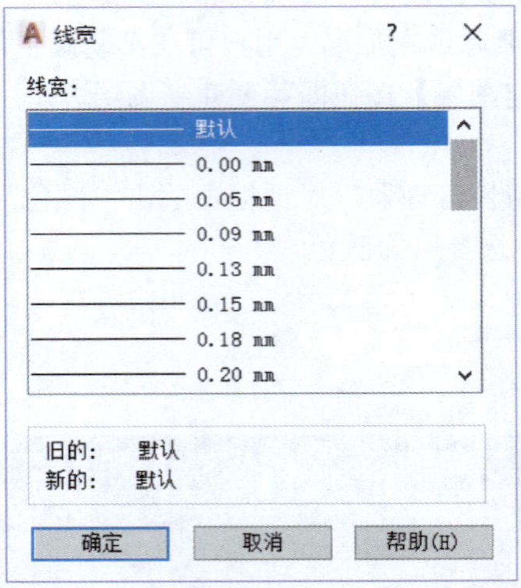


图 4.108 修改图层线宽

## （二）尺寸标注

在基础制图标准学习中已涵盖尺寸标注的理论知识。在 CAD 中，可通过相关命令对图形进行尺寸标注，但标注前需根据制图规范和实际需求设置标注样式。

在命令行中输入“D”并按空格键或【Enter】键，可打开“标注样式管理器”对话框，如图 4.109 所示。

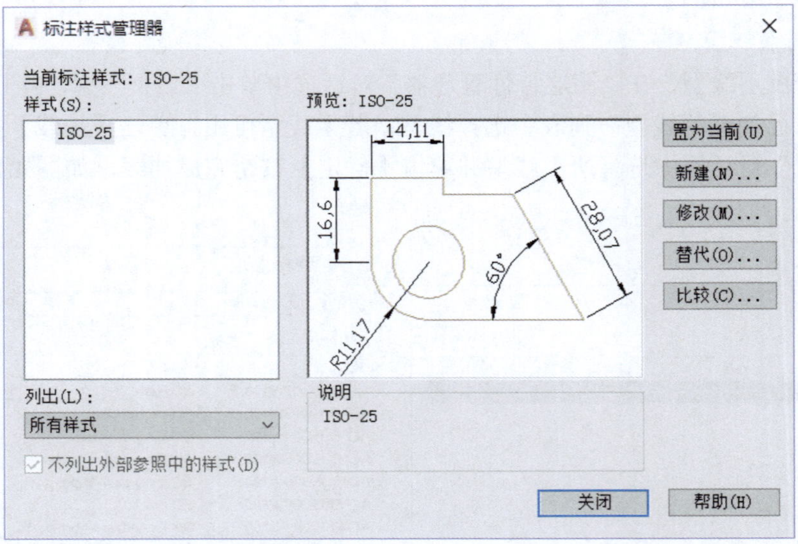


图 4.109 标注样式管理器

### 1. 创建标注样式

“标注样式管理器”对话框中默认存在名为“ISO-25”的标注样式。单击【新建】按钮，打开“创建新标注样式”对话框，以“ISO-25”为基础样式创建新样式，可在其中输入新样式名、选择基础样式并指定适用范围，如图 4.110 所示。

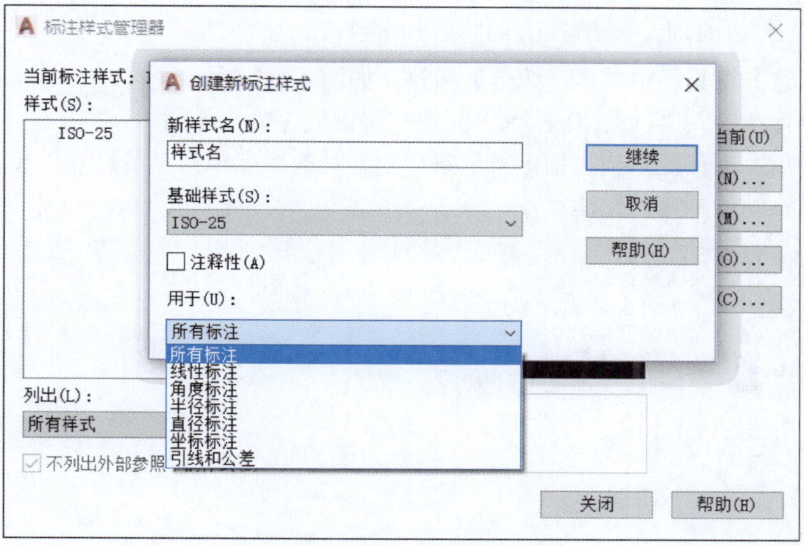


图 4.110　创建标注样式

设置新样式名称、基础样式和适用范围后，单击【继续】按钮，打开“新建标注样式”对话框，可对标注中的线型、符号和箭头、文字、单位等参数进行设置，如图 4.111 所示。创建完成后，在“标注样式管理器”对话框中选中该样式，单击【置为当前】按钮即可应用当前样式进行尺寸标注。

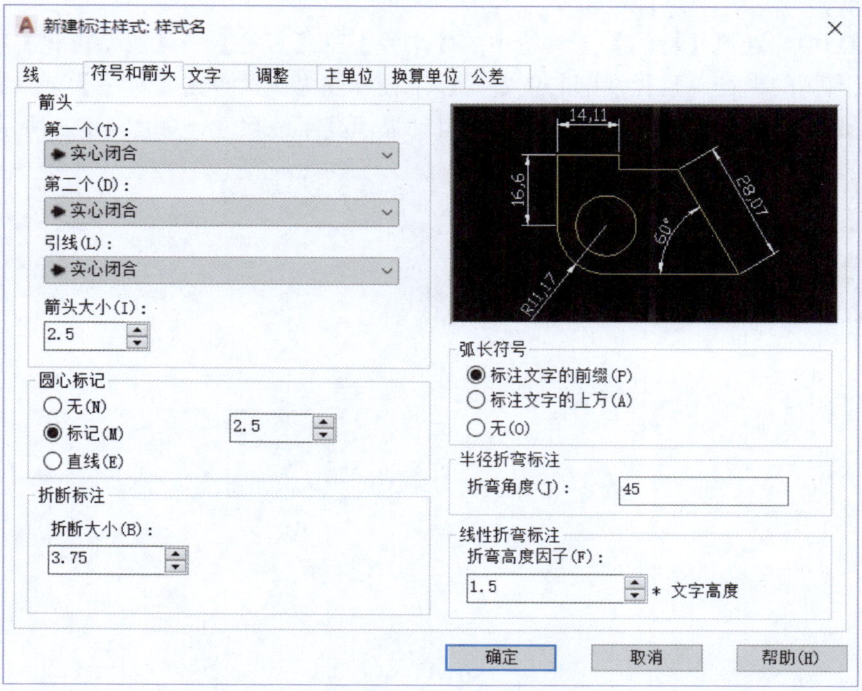


图 4.111　对象追踪

### 2. 线性尺寸标注

在 CAD 中，可通过以下方式执行线性尺寸标注：

- 在【标注】工具栏中单击【线性】按钮，如图 4.112 所示；
- 在命令行中输入“DIMLINEAR”并按空格键或【Enter】键。

命令执行后，根据提示依次指定第一条尺寸界线的原点和第二条尺寸界线的原点，系统将自动测量两点间的距离并标注尺寸。

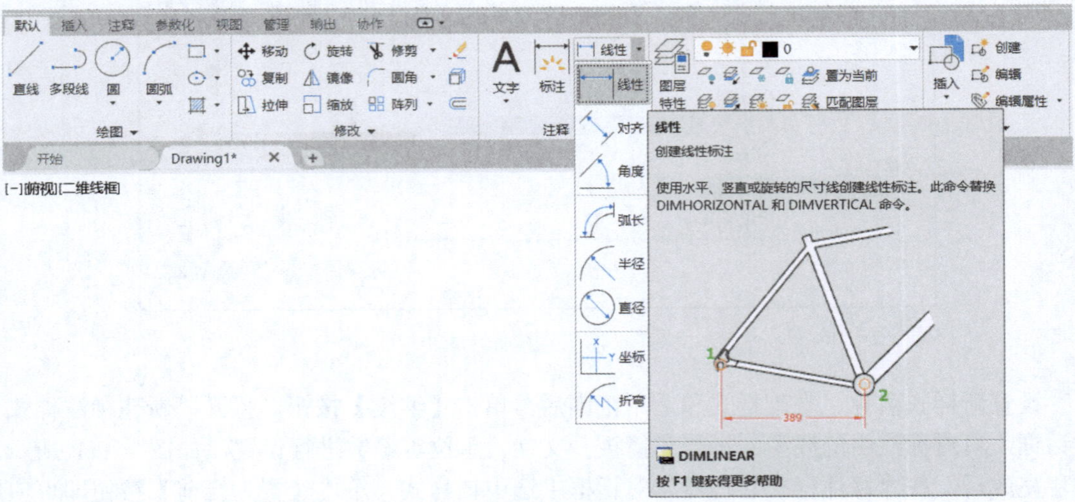


图 4.112　线性尺寸标注

### 3. 圆的标注

在 CAD 中，通过【标注】工具栏中的【半径】→【直径】→【圆心标记】按钮，可分别标注圆或圆弧的半径、直径及圆心位置。以半径标注为例，单击【标注】工具栏中的【半径】按钮，选择需标注的圆或圆弧，系统将自动显示其半径尺寸，如图 4.113 所示。

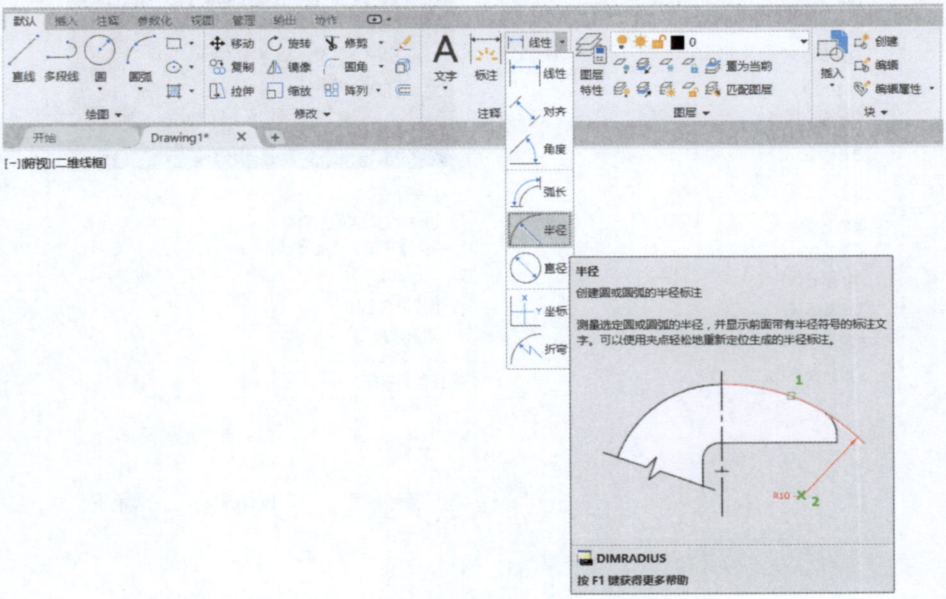


图 4.113　半径标注

4. 角度标注

在 CAD 中，通过【标注】工具栏中的【角度】按钮，可标注圆和圆弧的角度、两直线间的角度或三点间的角度。以圆弧角度标注为例，选择需标注的圆弧后，根据命令行提示指定标注弧线位置，系统将自动显示该圆弧的角度值，如图 4.114 所示。

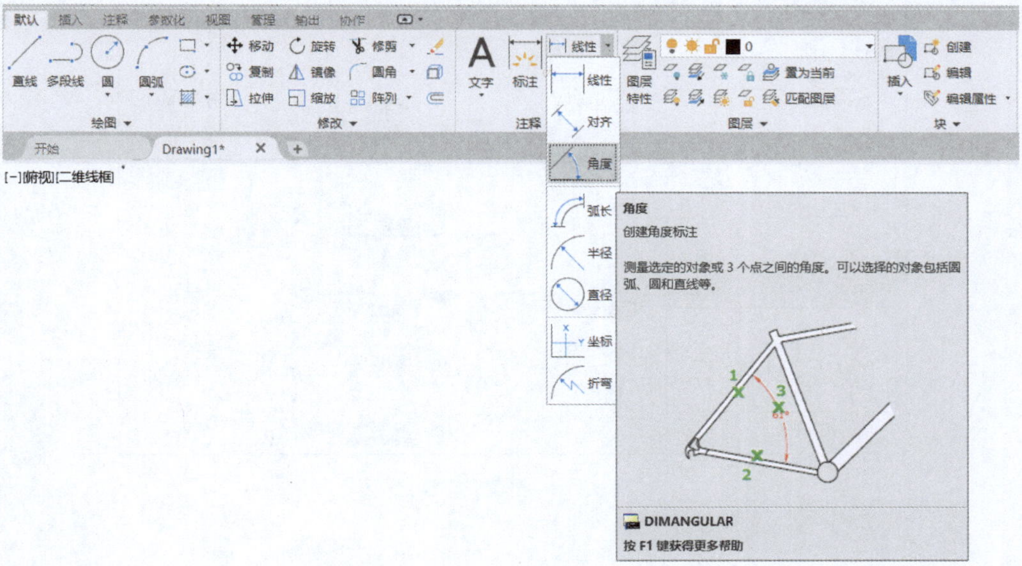


图 4.114　角度标注

## （三）文字注释

1. 创建文字样式

在 CAD 中，选择菜单栏【格式】→【文字样式】命令，或在命令行中输入“STYLE”并按空格键或【Enter】键，可打开“文字样式”对话框设置文字样式。文字样式参数包括字体、字形、高度、宽度因子、倾斜角度，以及反向、倒置、垂直等效果，如图 4.115 所示。

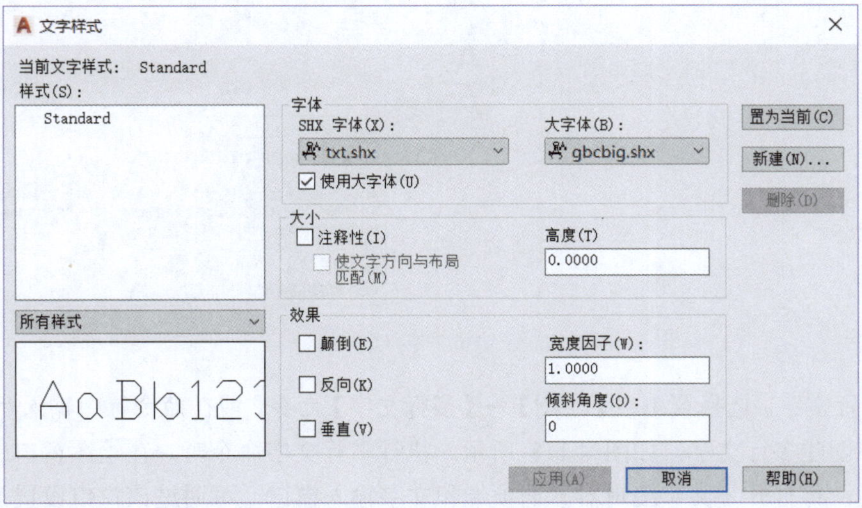


图 4.115　文字样式

CAD 默认的文字样式为“Standard”。在“文字样式”对话框中单击【新建】按钮，打开“新建文字样式”对话框，输入样式名后即可对新文字样式进行参数设置，如图 4.116 所示。

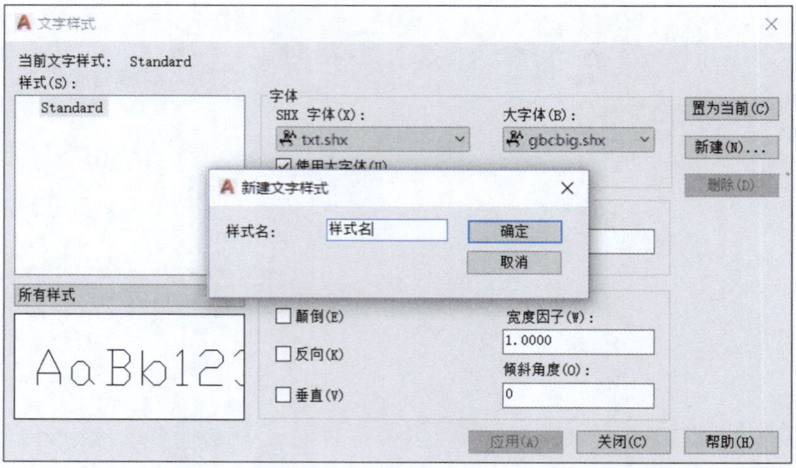


图 4.116　新建文字样式

## 2. 输入文字

(1) 单行文字。选择菜单栏【绘图】→【单行文字】命令，或在命令行中输入“TEXT”，可在图形中创建单行文字，如图 4.117 所示。执行单行文字命令时，命令行将提示当前文字样式、当前文字高度等信息，可直接指定文字起点，或通过提示选项修改文字对正方式和文字样式。

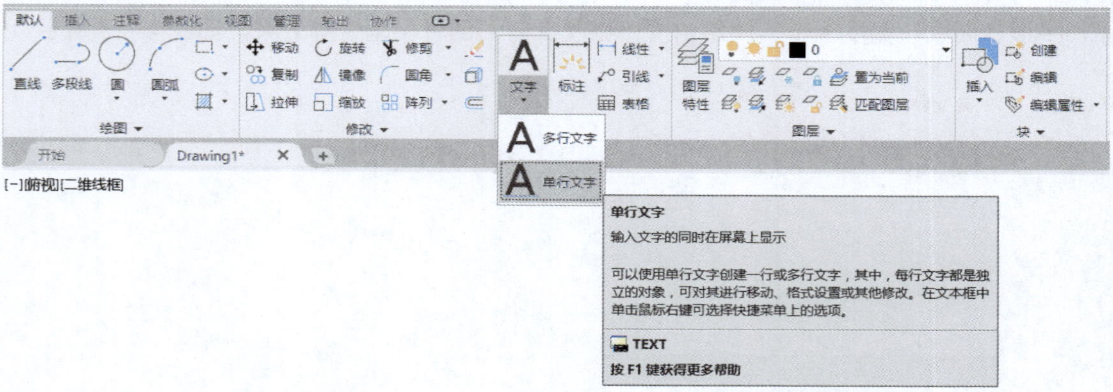


图 4.117　单行文字

(2) 多行文字。选择菜单栏【绘图】→【多行文字】命令，或在命令行中输入“MTEXT”，可在图形中创建多行文字，如图 4.118 所示。执行多行文字命令时，在绘图窗口中指定文字输入区域后，将打开【文字编辑器】选项卡和文字输入窗口，可通过该窗口设置多行文字的样式、字体、高度等属性。

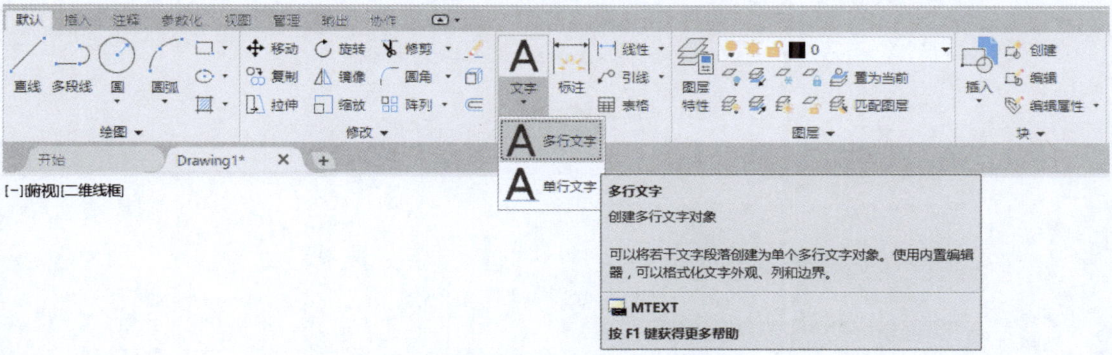


图 4.118　多行文字

## （四）块的应用

块是由一个或多个对象组成的集合，常用于绘制复杂或重复的图形。创建的块可按需插入到图形中的任意位置，其应用可提高绘图效率并便于图形修改。

### 1. 创建块

选择菜单栏【绘图】→【块】→【创建】命令，或在命令行中输入“BLOCK”，打开“块定义”对话框。在该对话框中，可定义块名称、指定块的基点，并选择组成块的对象，如图 4.119 所示。

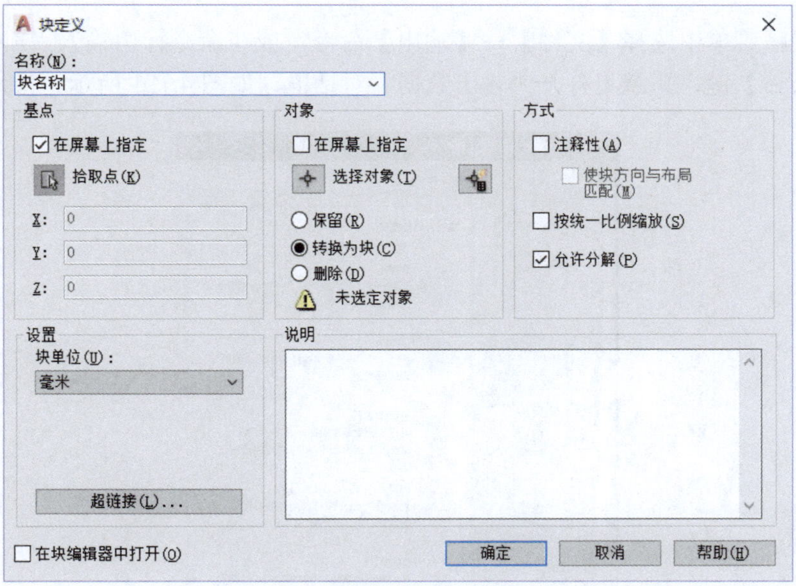


图 4.119　块定义

### 2. 插入块

选择菜单栏【绘图】→【块】→【插入】命令，或在命令行中输入“INSERT”并按空格键或【Enter】键，打开“插入”对话框。在对话框中选择需插入的块，指定插入点、缩放比例和旋转角度后，即可完成块插入操作，如图 4.120 所示。

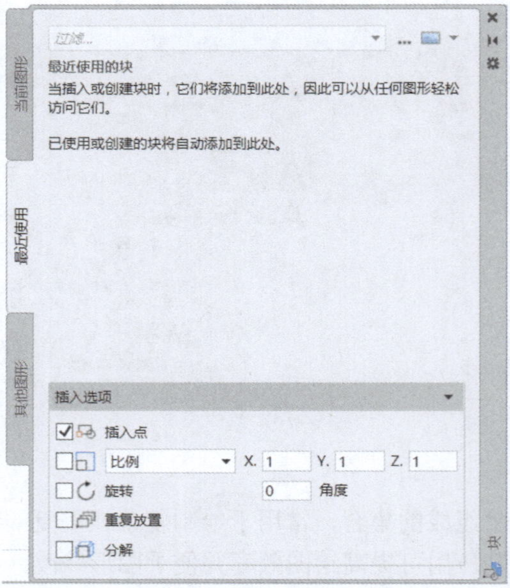


图 4.120　插入块

## （五）图形输出与打印

CAD 除可打开和保存 DWG 格式图形文件外，还能输出其他格式的图形，便于传输、查看和存储。打印的图形可包含单一视图或多个视图的组合。

### 1. 图形输出

在应用程序菜单中选择【文件】→【输出】命令，或在命令行中输入“EXPORT”并按空格键或【Enter】键，系统将打开“输出数据”对话框，如图 4.121 所示。操作要点如下。

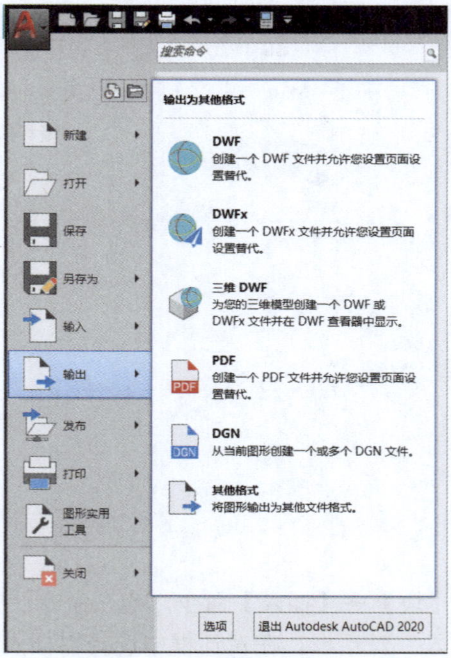


图 4.121　图形输出

（1）在“文件类型”下拉列表中选择输出格式（如 JPG、PDF、DXF 等）。

（2）输入文件名并选择保存路径。

（3）单击【保存】按钮，按提示选择需输出的图形对象后完成输出。

### 2. 图形打印

在 CAD 中，选择菜单栏【文件】→【打印】命令，或按【Ctrl+P】组合键，打开“打印–模型”对话框。在对话框中可设置图纸尺寸、打印范围、打印比例、打印偏移等参数，如图 4.122 所示。设置完成后，单击【确定】按钮即可执行打印或输出操作。

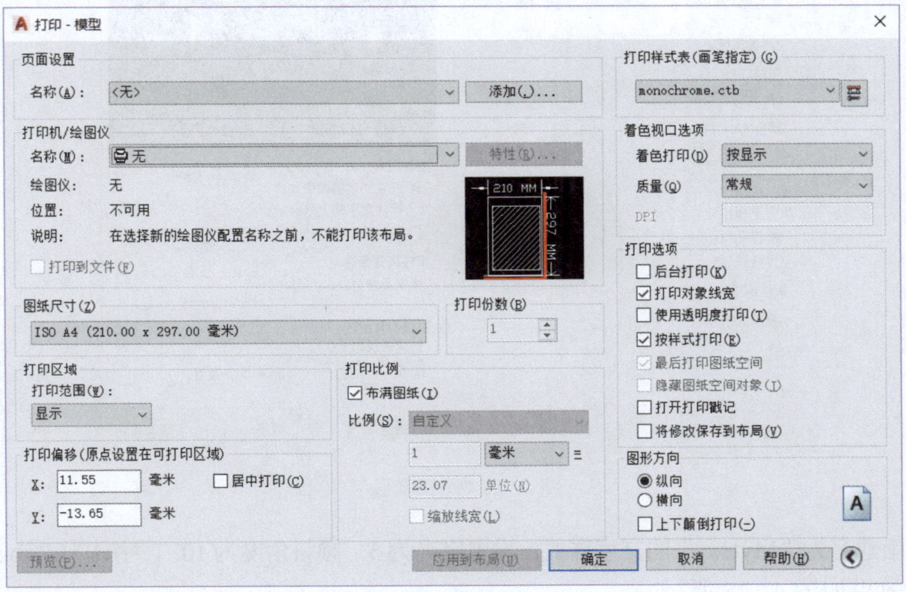


图 4.122　图形打印

## 二、任务实战

### （一）基础实践

（1）新建名为“轮廓线”的图层，设置颜色为洋红，线型为 ACAD_ISO04W100，线宽为 0.3 mm，其余参数默认，任务完成效果如图 4.123 所示。

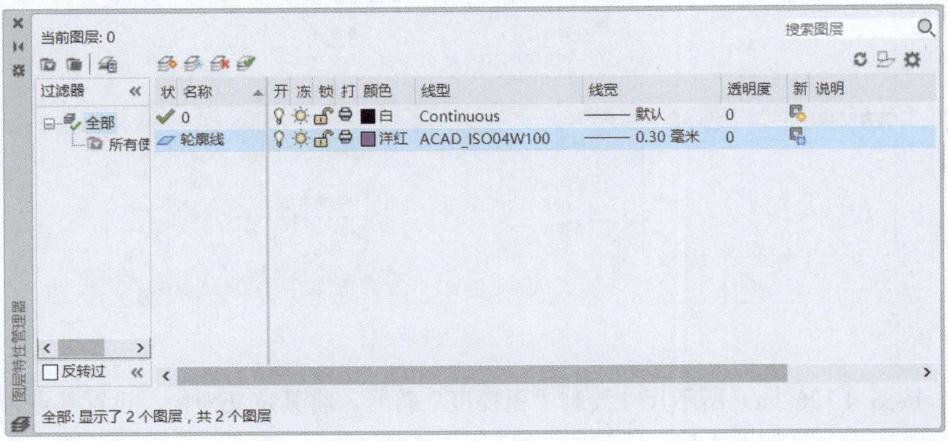


图 4.123　基础实践一

（2）新建名为“标注”的标注样式，以“ISO-25”为基础样式，设置箭头类型为“建筑标记”，尺寸界线超出尺寸线距离为 100，起点偏移量为 150，箭头大小为 100，其余参数默认，任务完成效果如图 4.124 所示。

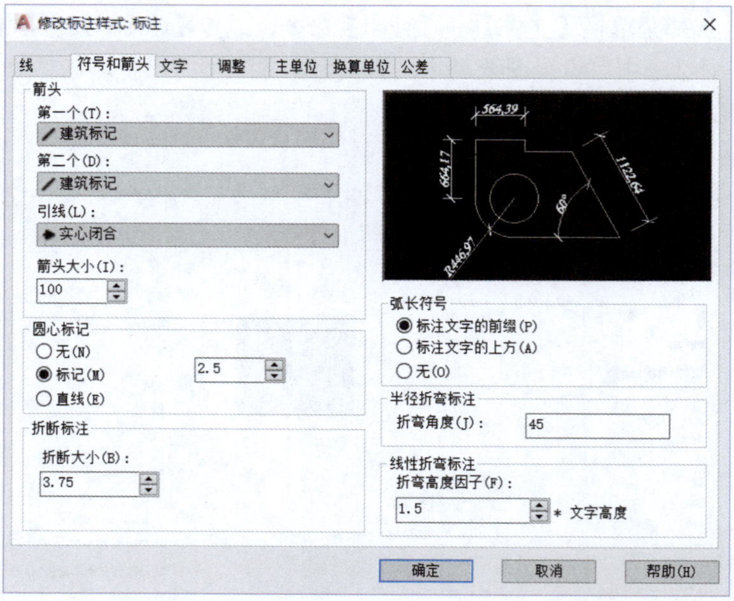


图 4.124　基础实践二

（3）新建名为“Mytext”的文字样式，设置字高为 5，倾斜角度为 10°，字体为“gbenor.shx”，任务完成效果如图 4.125 所示。

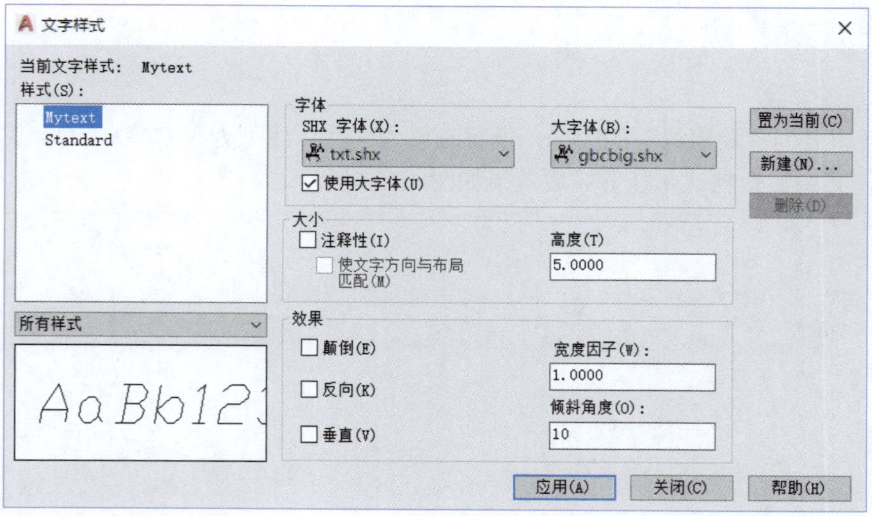


图 4.125　基础实践三

（4）按图 4.126（a）所示尺寸绘制“粗糙度”符号，将其定义为块，设置基点为三角形顶点，任务完成效果如图 4.126（b）所示。

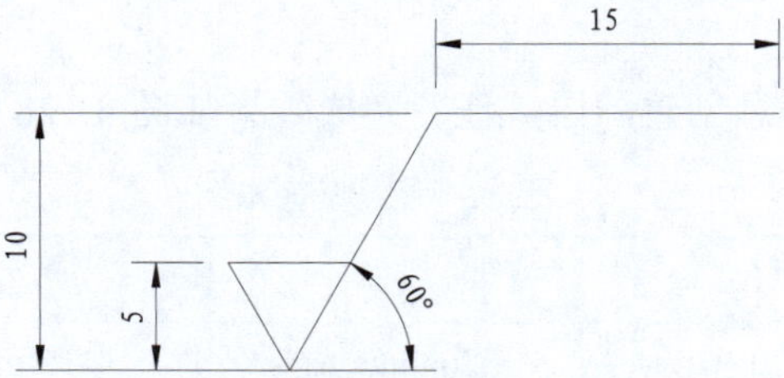


(a)“粗糙度”符号

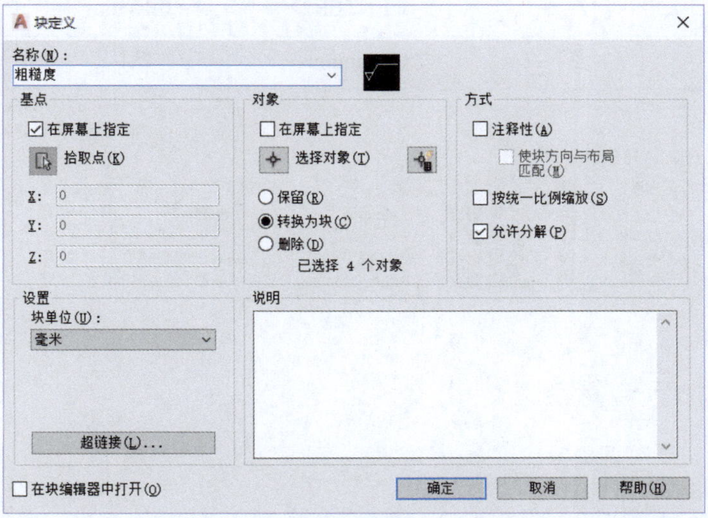


(b) 块定义

图 4.126 基础实践四

（5）将图形以 PDF 格式打印输出，设置打印范围为“图形界限”，打印比例为“布满图纸”，打印样式为“monochrome.ctb”，任务完成效果如图 4.127 所示。

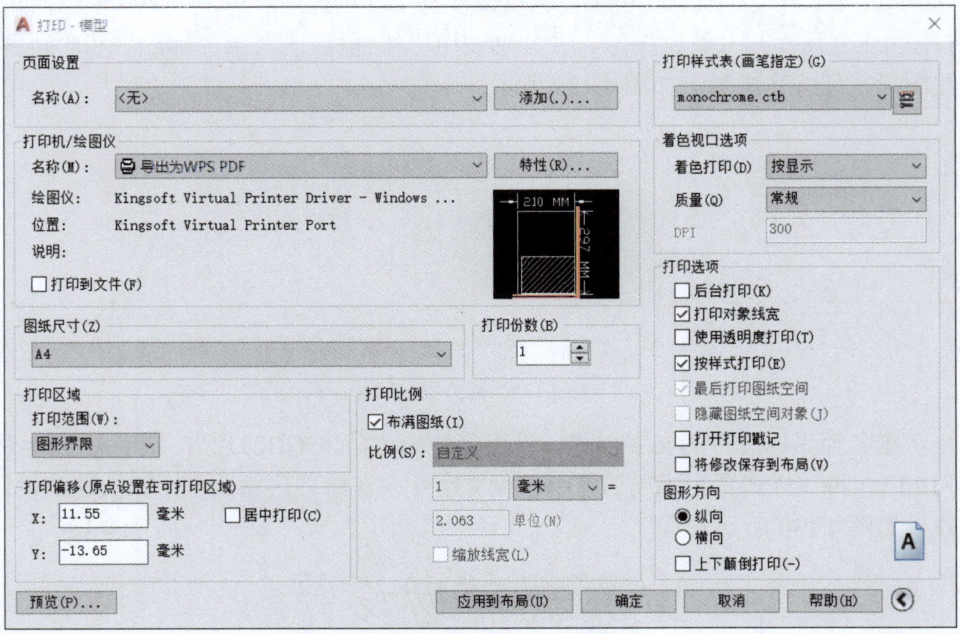


图 4.127 基础实践五

## （二）能力提升

（1）根据表 4.1 所给信息创建图层，任务完成效果如图 4.128 所示。

表 4.1　图层信息表

| 图层名 | 颜色 | 线型 | 线宽 | 打印 |
| --- | --- | --- | --- | --- |
| 轮廓线 | 黑/白 | Continuous | 0.3 mm | 可打印 |
| 中心线 | 红 | CENTER2 | 0.15 mm | 可打印 |
| 辅助线 | 蓝 | Continuous | 默认 | 不可打印 |

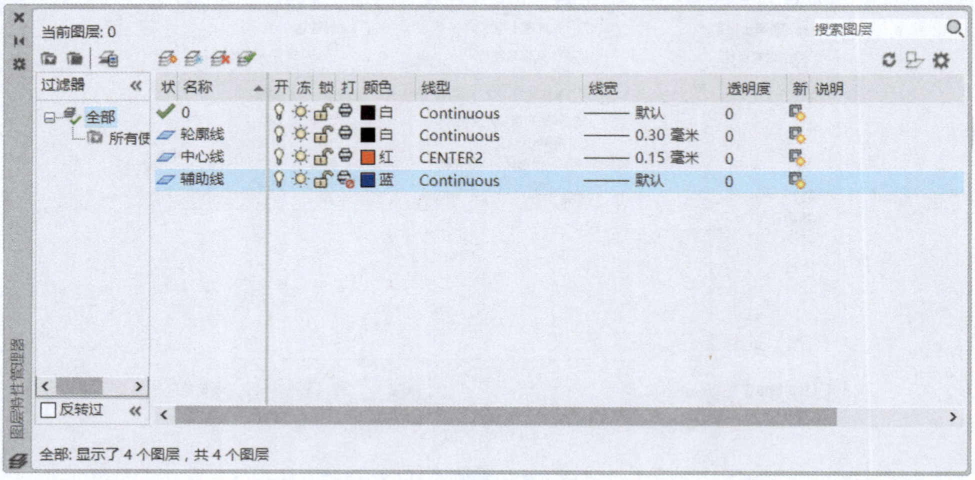


图 4.128　能力提升一

（2）新建名为“标注”的标注样式，以“ISO-25”为基础样式，设置箭头类型为“建筑标记”，尺寸界线超出尺寸线 100 单位，起点偏移量 150 单位，箭头大小 100 单位，其余参数默认。按图 4.129 所示尺寸绘制图形，并分别使用“线性标注”“半径标注”和“角度标注”命令标注图形，任务完成效果如图 4.129 所示。

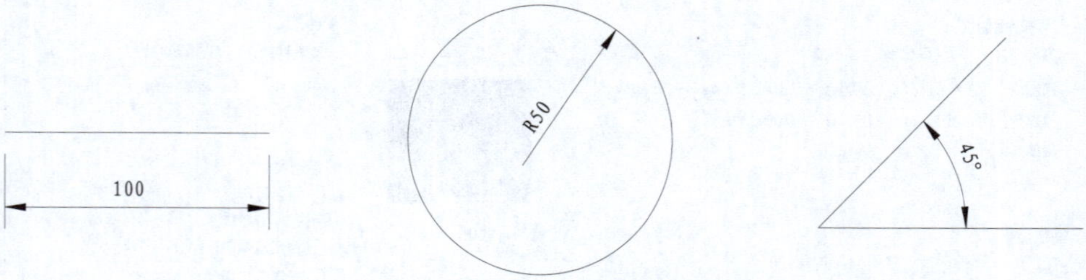


图 4.129　能力提升二

（3）新建名为“标注”的文字样式，设置字体为“仿宋-GB2312”，文字高度为 100，倾斜角度为 15°，将该样式置为当前。使用单行文字命令在绘图区输入“计算机辅助设计”，任务完成效果如图 4.130 所示。

*计算机辅助设计*

图 4.130　能力提升三

（4）按图 4.126（a）所示尺寸绘制图形，将其定义为名称为“粗糙度”的块。在图形旁插入该块，设置缩放比例为 60%，其余参数默认，任务完成效果如图 4.131 所示。参数均为默认值，任务完成效果如图 4.131 所示。

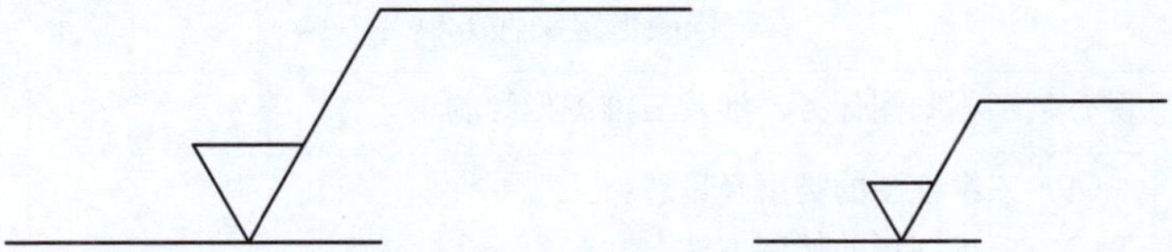

图 4.131　能力提升四

（5）设置图形打印参数：输出格式为 PDF，打印范围选择“图形界限”，打印比例设置为“布满图纸”，打印样式选择“monochrome.ctb”。修改图纸尺寸为“A3 横向”，并按图 4.132 所示自定义图纸尺寸参数。

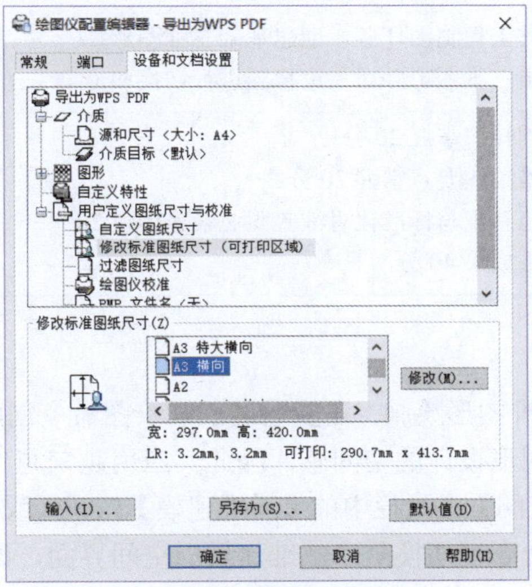


（a）修改标准图纸尺寸

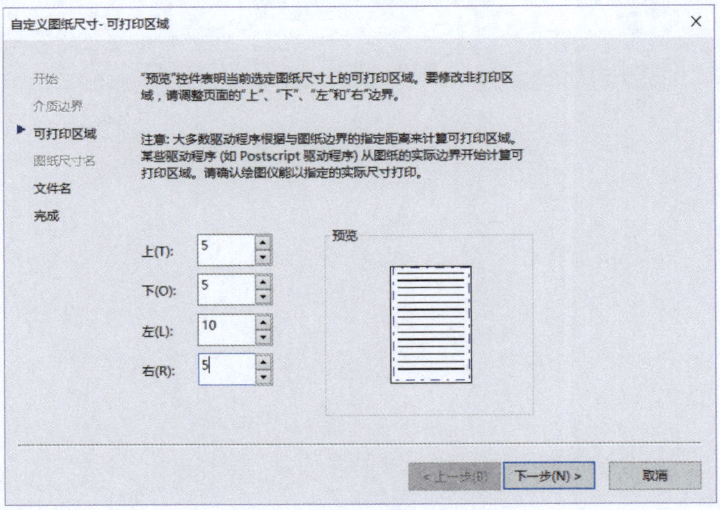


（b）自定义图纸尺寸

图 4.132　能力提升五

任务实战视频教程

# 任务五　三维图形绘制

| 三维图形绘制任务单 | |
|---|---|
| 任务描述 | 现有某工程制图任务，涉及三维图形绘制 |
| 知识点 | （1）三维视图的类型及设置；<br>（2）三维图形的绘制方法；<br>（3）三维图形的编辑；<br>（4）三维视图渲染 |
| 技能点 | （1）掌握三维视图切换的操作；<br>（2）掌握三维图形创建及编辑的方法 |
| 任务实施 | （1）根据工程制图任务，创建基础三维图形；<br>（2）编辑三维图形并对三维视图进行切换和渲染 |
| 评价标准 | （1）基础知识掌握 20 分；<br>（2）三维绘图要点掌握 20 分；<br>（3）规范意识与标准化思维等职业素养体现 20 分；<br>（4）任务成果 40 分 |

## 一、知识驿站

CAD 不仅可以进行二维图形绘制，还能通过三维绘图命令创建实体模型。三维图形的直观性和可视性可有效提升图形设计的空间感，因此其应用越来越广泛。在使用 CAD 绘制三维图形前，需单击【工作空间】工具栏中的【三维建模】按钮，或选择菜单栏【工具】→【工作空间】→【三维建模】命令，切换至“三维建模”空间界面，如图 4.133 所示。

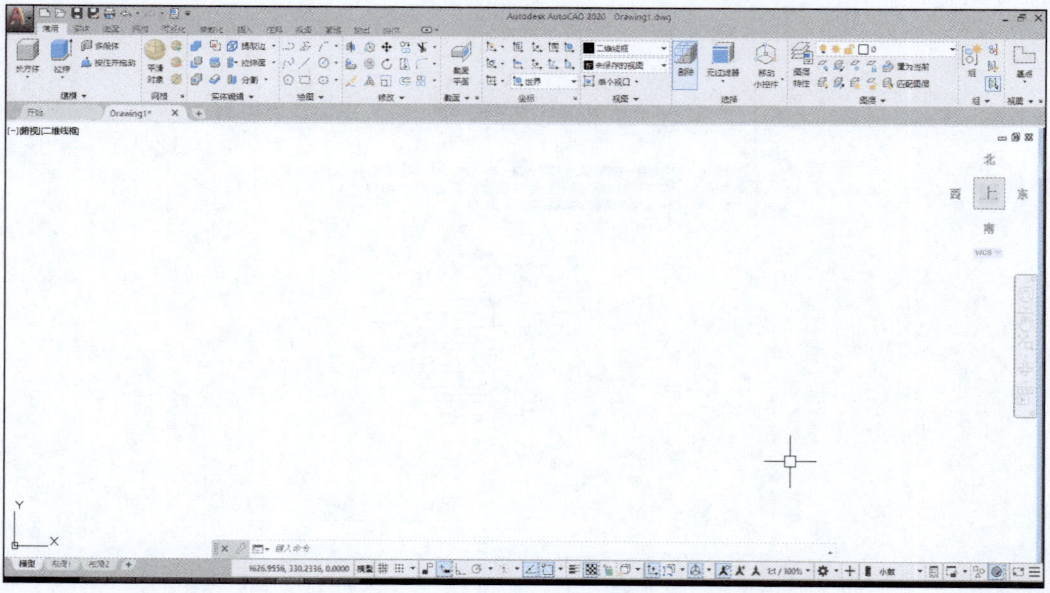


图 4.133　三维建模空间界面

CAD 常用的三维坐标系为世界坐标系（WCS），如图 4.134 所示，其坐标原点和方向固定不变。若需调整坐标系方向，可以通过【建模】工具栏中的【UCS】命令创建用户坐标系。

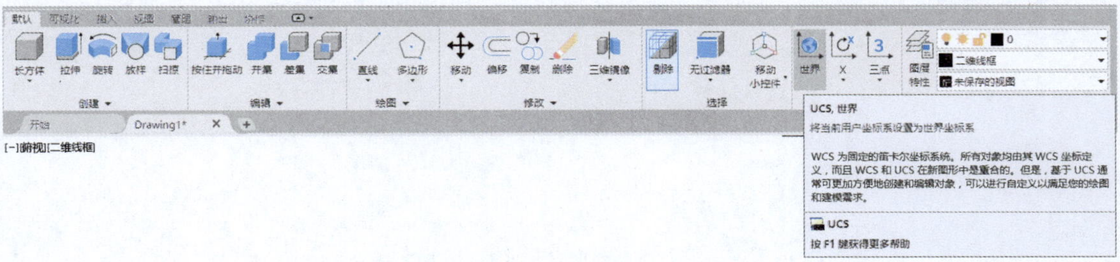


图 4.134　世界坐标系

## （一）三维视图

创建三维模型时，可从不同方向观察模型。选择菜单栏【视图】→【命名视图】命令（或打开“视图管理器”对话框），可管理视图方向，其中预设视图包括“俯视”“仰视”“左视”“右视”“主视”“后视”6 个正交视图，以及“西南等轴测”“东南等轴测”“东北等轴测”“西北等轴测”4 个等轴测视图，共 10 种视图方向，可从多维度观察图形，如图 4.135 所示。

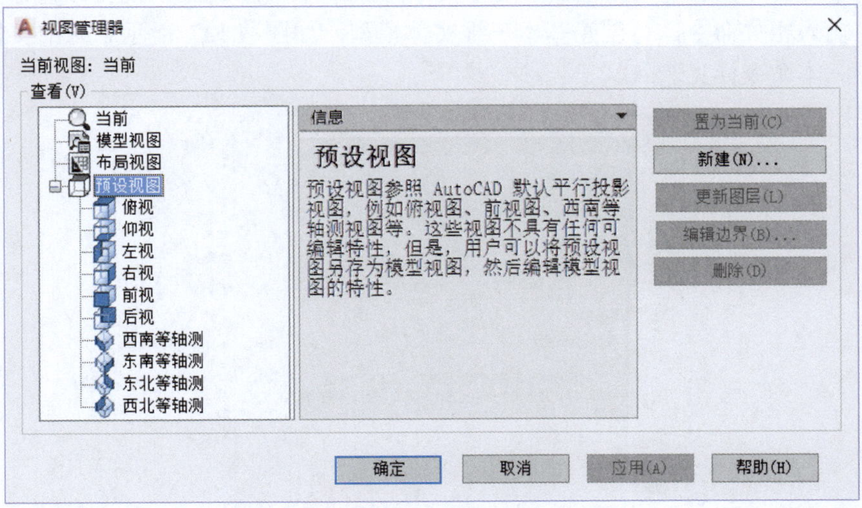


图 4.135　视图管理器

在创建复杂二维图形或三维模型时，为便于同时从不同角度观察三维模型，可将绘图区域划分为多个视口。通过菜单栏【视图】→【视口】→【新建视口】命令（或【可视化】选项卡中【模型视口】面板），选择所需视口数量及布局，如图 4.136 所示。

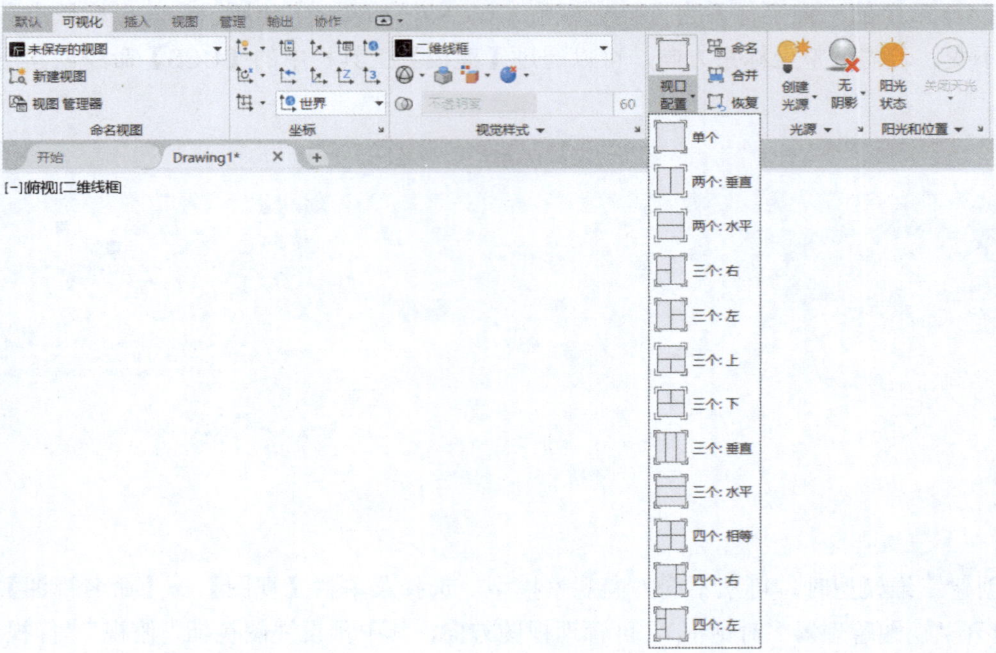


图 4.136　视口配置

## （二）三维绘图

### 1. 创建实体

单击菜单栏【绘图】→【建模】中的【长方体】【圆柱体】【圆锥体】【球体】等按钮，或在命令行中输入相关命令，可创建基本三维实体模型，如图 4.137 所示。三维实体建模中基础三维图形。本命令详见表 4.2。

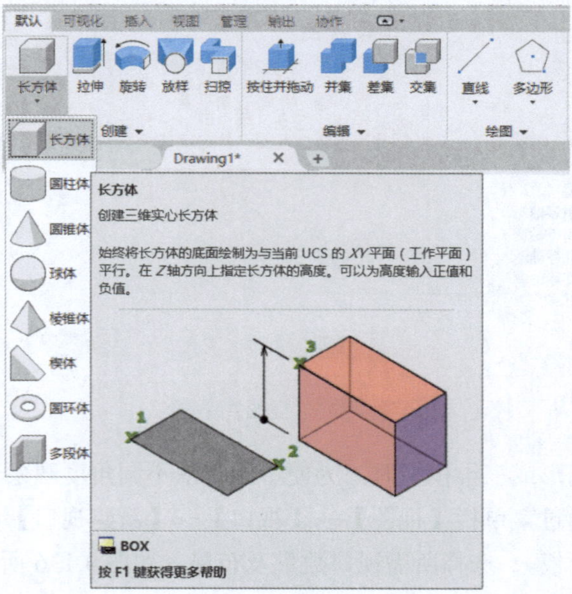


图 4.137　创建实体

表 4.2　基本三维图形命令

| 基础三维图形 | 命令 | 基础三维图形 | 命令 |
| --- | --- | --- | --- |
| 长方体 | BOX | 圆柱体 | CYLINDER |
| 圆锥体 | CONE | 球体 | SPHERE |
| 楔体 | WEDGE | 圆环体 | TOURUS |

### 2. 通过二维图形创建三维图形

在 CAD 中，可通过拉伸二维轮廓对象或将二维轮廓绕指定轴旋转等方式创建三维实体模型。

（1）拉伸。在功能区【常用】选项卡中单击【建模】面板的【拉伸】按钮，或在菜单栏选择【绘图】→【建模】→【拉伸】命令，抑或在命令行输入“EXTRUDE”并按空格键或【Enter】键，可将二维对象拉伸为三维实体模型，如图 4.138 所示。拉伸的对象称为截面，需为封闭的二维图形，包括闭合多段线、圆、椭圆、闭合样条曲线或面域等。

（2）旋转。在功能区【常用】选项卡中单击【建模】面板的【旋转】按钮，或在菜单栏选择【绘图】→【建模】→【旋转】命令，或在命令行输入“REVOLVE”并按空格键或【Enter】键，可将二维封闭图形绕指定轴旋转为三维实体模型，如图 4.139 所示。用于旋转的对象需为封闭二维图形，包括闭合多段线、多边形、圆、椭圆、闭合样条曲线、圆环或面域。操作旋转功能时需注意：三维对象、块中的对象、交叉或干涉的多段线无法旋转，且每次仅能旋转一个对象。

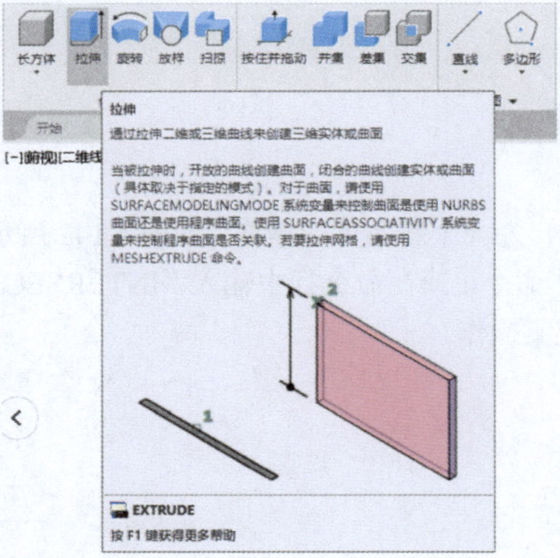


图 4.138　拉伸

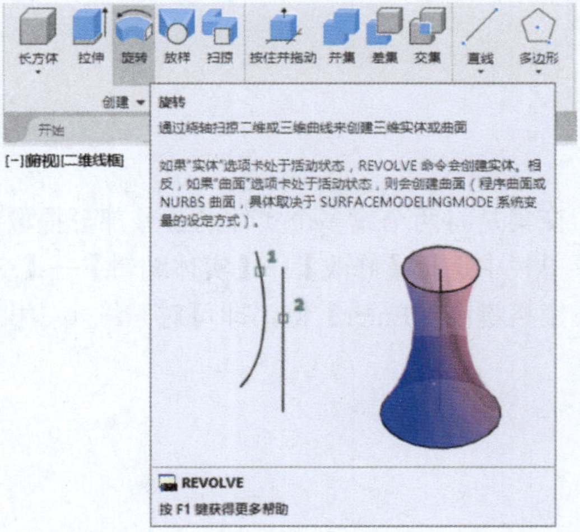


图 4.139　旋转

## （三）三维图形编辑

在三维绘图中，复杂三维图形通常由基础三维实体通过相交、组合等方法形成。布尔运算是常用的编辑方法，主要包括并集、差集和交集三种。

### 1. 并集

并集是将两个或多个实体合并为一个组合实体的操作，相当于三维实体的相加，如图 4.140 所示。在菜单栏中选择【修改】→【实体编辑】→【并集】命令，或在命令行中输入“UNION”并按空格键或【Enter】键，即可对三维实体执行并集操作。

### 2. 差集

差集是从一个实体中减去另一个或多个实体，生成新实体的操作，如图 4.141 所示。在菜单栏中选择【修改】→【实体编辑】→【差集】命令，或在命令行中输入“SUBTRACT”并按空格键或【Enter】键，即可对三维实体执行差集操作。

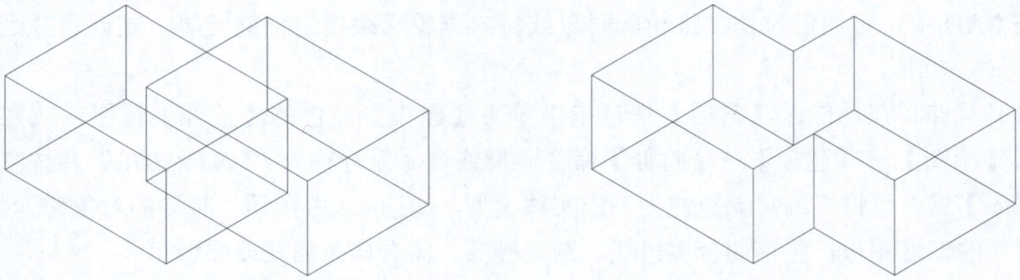

图 4.140　并集

图 4.141　差集

### 3. 交集

交集是将两个或多个实体的公共部分提取并组合为一个新实体的操作，如图 4.142 所示。在菜单栏中选择【修改】→【实体编辑】→【交集】命令，或在命令行中输入“INTERSECT”并按空格键或【Enter】键，即可对三维实体执行交集操作。

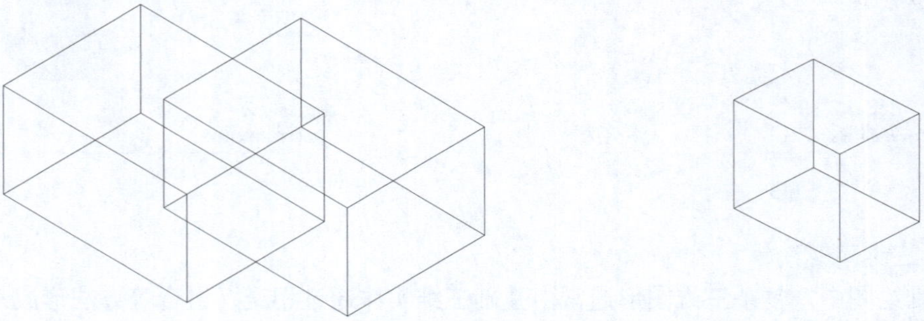

图 4.142　交集

### （四）三维图形渲染

在 CAD 中，视觉样式用于控制视口内模型的显示效果，常用视觉样式包括“二维线框”“线框”“消隐”“真实”“概念”“着色”六种，如图 4.143 所示。通过以下方式可打开视觉样式管理器进行设置。

（1）在功能区【可视化】选项卡中，单击【视觉样式】面板的【视觉样式管理器】按钮。

（2）在菜单栏中选择【视图】→【视觉样式】→【视觉样式管理器】。

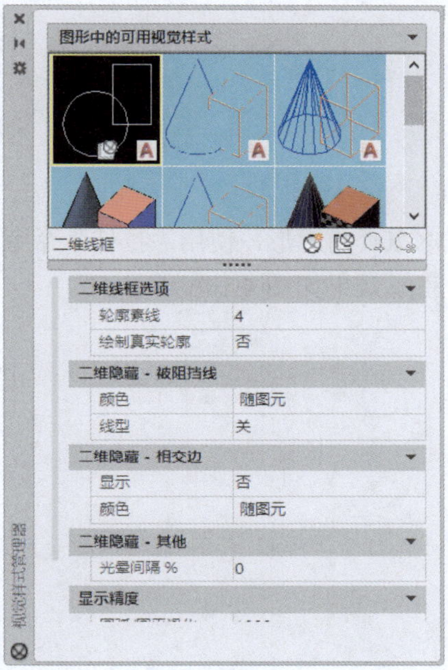


图 4.143　视觉样式

## 二、任务实战

### （一）基础实践

（1）在“东南等轴测”视图中，以坐标（0，0，0）为起点，绘制尺寸为 200×150×100 的长方体，如图 4.144 所示。

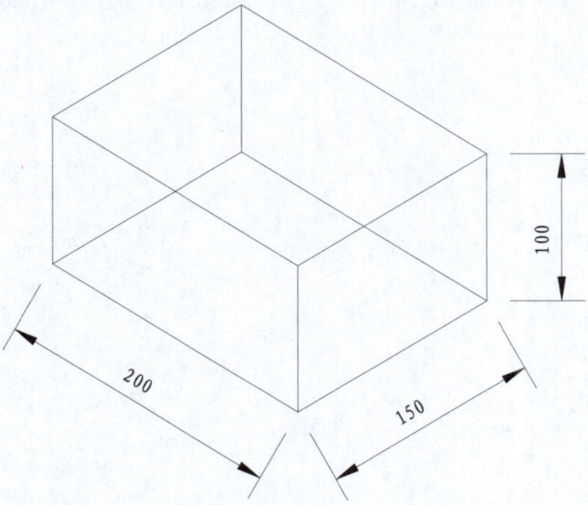


图 4.144　基础实践一

（2）在“东南等轴测”视图中，以坐标（0，0，0）为中心，绘制圆环体：圆环半径为 150，圆管半径为 50，任务完成效果如图 4.145 所示。

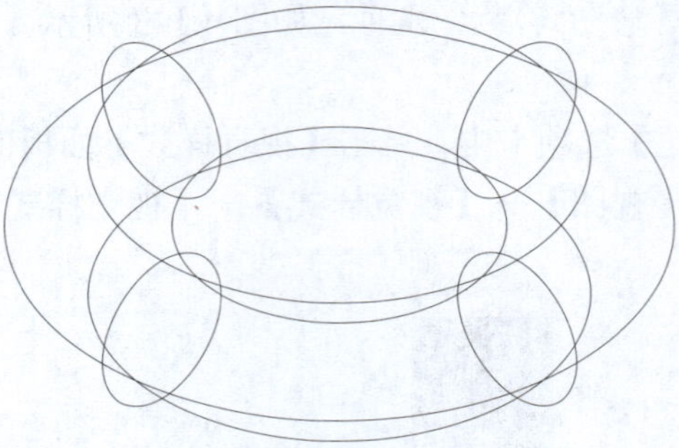

图 4.145　基础实践二

（3）绘制底面尺寸为 100×200 的矩形，使用“拉伸”命令创建斜角长方体：拉伸高度为 150，倾斜角度为 10°，任务完成效果如图 4.146 所示。

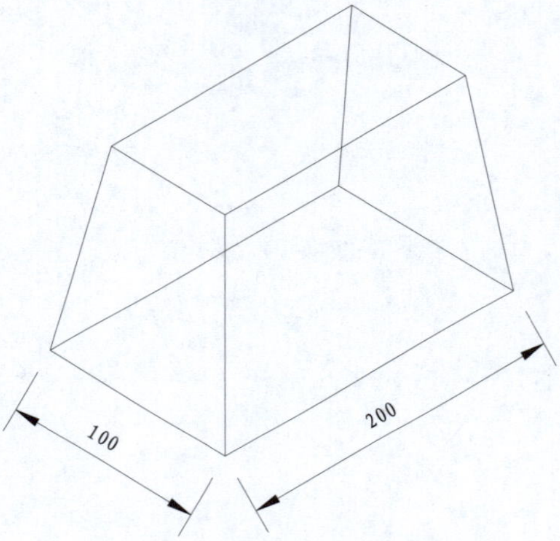


图 4.146　基础实践三

（4）绘制长直角边为 100、短直角边为 50 的直角三角形，如图 4.147（a）所示。使用“旋转”命令，将三角形绕长直角边旋转 360°，生成圆锥体，任务完成效果如图 4.147（b）所示。

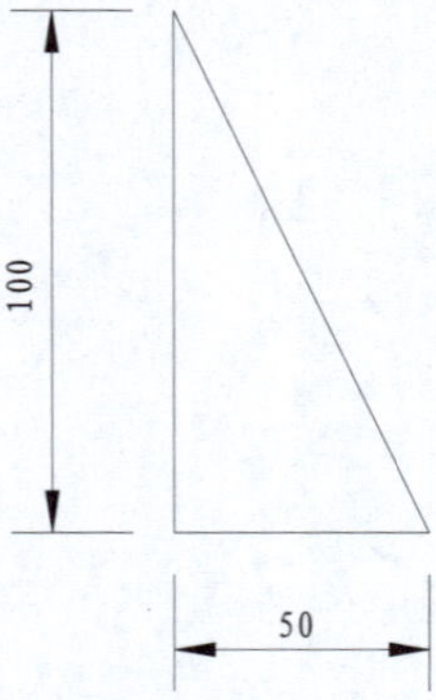


（a）初始图形

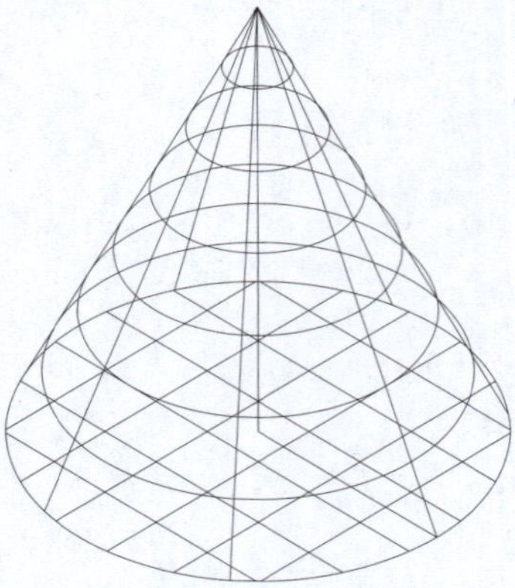

（b）完成图形

图 4.147　基础实践四

（5）将基础实践（1）中绘制的长方体的视觉样式设置为“概念”，任务完成效果如图 4.148 所示。

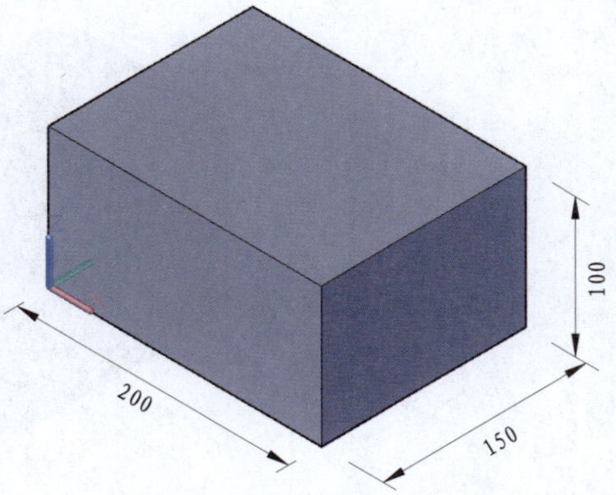


图 4.148　基础实践五

## （二）能力提升

（1）将基础实践一中绘制的长方体所在绘图区域划分为 4 个等大视口，分别设置视图为“前视”“左视”“俯视”“东南等轴测”，并将各视口的视觉样式设置为“概念”，任务完成效果如图 4.149 所示。

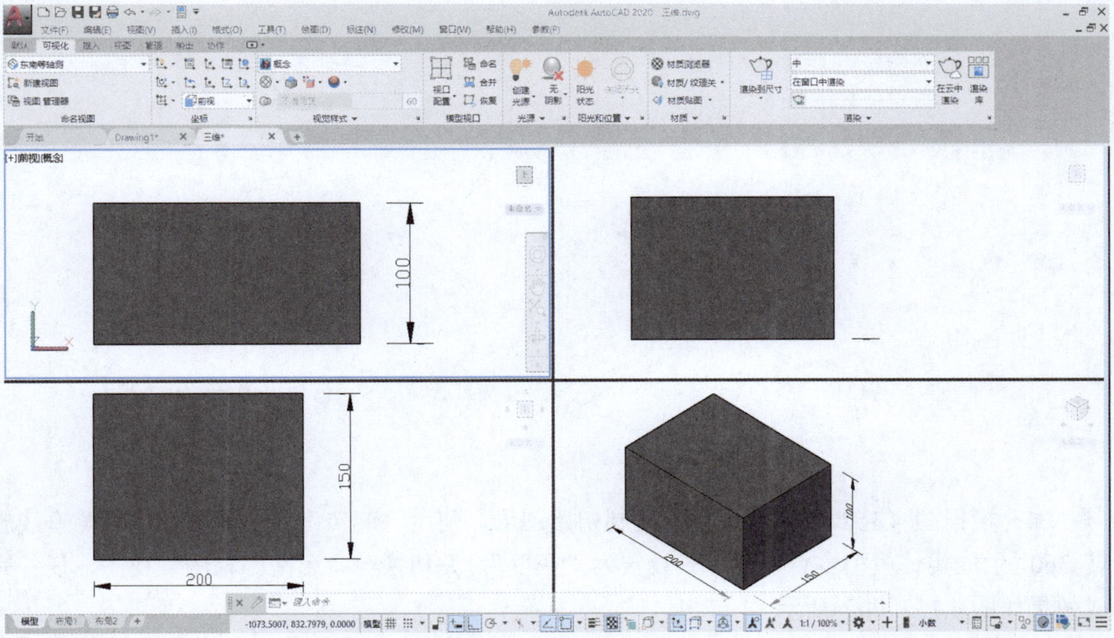


图 4.149　能力提升一

（2）以坐标（0，0，0）为基点，绘制尺寸为 200×100×100 的大长方体；再以坐标（0，0，0）为基点，绘制尺寸为 100×50×50 的小长方体。将小长方体分别沿 X 轴正方向移动 50、Y 轴正方向移动 50、Z 轴负方向移动 50，使用“差集”命令从大长方体中减去小长方体，并将视觉样式设置为“概念”，任务完成效果如图 4.150 所示。

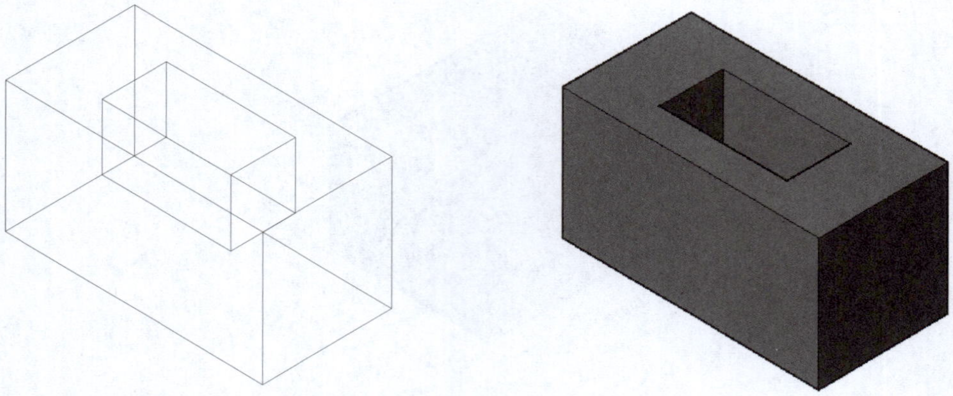

图 4.150　能力提升二

（3）以坐标（0，0，0）为基点，绘制尺寸为 1200×600×1500 的大长方体；再以坐标（450，0，0）为基点，绘制尺寸为 300×150×1500 的小长方体。使用“差集”命令从大长方体中减去小长方体，创建楼梯模型，具体尺寸如图 4.151 所示。

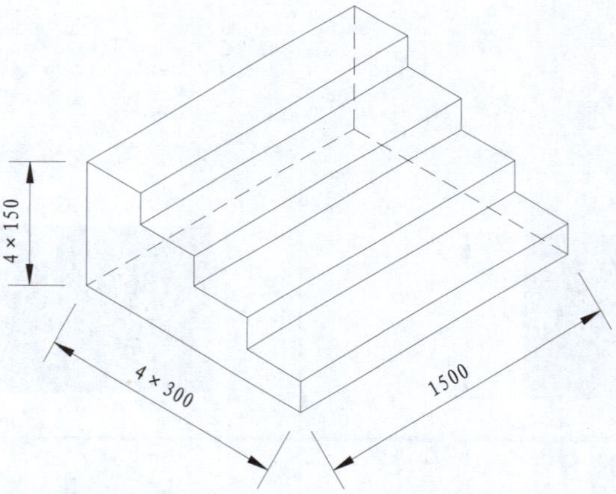


图 4.151　能力提升三

（4）根据图 4.152（a）所示尺寸绘制初始图形，使用“旋转”命令将图形绕右侧直线旋转 360° 生成实体模型。将视觉样式设置为“灰度”，并切换至“东南等轴测”视图，任务完成效果如图 4.152（b）所示。

（5）以坐标（0，0，0）为基点，绘制尺寸为 100×150×100 的长方体。通过“差集”命令，从该长方体中减去两个尺寸为 90×140×90 的长方体，获得厚度为 10 的“L”形实体；再绘制直角边分别为 45 和 70 的直角三角形，使用“拉伸”命令将其拉伸为厚度为 25 的实体；最后通过“并集”命令组合两个实体，并将视觉样式设置为“概念”，任务完成效果如图 4.153 所示。

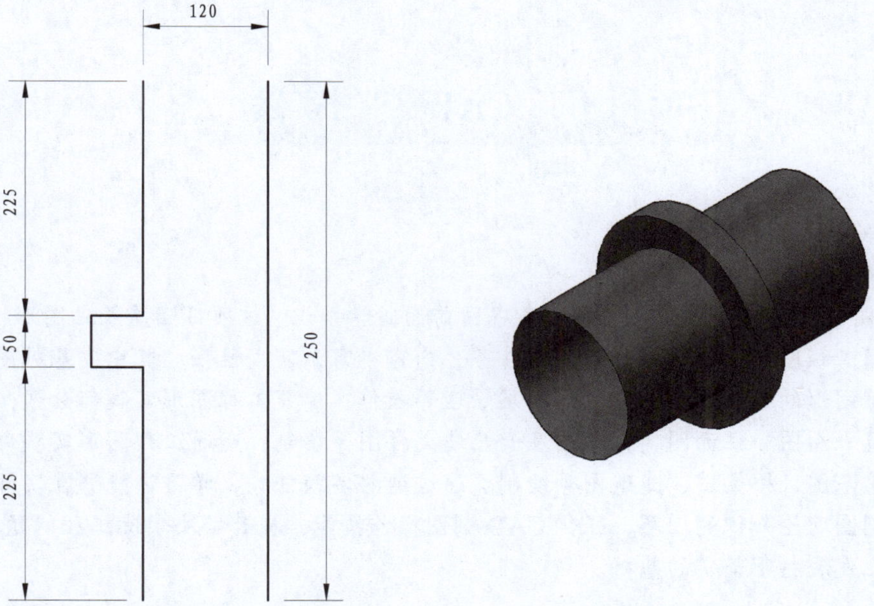


（a）初始图形　　（b）完成图形

图 4.152　能力提升四

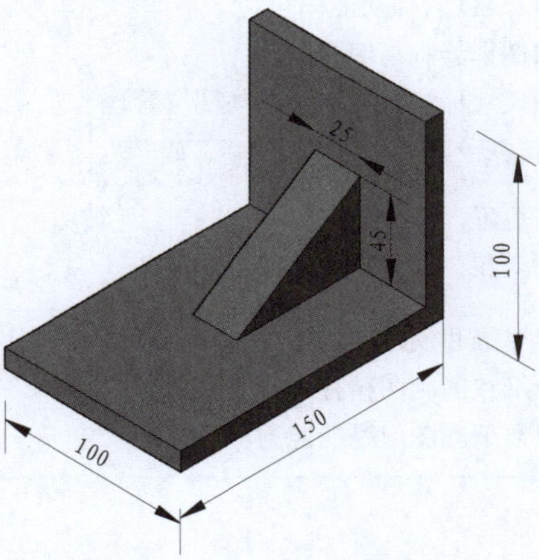


图 4.153　能力提升五

任务实战视频教程

# 项目五　CAD 制图实践

## 项目简介

CAD 制图实践旨在通过系列实践任务巩固前面所学知识。该项目涵盖基础图形、建筑工程图形、交通工程图形等多个领域的制图任务，内容丰富，实用性强。其中，基础图形实践部分包括二维图形的创建、尺寸标注、图层管理等操作；建筑工程图形实践部分聚焦建筑领域，涉及建筑平面图、立面图、剖面图及女儿墙大样图等绘制；交通工程图形实践部分则涵盖铁路图、路基图、桥梁图、隧道图等绘制。通过这些实践任务，学习者能够在实际操作中加深对工程制图理论知识的理解，强化 CAD 制图操作技能，提升解决实际工程问题的能力，为未来的职业发展打下坚实的基础。

| 学　习　目　标 | |
| --- | --- |
| 知识目标 | （1）熟练运用 CAD 软件功能模块；<br>（2）熟练运用图形绘制与编辑命令；<br>（3）熟练掌握尺寸标注、文字注释与图层管理 |
| 能力目标 | （1）培养实践能力，熟练掌握 CAD 制图技能；<br>（2）提升创新思维，灵活运用 CAD 进行工程制图；<br>（3）增强协作意识，高效完成团队制图任务 |
| 素质目标 | （1）培养标准思维和规范意识；<br>（2）培养严谨细致的制图精神；<br>（3）提高解决复杂制图问题的能力 |

# 任务一 基础图形实践

## 一、基础图形 1

| 任　务　单 | | |
|---|---|---|
| 序号 | 步骤 | 操　作　要　求 |
| 1 | 创建文件 | 在桌面上创建一个文件夹，并以“班级–姓名”命名该文件夹 |
| 2 | 图层设置 | （1）新建图层，命名为“中心线”，设置颜色为“红色”，线型为“CENTER”，线型比例为“0.5”，其余参数默认。<br>（2）新建图层，命名为“轮廓线”，设置颜色为“白色”，线型为“Continuous”，线型比例为“1”，线宽为“0.3 mm”，其余参数默认 |
| 3 | 图形绘制 | （1）使用“中心线”图层绘制中心线，两端竖向中心线间距为 200。<br>（2）使用“轮廓线”图层绘制轮廓线，其中左圆半径为 50，右圆圆心与左圆圆心在同一水平线上，右圆半径为 25。<br>（3）绘制一条与两圆相切的圆弧，圆弧半径为 150。<br>（4）绘制一条与两圆相切的公切线，以及一个同时与该圆弧和公切线相切的圆。<br>（5）补齐中心线，中心线超出图形轮廓的长度为 5，完成效果如图 5.1 所示，相关尺寸无需标注 |
| 4 | 文件输出 | 将图形以“全部缩放”方式显示，并以“基础图形 1”为文件名保存至创建的文件夹中 |
| 5 | 任务注释 | 本任务中未注明单位的尺寸均以毫米（mm）为单位 |

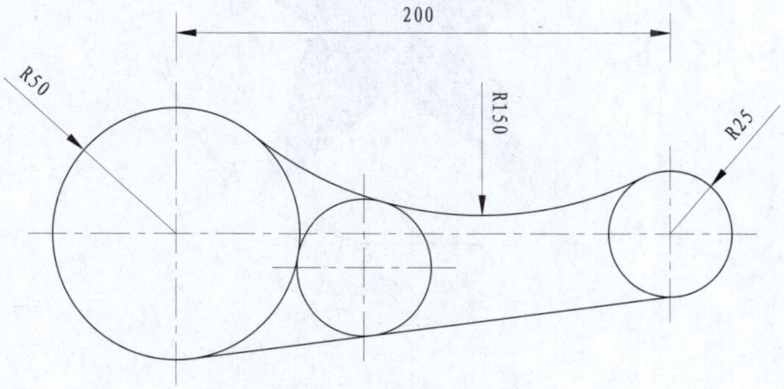


图 5.1　基础图形 1

## 二、基础图形 2

| 任　务　单 | | |
|---|---|---|
| 序号 | 步骤 | 操　作　要　求 |
| 1 | 创建文件 | 在桌面上创建一个文件夹，并以“班级–姓名”命名该文件夹 |
| 2 | 图层设置 | （1）新建图层，命名为“轮廓线”，设置颜色为“红色”，线型为“Continuous”，线型比例为“1”，线宽为“0.3”，其余参数采用默认值。<br>（2）新建图层，命名为“填充”，设置颜色为“黄色”，线型为“Continuous”，线型比例为“1”，其余参数采用默认值 |
| 3 | 图形绘制 | （1）使用“轮廓线”图层绘制内切圆半径为 60 的正六边形。<br>（2）绘制正六边形的内切圆，以该圆为外接圆绘制五角星轮廓。<br>（3）修剪删除五角星内多余线条，使用“填充”图层为五角星填充“SOLID”图案，完成效果如图 5.2 所示，相关尺寸无需标注 |
| 4 | 文件输出 | 将图形以“全部缩放”方式显示，并以“基础图形 2”为文件名保存至创建的文件夹中 |
| 5 | 任务注释 | 本任务中未注明单位的尺寸均以毫米（mm）为单位 |

图 5.2　基础图形 2

## 三、基础图形 3

| 任务单 | | |
|---|---|---|
| 序号 | 步骤 | 操作要求 |
| 1 | 创建文件 | 在桌面创建一个文件夹，并以“班级–姓名”命名该文件夹 |
| 2 | 图层设置 | （1）新建图层，命名为“中心线”，设置颜色为“红色”，线型为“CENTER”，线型比例为“0.5”，其余参数默认。<br>（2）新建图层，命名为“轮廓线”，设置颜色为“白色”，线型为“Continuous”，线型比例为“1”，线宽为 0.3，其余参数默认 |
| 3 | 图形绘制 | （1）使用“中心线”图层绘制长度为 280 的中心线，以线的中点为中心环形阵列，阵列项目数为 4。<br>（2）使用“轮廓线”图层，按图 5.3 所示尺寸和几何关系绘制图形。<br>（3）完成效果如图 5.3 所示，相关尺寸无需标注 |
| 4 | 文件输出 | 将图形以“全部缩放”方式显示，并以“基础图形 3”为文件名保存至创建的文件夹中 |
| 5 | 任务注释 | 本任务中未注明单位的尺寸均以毫米（mm）为单位 |

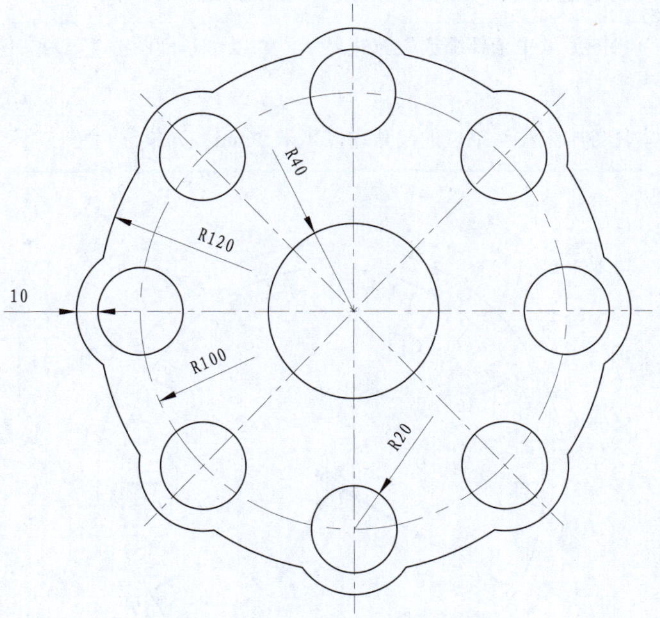


图 5.3 基础图形 3

## 四、基础图形 4

| 任务单 | | |
|---|---|---|
| 序号 | 步骤 | 操作要求 |
| 1 | 创建文件 | 在桌面创建一个文件夹，并以“班级–姓名”命名该文件夹 |
| 2 | 图层设置 | （1）新建图层，命名为“轮廓线”，设置颜色为“黄色”，线型为“Continuous”，线型比例为“1”，线宽为“0.3”，其余参数默认。<br>（2）新建图层，命名为“时钟”，设置颜色为“白色”，线型为“Continuous”，线型比例为“1”，其余参数默认 |
| 3 | 属性设置 | 新建文字样式，命名为“时钟数字”，设置字体为“仿宋-GB2312”，高度为“10”，其余参数默认 |
| 4 | 图形绘制 | （1）使用“轮廓线”图层绘制同心圆，半径分别为3、5、90、100。<br>（2）使用“时钟”图层绘制多段线：<br>● 粗刻度：长度为47，宽度为1.5；<br>● 短刻度：长度为6，宽度为0.5；<br>● 粗指针：总长为55，宽度为3，超出圆心距离为8；<br>● 细指针：总长为60，宽度为2，超出圆心距离为8。<br>（3）使用“时钟数字”文字样式按顺序标注时钟刻度，文字对齐方式设置为“居中”，旋转角度为0°。<br>（4）完成效果如图5.4所示，相关尺寸无需标注 |
| 5 | 文件输出 | 将图形以“全部缩放”方式显示，并以“基础图形4”为文件名保存至创建的文件夹中 |
| 6 | 任务注释 | 本任务中未注明单位的尺寸均以毫米（mm）为单位 |

图 5.4　基础图形 4

## 五、基础图形 5

| 任务单 | | |
|---|---|---|
| 序号 | 步骤 | 操作要求 |
| 1 | 创建文件 | 在桌面上创建一个文件夹，并以“班级–姓名”命名该文件夹 |
| 2 | 图层设置 | （1）新建图层，命名为“轮廓线”，设置颜色为“白色”，线型为“Continuous”，线型比例为“1”，线宽为“0.3”，其余参数默认。<br>（2）新建图层，命名为“填充”，设置颜色为“灰色”，线型为“Continuous”，线型比例为“1”，其余参数默认 |
| 3 | 图形绘制 | （1）使用“轮廓线”图层绘制图形：<br>● 以坐标（100，100）为圆心，绘制半径为 60 的圆；<br>● 以坐标（100，60）为圆心，绘制半径为 20 的半圆弧 CD；<br>● 以坐标（100，80）为圆心，绘制半径为 40 的半圆弧 BD；<br>● 以坐标（100，120）为圆心，绘制半径为 40 的半圆弧 AC；<br>● 以坐标（100，140）为圆心，绘制半径为 20 的半圆弧 AB；<br>● 其中，A、D 两点所在线段线宽为 0.1，B、C 两点所在线段线宽为 6。<br>（2）使用“填充”图层在图形两侧区域填充“HONEY”图案，设置填充比例为 2。<br>（3）完成效果如图 5.5 所示，相关尺寸无需标注 |
| 4 | 文件输出 | 将图形以“全部缩放”方式显示，并以“基础图形 5”为文件名保存至创建的文件夹中 |
| 5 | 任务注释 | 本任务中未注明单位的尺寸均以毫米（mm）为单位 |

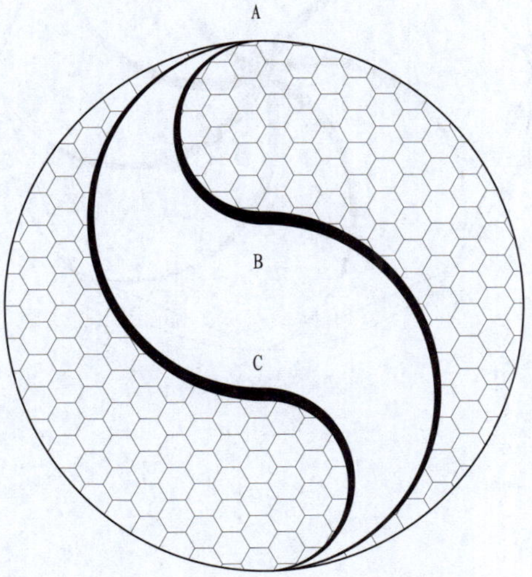


图 5.5 基础图形 5

## 六、基础图形 6

| 任　务　单 | | |
| --- | --- | --- |
| 序号 | 步骤 | 操　作　要　求 |
| 1 | 创建文件 | 在桌面上创建一个文件夹，并以“班级–姓名”命名该文件夹 |
| 2 | 图层设置 | 新建图层，命名为“轮廓线”，设置颜色为“白色”，线型为“Continuous”，线型比例为“1”，线宽为“0.3”，其余参数默认 |
| 3 | 图形绘制 | （1）使用“轮廓线”图层绘制图形：<br>● 以坐标（100，100）为圆心，绘制半径为 100 的圆；<br>● 以该圆为外接圆，绘制内接正八边形。<br>（2）以正八边形的八个顶点为起点、圆心为终点，绘制圆心角 120° 的圆弧，设置起点线宽为 0.1，终点线宽为 5。<br>（3）完成效果如图 5.6 所示，相关尺寸无需标注 |
| 4 | 文件输出 | 将图形以“全部缩放”方式显示，并以“基础图形 6”为文件名保存至创建的文件夹中 |
| 5 | 任务注释 | 本任务中未注明单位的尺寸均以毫米（mm）为单位 |

图 5.6　基础图形 6

## 七、基础图形 7

| 任　务　单 | | |
|---|---|---|
| 序号 | 步骤 | 操　作　要　求 |
| 1 | 创建文件 | 在桌面上创建一个文件夹，并以“班级–姓名”命名该文件夹 |
| 2 | 图层设置 | 新建图层，命名为“轮廓线”，设置颜色为“白色”，线型为“Continuous”，线型比例为“1”，线宽为“0.3”，其余参数默认 |
| 3 | 图形绘制 | （1）使用“轮廓线”图层绘制图形：<br>● 以坐标（1000，350）为圆心，绘制半径为 175 的圆；<br>● 以坐标（932.16，378.10）为圆心，绘制半径为 180.34 的圆；<br>● 修剪删除左圆在右圆外部的部分。<br>（2）按图 5.7 示例，使用偏移、镜像和阵列命令绘制图形：<br>● 圆的偏移距离为 10；<br>● 圆弧的偏移距离为 5；<br>● 设置圆弧一端线宽为 0.1，另一端线宽为 2。<br>（3）完成效果如图 5.7 所示，相关尺寸无需标注 |
| 4 | 文件输出 | 将图形以“全部缩放”方式显示，并以“基础图形 7”为文件名保存至创建的文件夹中 |
| 5 | 任务注释 | 本任务中未注明单位的尺寸均以毫米（mm）为单位 |

图 5.7　基础图形 7

## 八、基础图形 8

| 任务单 | | |
|---|---|---|
| 序号 | 步骤 | 操作要求 |
| 1 | 创建文件 | 在桌面上创建一个文件夹，并以“班级–姓名”命名该文件夹 |
| 2 | 图层设置 | 新建图层，命名为“轮廓线”，设置颜色为“白色”，线型为“Continuous”，线型比例为“1”，其余参数默认 |
| 3 | 图形绘制 | （1）使用“轮廓线”图层绘制图形：<br>● 绘制一条长度为 50 的竖直线；<br>● 以该直线的两端点为端点，绘制半径为 35 的圆弧。<br>（2）以竖直线上端点为中心，环形阵列该竖直线，相邻线夹角为 5°，修剪删除图形中多余线条后，镜像形成单片荷花。<br>（3）以竖直线下端点为中心，环形阵列单片荷花，阵列项目数为 18。<br>（4）完成效果如图 5.8 所示，相关尺寸无需标注 |
| 4 | 文件输出 | 将图形以“全部缩放”方式显示，并以“基础图形 8”为文件名保存至创建的文件夹中 |
| 5 | 任务注释 | 本任务中未注明单位的尺寸均以毫米（mm）为单位 |

图 5.8　基础图形 8

## 九、基础图形 9

| 任 务 单 | | |
|---|---|---|
| 序号 | 步骤 | 操 作 要 求 |
| 1 | 创建文件 | 在桌面上创建一个文件夹，并以“班级–姓名”命名该文件夹 |
| 2 | 图层设置 | 新建图层，命名为“轮廓线”，设置颜色为“白色”，线型为“Continuous”，线型比例为“1”，线宽为“0.3”，其余参数默认 |
| 3 | 图形绘制 | （1）使用“轮廓线”图层绘制图形：<br>● 以坐标（100，100）为圆心，绘制半径分别为 6 和 18 的同心圆；<br>● 以坐标（170，100）为圆心，绘制半径分别为 18 和 56 的同心圆；<br>● 以坐标（202，100）为圆心，绘制半径为 24 的圆；<br>● 以坐标（178，84）为圆心，绘制半径为 38.1125 的圆。<br>（2）按图 5.9 示例绘制两条公切线，修剪、删除图形中多余线条，形成单片扇叶。<br>（3）以同心圆的圆心（170，100）为中心，环形阵列单片扇叶，阵列项目数为 4。<br>（4）完成效果如图 5.9 所示，相关尺寸无需标注。 |
| 4 | 文件输出 | 将图形以“全部缩放”方式显示，并以“基础图形 9”为文件名保存至创建的文件夹中 |
| 5 | 任务注释 | 本任务中未注明单位的尺寸均以毫米（mm）为单位 |

图 5.9　基础图形 9

## 十、基础图形 10

| 任务单 | | |
|---|---|---|
| 序号 | 步骤 | 操作要求 |
| 1 | 创建文件 | 在桌面上创建一个文件夹，并以“班级–姓名”命名 |
| 2 | 图层设置 | 新建图层，命名为“轮廓线”，设置颜色为“白色”，线型为“Continuous”，线型比例为“1”，线宽为“0.3”，其余参数默认 |
| 3 | 图形绘制 | （1）使用“轮廓线”图层绘制图形：<br>● 以坐标（100，100）为中心，绘制边长为 40 的正五边形；<br>● 以正五边形的上顶点和一个下顶点为端点，绘制一条直线；<br>● 以坐标（100，40）为圆心，绘制与该直线相切的圆。<br>（2）按图 5.10 示例，使用延伸、镜像和删除命令编辑图形：<br>● 延伸直线使其与圆相交；<br>● 对延伸后的直线进行镜像操作；<br>● 删除正五边形，形成初始图形。<br>（3）按图 5.10 示例，使用阵列、复制和修剪命令绘制图形：<br>● 以坐标（100，100）为中心，环形阵列初始图形，阵列项目数为 5；<br>● 在初始图形内，以一定距离向内复制直线，并绘制与新直线相切的圆；<br>● 以坐标（100，100）为中心，环形阵列初始图形内的新图形，阵列项目数为 5；<br>● 通过修剪删除多余线条，形成次级图形。<br>（4）以坐标（100，100）为中心，环形阵列次级图形，阵列项目数为 5。<br>（5）完成效果如图 5.10 所示，相关尺寸无需标注 |
| 4 | 文件输出 | 将图形以“全部缩放”方式显示，并以“基础图形 10”为文件名保存至创建的文件夹中 |
| 5 | 任务注释 | 本任务中未注明单位的尺寸均以毫米（mm）为单位 |

图 5.10　基础图形 10

## 十一、基础图形 11

| 任　务　单 | | |
|---|---|---|
| 序号 | 步骤 | 操　作　要　求 |
| 1 | 创建文件 | 在桌面上创建一个文件夹，并以“班级–姓名”命名该文件夹 |
| 2 | 图层设置 | 新建图层，命名为“轮廓线”，设置颜色为“白色”，线型为“Continuous”，线型比例为“1”，线宽为“0.3”，其余参数默认 |
| 3 | 图形绘制 | （1）使用“轮廓线”图层，按图 5.11 所示绘制图形。<br>（2）完成效果如图 5.11 所示，相关尺寸无需标注 |
| 4 | 文件输出 | 将图形以“全部缩放”方式显示，并以“基础图形 11”为文件名保存至创建的文件夹中 |
| 5 | 任务注释 | 本任务中未注明单位的尺寸均以毫米（mm）为单位 |

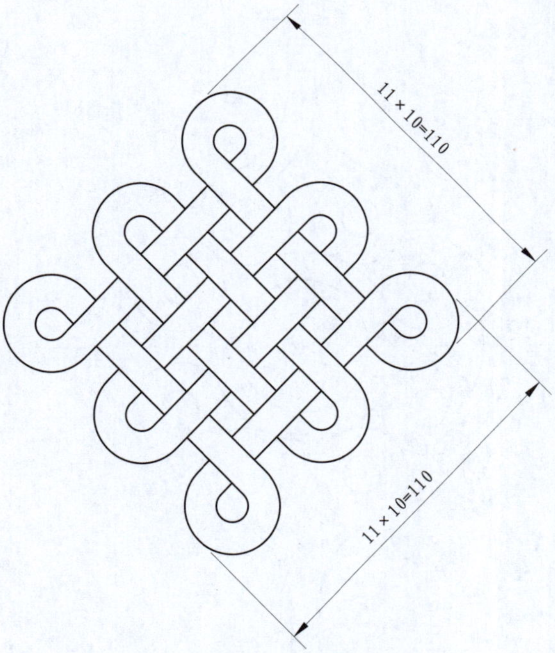


图 5.11　基础图形 11

## 十二、基础图形 12

| 任　务　单 | | |
|---|---|---|
| 序号 | 步骤 | 操　作　要　求 |
| 1 | 创建文件 | 在桌面上创建一个文件夹，并以“班级–姓名”命名该文件夹 |
| 2 | 图层设置 | 新建图层，命名为“轮廓线”，设置颜色为“白色”，线型为“Continuous”，线型比例为“1”，线宽为“0.3”，其余参数默认 |
| 3 | 图形绘制 | （1）使用“轮廓线”图层，按图 5.12 所示绘制图形。<br>（2）完成效果如图 5.12 所示，相关尺寸无需标注 |
| 4 | 文件输出 | 将图形以“全部缩放”方式显示，并以“基础图形 12”为文件名保存至创建的文件夹中 |
| 5 | 任务注释 | 本任务中未注明单位的尺寸均以毫米（mm）为单位 |

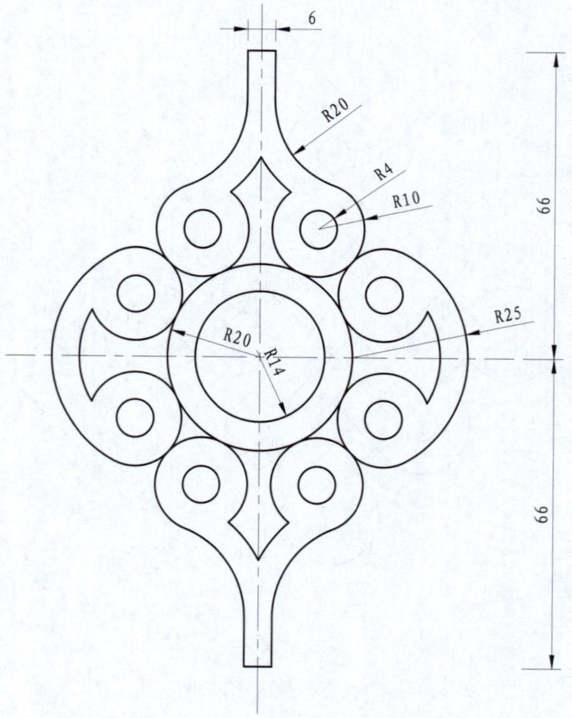


图 5.12　基础图形 12

## 十三、基础图形 13

| 任务单 | | |
|---|---|---|
| 序号 | 步骤 | 操作要求 |
| 1 | 创建文件 | 在桌面上创建一个文件夹，并以“班级–姓名”命名该文件夹 |
| 2 | 图层设置 | 新建图层，命名为“轮廓线”，设置颜色为“白色”，线型为“Continuous”，线型比例为“1”，线宽为“0.3”，其余参数默认 |
| 3 | 图形绘制 | （1）使用“轮廓线”图层，按图 5.13 所示绘制图形。<br>（2）完成效果如图 5.13 所示，相关尺寸无需标注 |
| 4 | 文件输出 | 将图形以“全部缩放”方式显示，并以“基础图形 13”为文件名保存至创建的文件夹中 |
| 5 | 任务注释 | 本任务中未注明单位的尺寸均以毫米（mm）为单位 |

图 5.13　基础图形 13

## 十四、基础图形 14

| 任务单 | | |
|---|---|---|
| 序号 | 步骤 | 操作要求 |
| 1 | 创建文件 | 在桌面上创建一个文件夹，并以“班级–姓名”命名该文件夹 |
| 2 | 图层设置 | 新建图层，命名为“轮廓线”，设置颜色为“白色”，线型为“Continuous”，线型比例为“1”，线宽为“0.3”，其余参数默认 |
| 3 | 图形绘制 | （1）使用“轮廓线”图层，按图 5.14 所示绘制图形。<br>（2）完成效果如图 5.14 所示，相关尺寸无需标注 |
| 4 | 文件输出 | 将图形以“全部缩放”方式显示，并以“基础图形 14”为文件名保存至创建的文件夹中 |
| 5 | 任务注释 | 本任务中未注明单位的尺寸均以毫米（mm）为单位 |

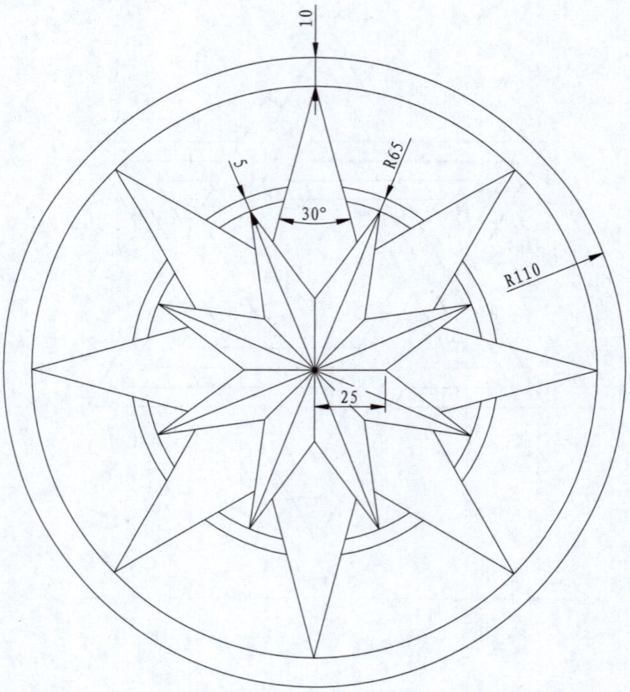


图 5.14　基础图形 14

## 十五、基础图形 15

| 任务单 | | |
|---|---|---|
| 序号 | 步骤 | 操作要求 |
| 1 | 创建文件 | 在桌面上创建一个文件夹，并以“班级–姓名”命名该文件夹 |
| 2 | 图层设置 | 新建图层，命名为“轮廓线”，设置颜色为“白色”，线型为“Continuous”，线型比例为“1”，线宽为“0.3”，其余参数默认 |
| 3 | 图形绘制 | （1）使用“轮廓线”图层，按图 5.15 所示绘制图形。<br>（2）完成效果如图 5.15 所示，相关尺寸无需标注 |
| 4 | 文件输出 | 将图形以“全部缩放”方式显示，并以“基础图形 15”为文件名保存至创建的文件夹中 |
| 5 | 任务注释 | 本任务中未注明单位的尺寸均以毫米（mm）为单位 |

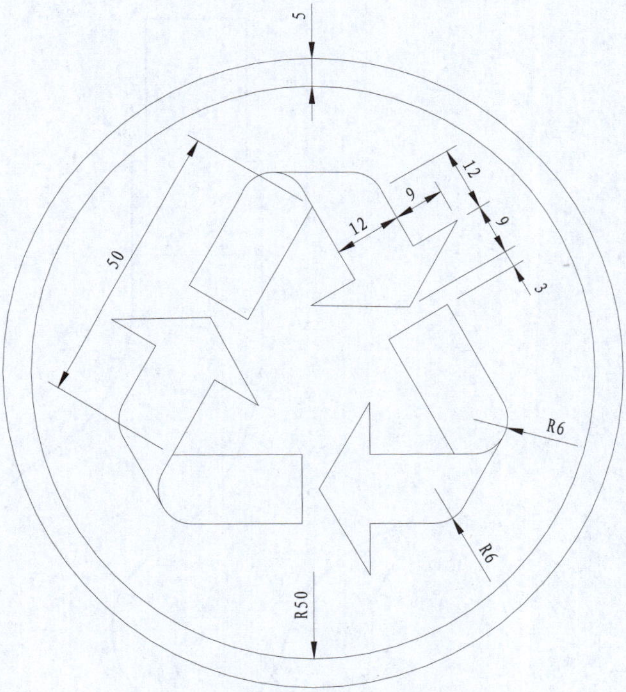


图 5.15 基础图形 15

## 十六、基础图形 16

| 任 务 单 | | |
|---|---|---|
| 序号 | 步骤 | 操 作 要 求 |
| 1 | 创建文件 | 在桌面上创建一个文件夹，并以“班级–姓名”命名该文件夹 |
| 2 | 图层设置 | 新建图层，命名为“轮廓线”，设置颜色为“白色”，线型为“Continuous”，线型比例为“1”，线宽为“0.3”，其余参数默认 |
| 3 | 图形绘制 | （1）使用“轮廓线”图层，按图 5.16 所示绘制图形。<br>（2）完成效果如图 5.16 所示，相关尺寸无需标注 |
| 4 | 文件输出 | 将图形以“全部缩放”方式显示，并以“基础图形 16”为文件名保存至创建的文件夹中 |
| 5 | 任务注释 | 本任务中未注明单位的尺寸均以毫米（mm）为单位 |

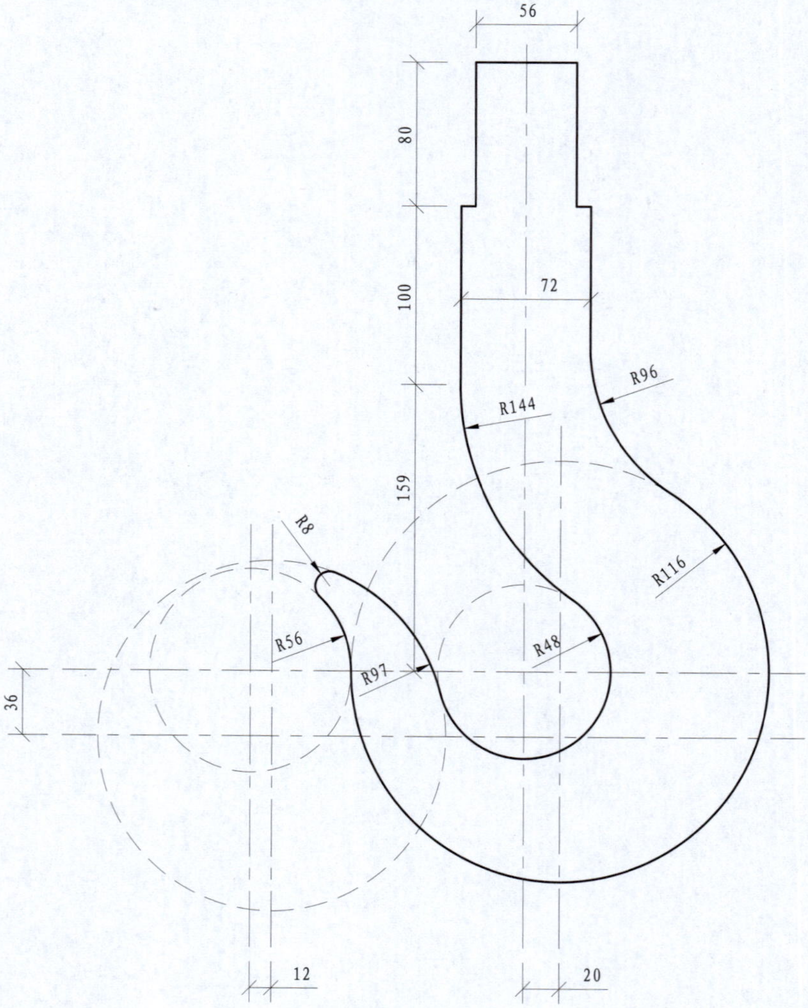


图 5.16　基础图形 16

## 十七、三维图形 1

| 任务单 | | |
|---|---|---|
| 序号 | 步骤 | 操作要求 |
| 1 | 创建文件 | 在桌面上创建一个文件夹，并以“班级–姓名”命名该文件夹 |
| 2 | 三维视图设置 | （1）新建图形文件，设置图形界限为 100×300。<br>（2）打开“UCS”对话框，选择“世界”坐标系。<br>（3）新建视口，将绘图区域设置为“四个、相等”的视口配置，三维视图方向依次设置为“前视”“左视”“俯视”“东南等轴测”，视觉样式均设置为“二维线框” |
| 3 | 三维绘图与编辑 | 按图 5.17 所示绘制图形：<br>（1）根据所给平面图形，使用“旋转”命令创建细长管三维模型，具体参数如下：内孔直径为 300、外径为 400、长度为 2500，外圆柱面间过渡面的倾斜角度为 29°。<br>（2）将视觉样式设置为“概念”，模型材质颜色选择单色“索引颜色：8” |
| 4 | 文件输出 | 将图形以“全部缩放”方式显示，并以“三维图形 1”为文件名保存至创建的文件夹中 |
| 5 | 任务注释 | 本任务中未注明单位的尺寸均以毫米（mm）为单位 |

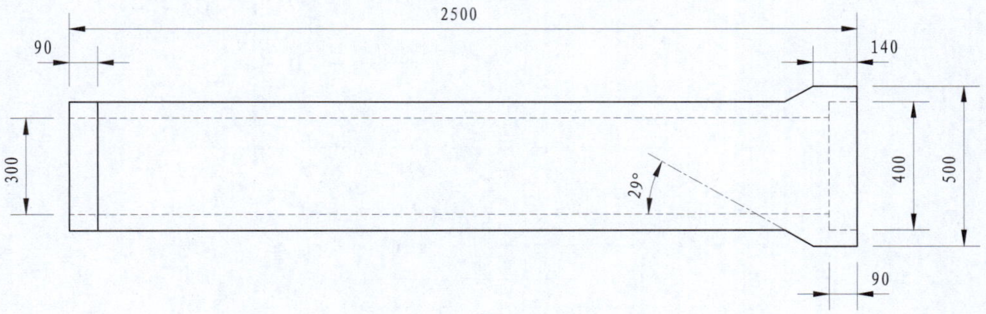


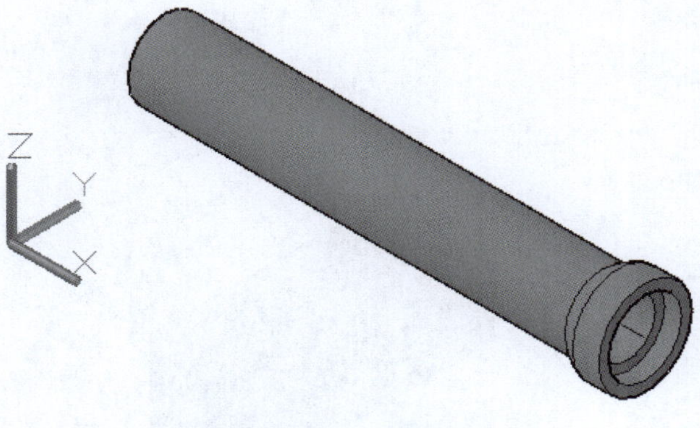


图 5.17　三维图形 1

## 十八、三维图形 2

| 任务单 | | |
|---|---|---|
| 序号 | 步骤 | 操作要求 |
| 1 | 创建文件 | 在桌面上创建一个文件夹，并以“班级–姓名”命名该文件夹 |
| 2 | 三维视图设置 | （1）新建图形文件，设置图形界限为 700×300。<br>（2）打开“UCS”对话框，选择“世界”坐标系。<br>（3）新建视口，将绘图区域设置为“四个、相等”的视口配置，三维视图方向依次设置为“前视”“左视”“俯视”“东南等轴测”，视觉样式均设置为“二维线框” |
| 3 | 三维绘图与编辑 | 按图 5.18 所示绘制图形：<br>（1）根据所给平面图形，创建底面尺寸为 6400×2500、高度为 2000 的长方体。<br>（2）使用“差集”命令创建三维图形，其中长方体槽的长、宽、高分别为 1100×1700×1700。<br>（3）将视觉样式设置为“概念”，模型材质颜色选择“索引颜色：9” |
| 4 | 文件输出 | 将图形以“全部缩放”方式显示，并以“三维图形 2”为文件名保存至创建的文件夹中 |
| 5 | 任务注释 | 本任务中未注明单位的尺寸均以毫米（mm）为单位 |

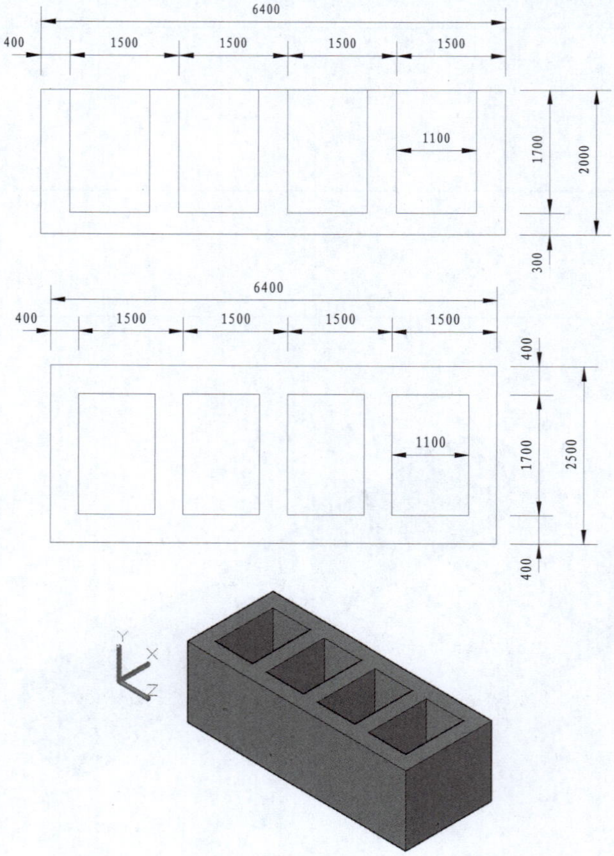


图 5.18　三维图形 2

# 任务二 建筑工程图形实践

## 一、建筑图

### （一）平面图一

| 任 务 单 | | |
|---|---|---|
| 序号 | 步骤 | 操 作 要 求 |
| 1 | 创建文件 | 在桌面上创建一个文件夹，并以“班级–姓名”命名该文件夹 |
| 2 | 图层设置 | （1）新建图层，命名为“中心线”，设置颜色为“红色”，线型为“CENTER”，线型比例为“30”，其余参数默认。<br>（2）新建图层，命名为“墙体”，设置颜色为“灰色”，线型为“Continuous”，线型比例为“1”，其余参数默认。<br>（3）新建图层，命名为“门窗”，设置颜色为“青色”，线型为“Continuous”，线型比例为“1”，其余参数默认。<br>（4）新建图层，命名为“标注”，设置颜色为“绿色”，线型为“Continuous”，线型比例为“1”，其余参数默认 |
| 3 | 图形属性 | 新建标注样式并命名为“建筑图”，设置样式属性如下：<br>● 线：超出尺寸线为 150，起点偏移量为 100；<br>● 符号和箭头：箭头使用“建筑标记”，箭头大小为 150；<br>● 文字：文字样式为“仿宋-GB2312”，文字高度为 200，从尺寸线偏移为 100；<br>● 调整：文字始终保持在尺寸界线之间，位置在尺寸线上方，全局比例为 1；<br>● 主单位：精度为 0；<br>● 其余参数默认 |
| 4 | 图形绘制 | 按图 5.19 所示绘制图形：<br>● 在“中心线”图层绘制中心线；<br>● 在“墙体”图层绘制墙体；<br>● 在“门窗”图层绘制门窗；<br>● 在“标注”图层添加标注 |
| 5 | 文件输出 | 将图形以“全部缩放”方式显示，并以“平面图 1”为文件名保存至创建的文件夹中 |
| 6 | 任务注释 | 本任务中未注明单位的尺寸均以毫米（mm）为单位 |

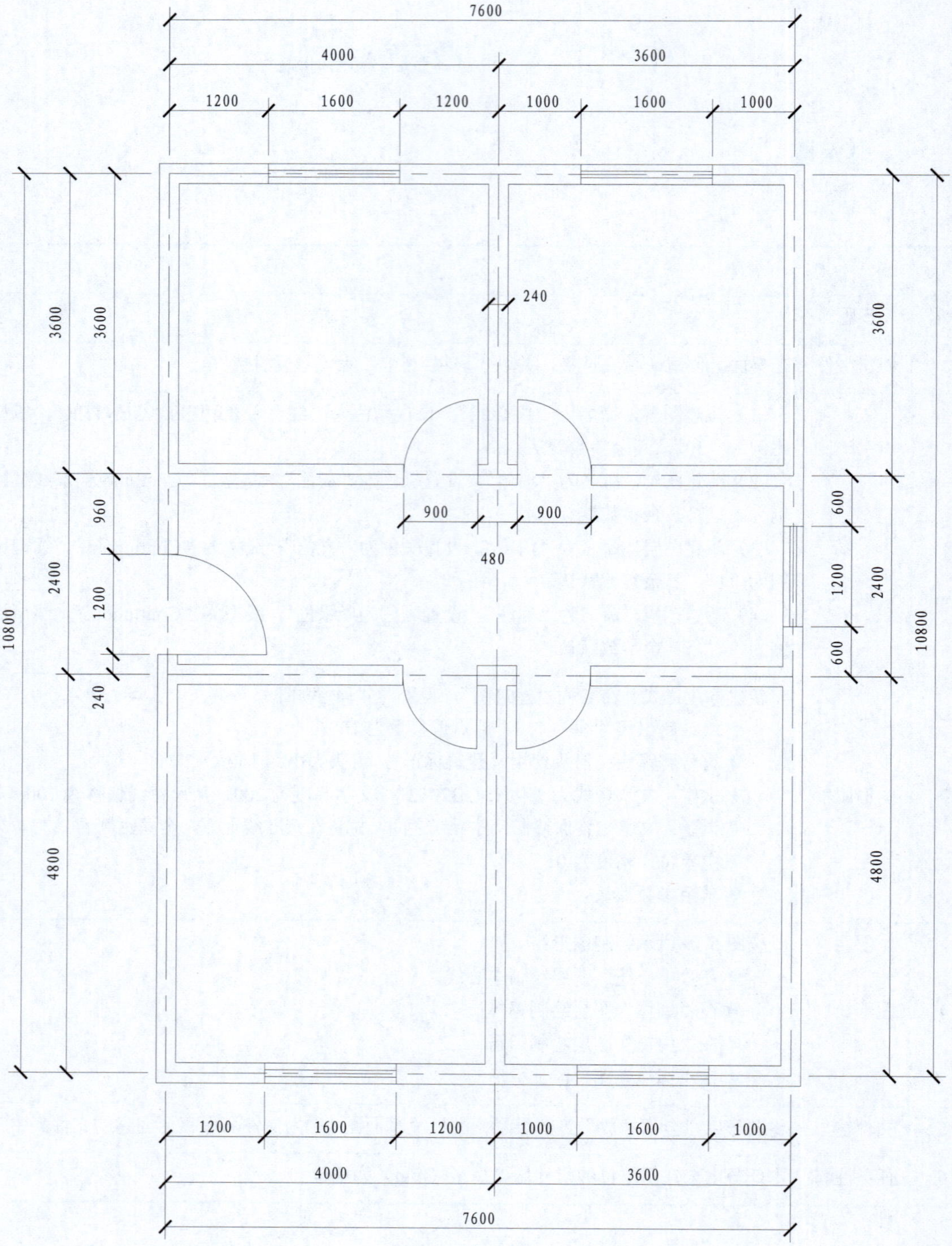
7600
4000
3600
1200
1600
1200
1000
1600
1000
240
3600
3600
3600
960
900
900
480
600
2400
1200
2400
10800
1200
10800
600
240
4800
4800
1200
1600
1200
1000
1600
1000
4000
3600
7600

图 5.19　平面图一

## （二）平面图二

| 任务单 | | |
|---|---|---|
| 序号 | 步骤 | 操作要求 |
| 1 | 创建文件 | 在桌面上创建一个文件夹，并以“班级–姓名”命名该文件夹 |
| 2 | 图层设置 | （1）新建图层，命名为“中心线”，设置颜色为“红色”，线型为“CENTER”，线型比例为“30”，其余参数默认。<br>（2）新建图层，命名为“墙体”，设置颜色为“灰色”，线型为“Continuous”，线型比例为“1”，其余参数默认。<br>（3）新建图层，命名为“门窗”，设置颜色为“青色”，线型为“Continuous”，线型比例为“1”，其余参数默认。<br>（4）新建图层，命名为“楼梯”，设置颜色为“黄色”，线型为“Continuous”，线型比例为“1”，其余参数默认。<br>（5）新建图层，命名为“柱子”，设置颜色为“黄色”，线型为“Continuous”，线型比例为“1”，其余参数默认。<br>（6）新建图层，命名为“散水”，设置颜色为“灰色”，线型为“Continuous”，线型比例为“1”，其余参数默认。<br>（7）新建图层，命名为“标注”，设置颜色为“绿色”，线型为“Continuous”，线型比例为“1”，其余参数默认 |
| 3 | 图形属性 | （1）新建标注样式，命名为“建筑图”，设置样式属性如下：<br>● 线：超出尺寸线为 150，起点偏移量为 100；<br>● 符号和箭头：箭头使用“建筑标记”，箭头大小为 150；<br>● 文字：文字样式为“仿宋-GB2312”，文字高度为 200，从尺寸线偏移为 50；<br>● 调整：文字始终保持在尺寸界线之间，位置在尺寸线上方（不带引线），全局比例为 1；<br>● 主单位：精度为 0；<br>● 其余参数默认。<br>（2）新建文字样式，命名为“建筑图”，设置字体为“仿宋-GB2312”，文字高度为 200，其余参数默认 |
| 4 | 图形绘制 | 按图 5.20 所示绘制图形：<br>● 在“中心线”图层绘制中心线；<br>● 在“墙体”图层绘制墙体及台阶；<br>● 在“门窗”图层绘制门窗；<br>● 在“楼梯”图层绘制楼梯；<br>● 在“柱子”图层绘制柱子并填充“SOLID”图案；<br>● 在“散水”图层绘制散水；<br>● 在“标注”图层添加标注 |
| 5 | 文件输出 | 将图形以“全部缩放”方式显示，并以“平面图 2”为文件名保存至刚才创建的文件夹中 |
| 6 | 任务注释 | 本任务中未注明单位的尺寸均以毫米（mm）为单位 |

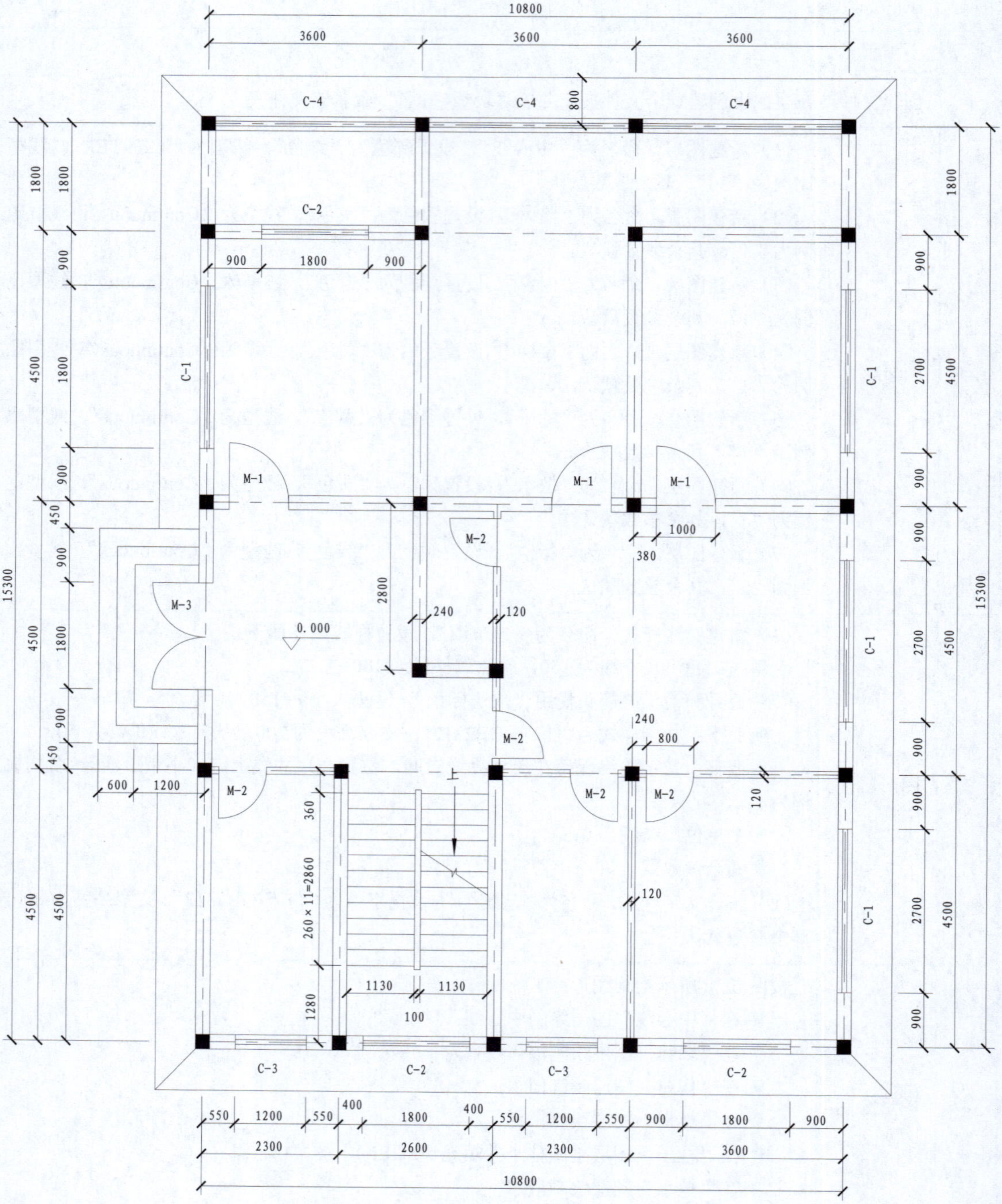
10800
3600
3600
3600
C-4
C-4
C-4
800
C-2
900
1800
900
C-1
C-1
C-1
C-1
M-1
M-1
M-1
M-2
M-2
M-2
M-2
M-2
M-3
1000
380
2800
240
120
0.000
240
800
120
120
600
1200
360
260×11=2860
1280
1130
1130
100
上
C-3
C-2
C-3
C-2
550
1200
550
400
1800
400
550
1200
550
900
1800
900
2300
2600
2300
3600
10800
1800
4500
15300
450
2700

图 5.20　平面图二

## （三）立面图

| 任　务　单 | | |
|---|---|---|
| 序号 | 步骤 | 操　作　要　求 |
| 1 | 创建文件 | 在桌面上创建一个文件夹，并以“班级–姓名”命名该文件夹 |
| 2 | 图层设置 | （1）新建图层，命名为“墙线”，设置颜色为“黄色”，线型为“Continuous”，线型比例为“1”，其余参数默认。<br>（2）新建图层，命名为“门窗”，设置颜色为“青色”，线型为“Continuous”，线型比例为“1”，其余参数默认。<br>（3）新建图层，命名为“屋盖”，设置颜色为“蓝色”，线型为“Continuous”，线型比例为“1”，其余参数默认。<br>（4）新建图层，命名为“勒脚”，设置颜色为“灰色”，线型为“Continuous”，线型比例为“1”，其余参数默认。<br>（5）新建图层，命名为“标注”，设置颜色为“绿色”，线型为“Continuous”，线型比例为“1”，其余参数默认 |
| 3 | 图形属性 | （1）新建标注样式，命名为“建筑图”，设置样式属性如下：<br>● 线：超出尺寸线为 150，起点偏移量为 100；<br>● 符号和箭头：箭头使用“建筑标记”，箭头大小为 150；<br>● 文字：文字样式为“仿宋-GB2312”，文字高度为 200，从尺寸线偏移为 100；<br>● 调整：文字始终保持在尺寸界线之间，位置在尺寸线上方（不带引线），全局比例为 1；<br>● 主单位：精度为 0；<br>● 其余参数默认。<br>（2）新建文字样式，命名为“建筑图”，设置字体为“仿宋-GB2312”，文字高度为 200，其余参数默认 |
| 4 | 图形绘制 | 按图 5.21 所示绘制图形：<br>● 在“墙线”图层绘制墙线；<br>● 在“门窗”图层绘制门窗；<br>● 在“屋盖”图层绘制屋盖；<br>● 在“勒脚”图层使用“ANS133”图案（比例 60）填充勒脚；<br>● 在“标注”图层添加标注 |
| 5 | 文件输出 | 将图形以“全部缩放”方式显示，并以“立面图”为文件名保存至创建的文件夹中 |
| 6 | 任务注释 | 本任务中未注明单位的尺寸均以毫米（mm）为单位 |

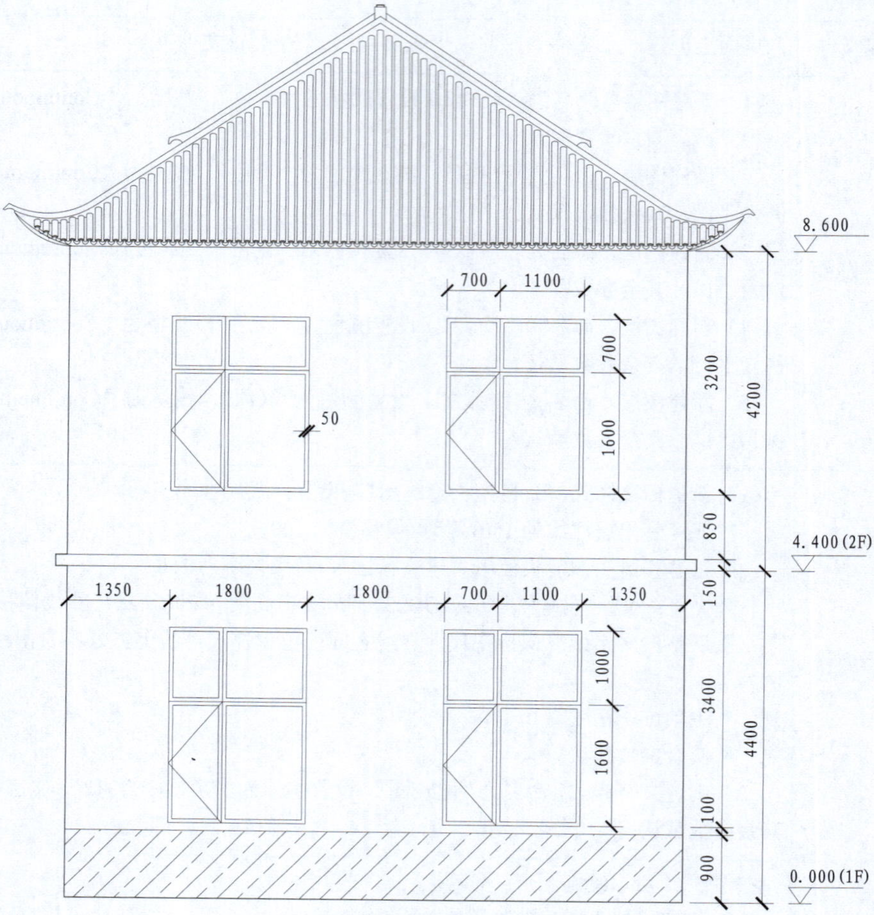
8.600
700
1100
700
3200
4200
50
1600
850
4.400 (2F)
1350
1800
1800
700
1100
1350
150
1000
3400
4400
1600
100
900
0.000 (1F)

图 5.21　立面图

## （四）楼梯图

| 任　务　单 | | |
|---|---|---|
| 序号 | 步骤 | 操　作　要　求 |
| 1 | 创建文件 | 在桌面上创建一个文件夹，并以“班级–姓名”命名该文件夹 |
| 2 | 图层设置 | （1）新建图层，命名为“中心线”，设置颜色为“红色”，线型为“CENTER”，线型比例为“15”，其余参数默认。<br>（2）新建图层，命名为“墙体”，设置颜色为“灰色”，线型为“Continuous”，线型比例为“1”，其余参数默认。<br>（3）新建图层，命名为“门窗”，设置颜色为“青色”，线型为“Continuous”，线型比例为“1”，其余参数默认。<br>（4）新建图层，命名为“楼梯”，设置颜色为“黄色”，线型为“Continuous”，线型比例为“1”，其余参数默认。<br>（5）新建图层，命名为“柱子”，设置颜色为“黄色”，线型为“Continuous”，线型比例为“1”，其余参数默认。<br>（6）新建图层，命名为“标注”，设置颜色为“绿色”，线型为“Continuous”，线型比例为“1”，其余参数默认 |
| 3 | 图形属性 | （1）新建标注样式，命名为“建筑图”，设置样式属性如下：<br>● 线：超出尺寸线为 150，起点偏移量为 100；<br>● 符号和箭头：箭头使用“建筑标记”，箭头大小为 150 mm；<br>● 文字：文字样式为“仿宋-GB2312”，文字高度为 200，从尺寸线偏移为 100；<br>● 调整：文字始终保持在尺寸界线之间，位置在尺寸线上方，全局比例为 1；<br>● 主单位：精度为 0；<br>● 其余参数默认。<br>（2）新建文字样式，命名为“建筑图”，设置字体为“仿宋-GB2312”，文字高度为 200，其余参数默认 |
| 4 | 图形绘制 | 按图 5.22 所示绘制图形：<br>● 在“中心线”图层绘制中心线；<br>● 在“墙体”图层绘制墙体；<br>● 在“门窗”图层绘制门窗；<br>● 在“楼梯”图层绘制楼梯；<br>● 在“柱子”图层绘制柱子；<br>● 在“标注”图层添加标注 |
| 5 | 文件输出 | 将图形以“全部缩放”方式显示，并以“楼梯图”为文件名保存至创建的文件夹中 |
| 6 | 任务注释 | 本任务中未注明单位的尺寸均以毫米（mm）为单位 |

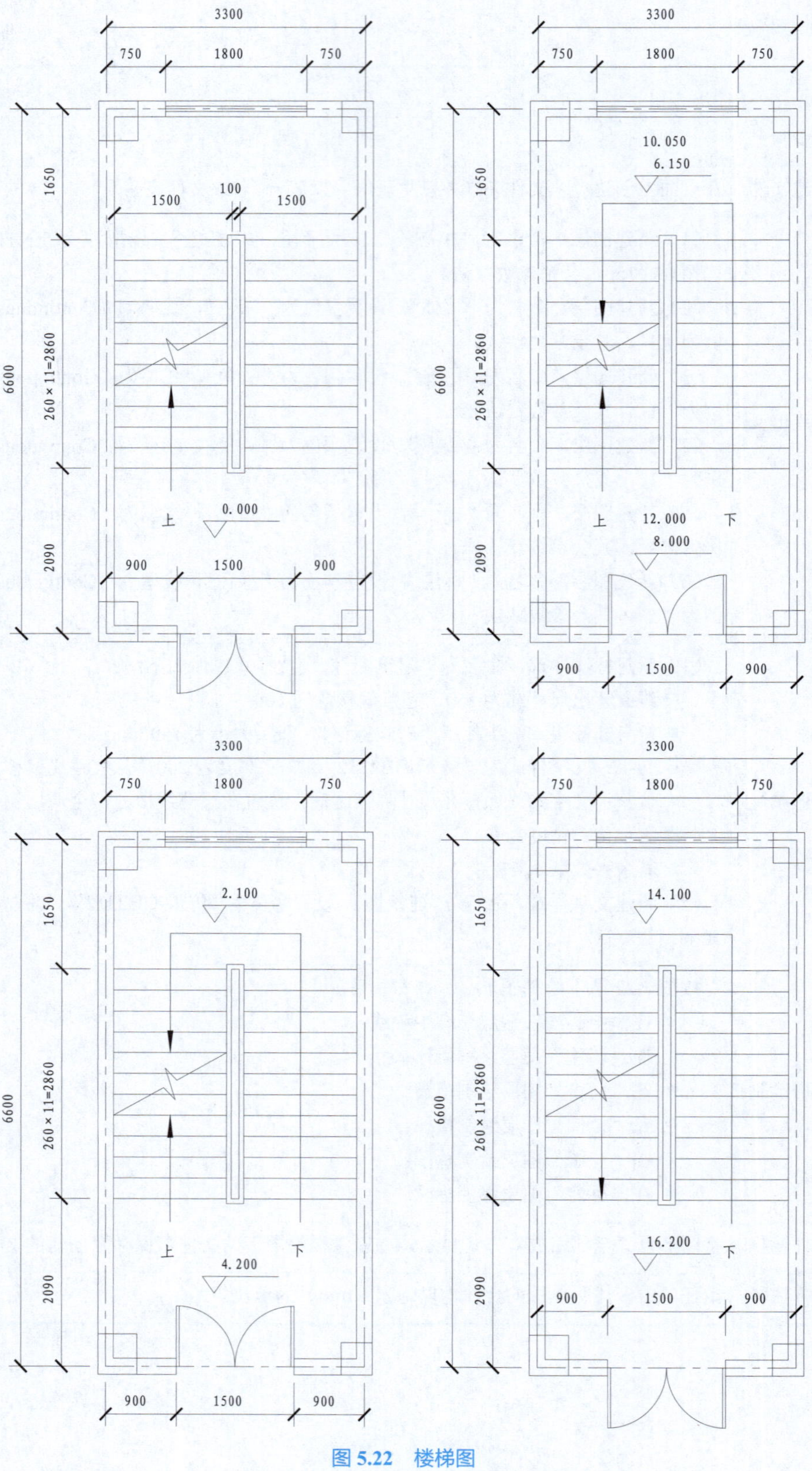
3300
750
1800
750
1650
100
1500
1500
6600
260×11=2860
上
0.000
2090
900
1500
900
3300
750
1800
750
10.050
6.150
1650
6600
260×11=2860
上
12.000
下
8.000
2090
900
1500
900
3300
750
1800
750
2.100
1650
6600
260×11=2860
上
下
4.200
2090
900
1500
900
3300
750
1800
750
14.100
1650
6600
260×11=2860
16.200
下
2090
900
1500
900

图 5.22　楼梯图

## （五）剖面图

<table>
<tr><th colspan="3">任 务 单</th></tr>
<tr><th>序号</th><th>步骤</th><th>操 作 要 求</th></tr>
<tr><td>1</td><td>创建文件</td><td>在桌面上创建一个文件夹，并以“班级–姓名”命名该文件夹</td></tr>
<tr><td>2</td><td>图层设置</td><td>（1）新建图层，命名为“中心线”，设置颜色为“红色”，线型为“CENTER”，线型比例为“20”，其余参数默认。<br>（2）新建图层，命名为“墙体”，设置颜色为“蓝色”，线型为“Continuous”，线型比例为“1”，其余参数默认。<br>（3）新建图层，命名为“门窗”，设置颜色为“青色”，线型为“Continuous”，线型比例为“1”，其余参数默认。<br>（4）新建图层，命名为“楼梯”，设置颜色为“黄色”，线型为“Continuous”，线型比例为“1”，其余参数默认。<br>（5）新建图层，命名为“栏杆”，设置颜色为“灰色”，线型为“Continuous”，线型比例为“1”，其余参数默认。<br>（6）新建图层，命名为“标注”，设置颜色为“绿色”，线型为“Continuous”，线型比例为“1”，其余参数默认</td></tr>
<tr><td>3</td><td>图形属性</td><td>（1）新建标注样式，命名为“建筑图”，设置样式属性如下：<br>● 线：超出尺寸线为 150，起点偏移量为 100；<br>● 符号和箭头：箭头使用“建筑标记”，箭头大小为 150；<br>● 文字：文字样式为“仿宋-GB2312”，文字高度为 200，从尺寸线偏移为 100；<br>● 调整：文字始终保持在尺寸界线之间，位置在尺寸线上方（不带引线），全局比例为 1；<br>● 主单位：精度为 0；<br>● 其余参数默认。<br>（2）新建文字样式，命名为“建筑图”，设置字体为“仿宋-GB2312”，文字高度为 200，其余参数默认</td></tr>
<tr><td>4</td><td>图形绘制</td><td>按图 5.23 所示绘制图形：<br>● 在“中心线”图层绘制中心线；<br>● 在“墙体”图层绘制墙体；<br>● 在“门窗”图层绘制门窗；<br>● 在“楼梯”图层绘制楼梯；<br>● 在“栏杆”图层绘制栏杆；<br>● 在“标注”图层添加标注</td></tr>
<tr><td>5</td><td>文件输出</td><td>将图形以“全部缩放”方式显示，并以“剖面图”为文件名保存至创建的文件夹中</td></tr>
<tr><td>6</td><td>任务注释</td><td>本任务中未注明单位的尺寸均以毫米（mm）为单位</td></tr>
</table>

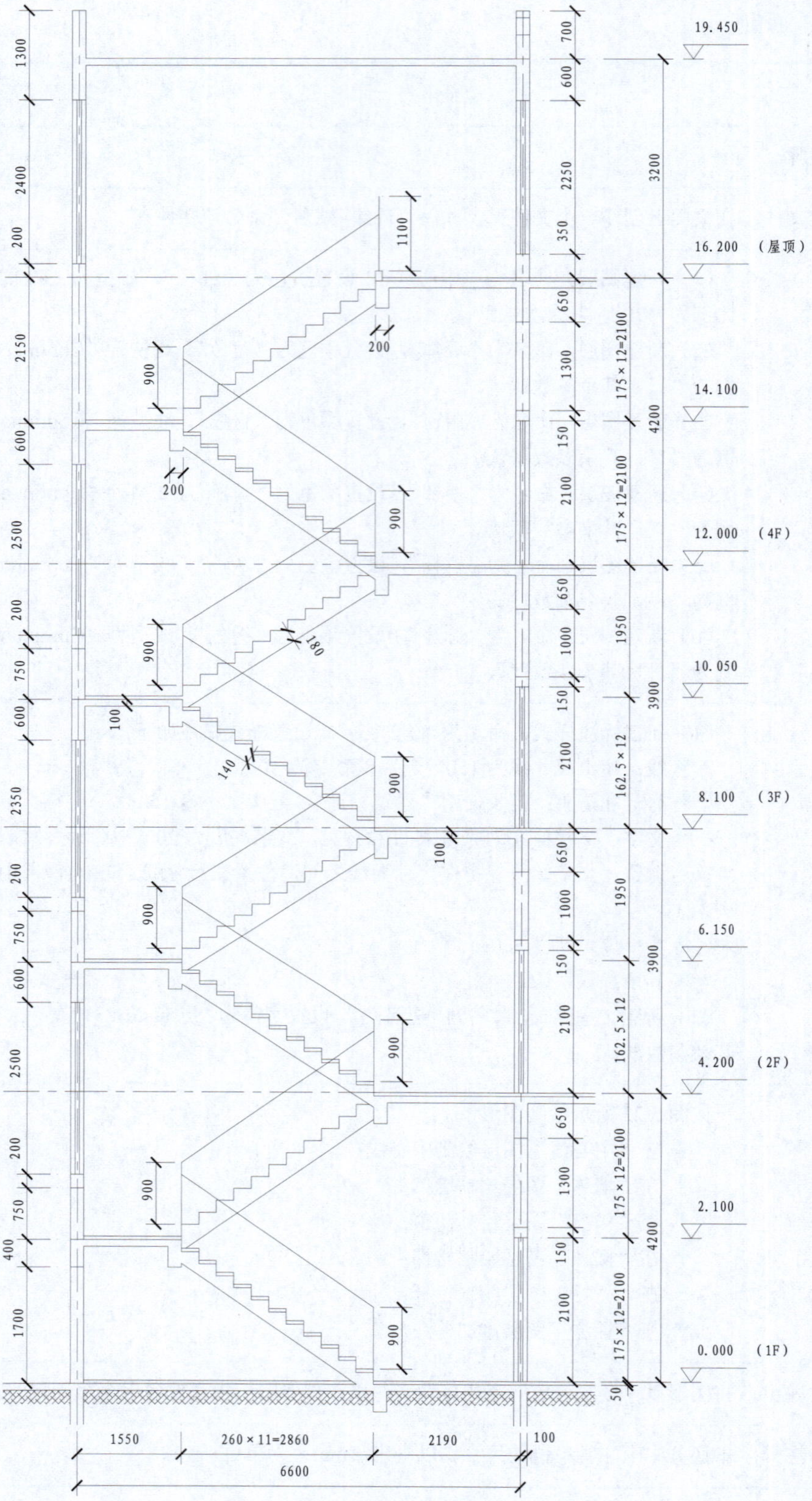
19.450
16.200 （屋顶）
14.100
12.000 （4F）
10.050
8.100 （3F）
6.150
4.200 （2F）
2.100
0.000 （1F）
175×12=2100
162.5×12
1550
260×11=2860
2190
100
6600

图 5.23 剖面图

## （六）女儿墙大样图

| 任务单 | | |
|---|---|---|
| 序号 | 步骤 | 操作要求 |
| 1 | 创建文件 | 在桌面上创建一个文件夹，并以“班级–姓名”命名该文件夹 |
| 2 | 图层设置 | （1）新建图层，命名为“中心线”，设置颜色为“红色”，线型为“CENTER”，线型比例为“10”，其余参数采用默认值。<br>（2）新建图层，命名为“结构”，设置颜色为“黄色”，线型为“Continuous”，线型比例为“1”，其余参数采用默认值。<br>（3）新建图层，命名为“其他图线”，设置颜色为“蓝色”，线型为“Continuous”，线型比例为“1”，其余参数采用默认值。<br>（4）新建图层，命名为“填充”，设置颜色为“灰色”，线型为“Continuous”，线型比例为“1”，其余参数采用默认值。<br>（5）新建图层，命名为“标注”，设置颜色为“绿色”，线型为“Continuous”，线型比例为“1”，其余参数采用默认值 |
| 3 | 图形属性 | （1）新建标注样式，命名为“建筑大样图”，设置样式属性如下：<br>● 线：超出尺寸线为 50，起点偏移量为 50；<br>● 符号和箭头：箭头使用“建筑标记”，箭头大小为 30；<br>● 文字：文字样式为“仿宋-GB2312”，文字高度为 50，从尺寸线偏移为 30；<br>● 调整：文字始终保持在尺寸界线之间，位置在尺寸线上方，全局比例为 1；<br>● 主单位：精度为 0；<br>● 其余参数默认。<br>（2）新建文字样式，命名为“建筑大样图”，设置字体为“仿宋-GB2312”，文字高度为 50，其余参数默认 |
| 4 | 图形绘制 | 按图 5.24 所示绘制图形（部分细节尺寸自拟）：<br>● 在“中心线”图层绘制中心线；<br>● 在“结构”图层绘制结构；<br>● 在“其他图线”图层绘制其他图线；<br>● 在“填充”图层以合适比例填充相应图案；<br>● 在“标注”图层添加标注 |
| 5 | 文件输出 | 将图形以“全部缩放”方式显示，并以“女儿墙大样图”为文件名保存至创建的文件夹中 |
| 6 | 任务注释 | 本任务中未注明单位的尺寸均以毫米（mm）为单位 |

## 二、结构图

### （一）梁图

| 任 务 单 | | |
|---|---|---|
| 序号 | 步骤 | 操 作 要 求 |
| 1 | 创建文件 | 在桌面上创建一个文件夹，并以“班级–姓名”命名该文件夹 |
| 2 | 图层设置 | （1）新建图层，命名为“中心线”，设置颜色为“红色”，线型为“CENTER”，线型比例为“20”，其余参数默认。<br>（2）新建图层，命名为“梁体”，设置颜色为“蓝色”，线型为“Continuous”，线型比例为“1”，其余参数默认。<br>（3）新建图层，命名为“剪力墙”，设置颜色为“绿色”，线型为“Continuous”，线型比例为“1”，其余参数默认。<br>（4）新建图层，命名为“填充”，设置颜色为“黄色”，线型为“Continuous”，线型比例为“1”，其余参数默认。<br>（5）新建图层，命名为“标注”，设置颜色为“绿色”，线型为“Continuous”，线型比例为“1”，其余参数默认 |
| 3 | 图形属性 | （1）新建标注样式，命名为“结构图”，设置样式属性如下：<br>● 线：超出尺寸线为 150，起点偏移量为 100；<br>● 符号和箭头：箭头使用“建筑标记”，箭头大小为 150；<br>● 文字：文字样式为“tssdeng.shx”，文字高度为 200，从尺寸线偏移为 100；<br>● 调整：文字始终保持在尺寸界线之间，位置在尺寸线上方，全局比例为 1；<br>● 主单位：精度为 0；<br>● 其余参数默认。<br>（2）新建文字样式，命名为“结构图”，设置字体为“tssdeng.shx”，文字高度为 200，其余参数默认 |
| 4 | 图形绘制 | 按图 5.25 所示绘制图形：<br>● 在“中心线”图层绘制中心线；<br>● 在“梁体”图层绘制梁体；<br>● 在“剪力墙”图层绘制剪力墙；<br>● 在“填充”图层使用“ANSI31”图案（比例为 80）和“AR-CONC”图案（比例为 3）填充剪力墙；<br>● 在“标注”图层添加标注 |
| 5 | 文件输出 | 将图形以“全部缩放”方式显示，并以“梁图”为文件名保存至创建的文件夹中 |
| 6 | 任务注释 | 本任务中未注明单位的尺寸均以毫米（mm）为单位 |

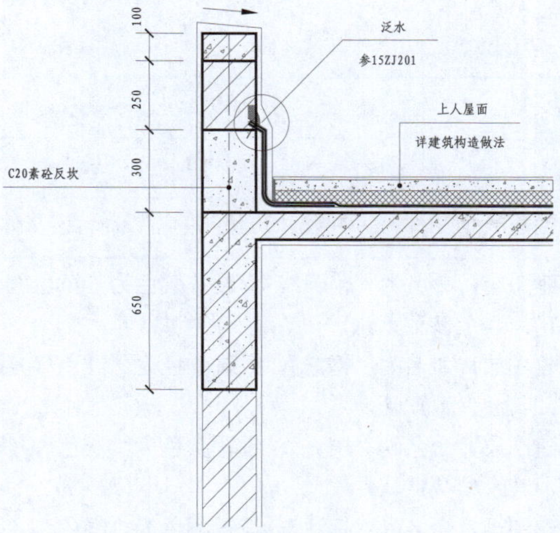


图 5.24　女儿墙大样图

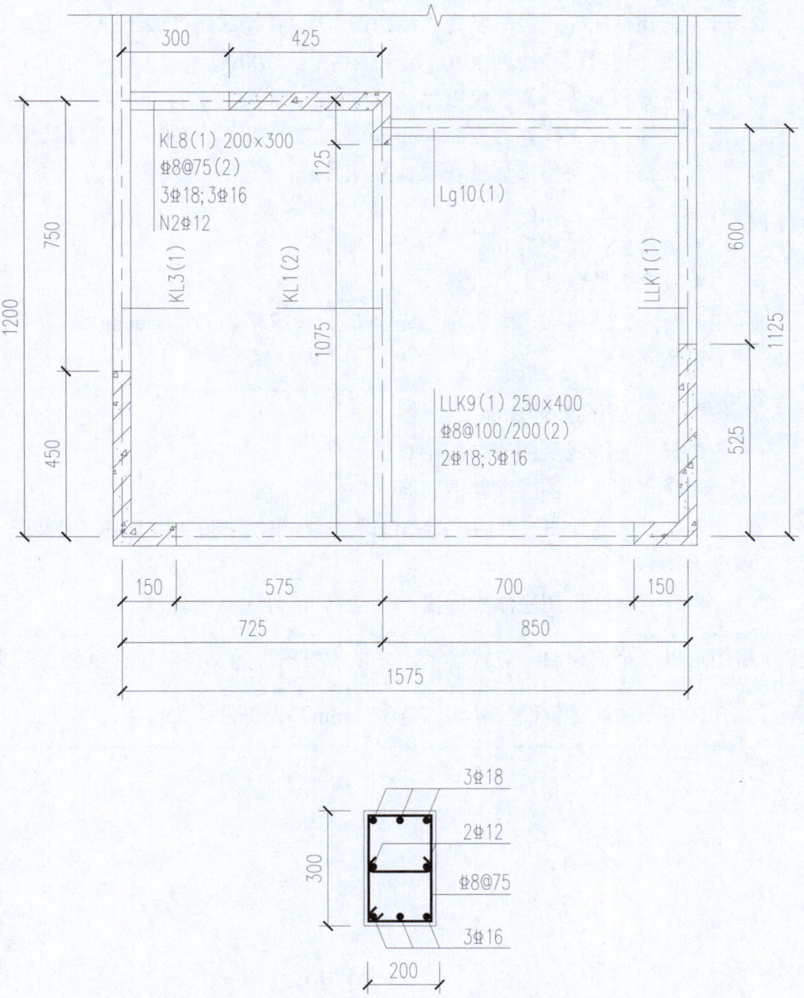


图 5.25　梁图

## （二）板图

| 任 务 单 | | |
|---|---|---|
| 序号 | 步骤 | 操 作 要 求 |
| 1 | 创建文件 | 在桌面上创建一个文件夹，并以“班级–姓名”命名该文件夹 |
| 2 | 图层设置 | （1）新建图层，命名为“轮廓线”，设置颜色为“黄色”，线型为“Continuous”，线型比例为“1”，其余参数默认。<br>（2）新建图层，命名为“钢筋”，设置颜色为“红色”，线型为“Continuous”，线型比例为“1”，其余参数默认。<br>（3）新建图层，命名为“填充”，设置颜色为“灰色”，线型为“Continuous”，线型比例为“1”，其余参数默认。<br>（4）新建图层，命名为“标注”，设置颜色为“绿色”，线型为“Continuous”，线型比例为“1”，其余参数默认 |
| 3 | 图形属性 | （1）新建标注样式，命名为“结构图”，设置样式属性如下：<br>● 线：超出尺寸线为150，起点偏移量为100；<br>● 符号和箭头：箭头使用“建筑标记”，箭头大小为150；<br>● 文字：文字样式为“tssdeng.shx”，文字高度为200，从尺寸线偏移为100；<br>● 调整：文字始终保持在尺寸界线之间，位置在尺寸线上方（不带引线），全局比例为1；<br>● 主单位：精度为0；<br>● 其余参数默认。<br>（2）新建文字样式，命名为“结构图”，设置字体为“tssdeng.shx”，文字高度为200，其余参数默认 |
| 4 | 图形绘制 | 按图5.26所示绘制图形：<br>● 在“轮廓线”图层绘制轮廓线；<br>● 在“钢筋”图层绘制钢筋；<br>● 在“填充”图层使用“ANSI31”图案（比例80）和“AR-CONC”图案（比例3）填充梁体和板体；<br>● 在“标注”图层添加标注 |
| 5 | 文件输出 | 将图形以“全部缩放”方式显示，并以“板图”为文件名保存至创建的文件夹中 |
| 6 | 任务注释 | 本任务中未注明单位的尺寸均以毫米（mm）为单位 |

## （三）柱图

<table>
<tr><th colspan="3">任　务　单</th></tr>
<tr><th>序号</th><th>步骤</th><th>操　作　要　求</th></tr>
<tr><td>1</td><td>创建文件</td><td>在桌面上创建一个文件夹，并以“班级–姓名”命名该文件夹</td></tr>
<tr><td>2</td><td>图层设置</td><td>（1）新建图层，命名为“中心线”，设置颜色为“红色”，线型为“CENTER”，线型比例为“20”，其余参数默认。<br>（2）新建图层，命名为“轮廓线”，设置颜色为“灰色”，线型为“Continuous”，线型比例为“1”，其余参数默认。<br>（3）新建图层，命名为“钢筋”，设置颜色为“红色”，线型为“Continuous”，线型比例为“1”，其余参数默认。<br>（4）新建图层，命名为“标注”，设置颜色为“绿色”，线型为“Continuous”，线型比例为“1”，其余参数默认</td></tr>
<tr><td>3</td><td>图形属性</td><td>（1）新建标注样式，命名为“结构图”，设置样式属性如下：<br>● 线：超出尺寸线为 150，起点偏移量为 100；<br>● 符号和箭头：箭头使用“建筑标记”，箭头大小为 150；<br>● 文字：文字样式为“tssdeng.shx”，文字高度为 200，从尺寸线偏移为 100；<br>● 调整：文字始终保持在尺寸界线之间，位置在尺寸线上方（不带引线），全局比例为 1；<br>● 主单位：精度为 0；<br>● 其余参数默认。<br>（2）新建文字样式，命名为“结构图”，设置字体为“tssdeng.shx”，文字高度为 200，其余参数默认</td></tr>
<tr><td>4</td><td>图形绘制</td><td>按图 5.27 所示绘制图形：<br>● 在“中心线”图层绘制中心线；<br>● 在“轮廓线”图层绘制轮廓线；<br>● 在“钢筋”图层绘制钢筋；<br>● 在“标注”图层添加标注；<br>● 将图形以“全部缩放”方式显示，并以“柱图”为文件名保存至创建的文件夹中</td></tr>
<tr><td>5</td><td>文件输出</td><td>将完成的图形以“全部缩放”的形式显示，并以“柱状图”为文件名保存至所创建的文件夹</td></tr>
<tr><td>6</td><td>任务注释</td><td>本任务中未注明单位的尺寸均以毫米（mm）为单位</td></tr>
</table>

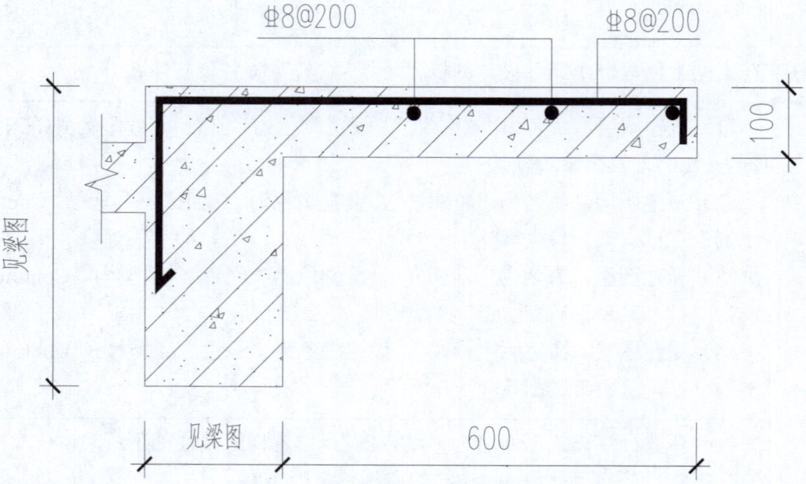


图 5.26　板图

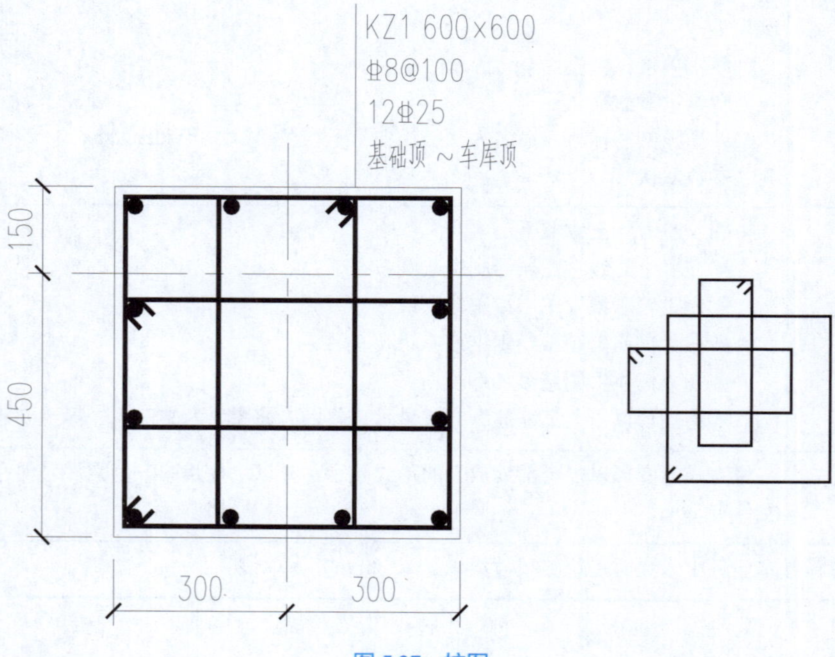


图 5.27　柱图

# 任务三 交通工程图形实践

## 一、铁路图

### （一）铁路标志图

| 任务单 | | |
|---|---|---|
| 序号 | 步骤 | 操作要求 |
| 1 | 创建文件 | 在桌面上创建一个文件夹，并以“班级–姓名”命名该文件夹 |
| 2 | 图层设置 | （1）新建图层，命名为“中心线”，设置颜色为“红色”，线型为“CENTER”，线型比例为“0.1”，其他参数均为默认值。<br>（2）新建图层，命名为“轮廓线”，设置颜色为“灰色”，线型为“Continuous”，线型比例为“1”，其他参数均为默认值。<br>（3）新建图层，命名为“标注”，设置颜色为“绿色”，线型为“Continuous”，线型比例为“1”，其他参数均为默认值 |
| 3 | 图形属性 | 新建标注样式，命名为“铁路标志图”，设置样式属性如下：<br>●线：超出尺寸线为“1”，起点偏移量为“1”；<br>●符号和箭头：箭头均采用“实心闭合”，箭头大小为“1.5”；<br>●文字：文字样式为“仿宋-GB2312”，文字高度为“1.5”，从尺寸线偏移为“1”；<br>●调整：文字始终保持在尺寸界线之间，文字位置在尺寸线上方，不带引线，使用全部比例为“1”；<br>●主单位：精度为 0；<br>●其余参数默认 |
| 4 | 图形绘制 | 按图 5.28 所示绘制图形：<br>●在“中心线”图层绘制中心线；<br>●在“轮廓线”图层绘制轮廓线；<br>●在“标注”图层添加标注 |
| 5 | 文件输出 | 将完成的图形以“全部缩放”的形式显示，并以“铁路标志图”为文件名保存至所创建的文件夹 |
| 6 | 任务注释 | 本任务中未注明单位的尺寸均以毫米（mm）为单位 |

## （二）钢轨廓形图

| 任务单 | | |
|---|---|---|
| 序号 | 步骤 | 操作要求 |
| 1 | 创建文件 | 在桌面上创建一个文件夹，并以“班级–姓名”命名该文件夹 |
| 2 | 图层设置 | （1）新建图层，命名为“中心线”，设置颜色为“红色”，线型为“CENTER”，线型比例为“0.1”，其他参数均为默认值。<br>（2）新建图层，命名为“轮廓线”，设置颜色为“灰色”，线型为“Continuous”，线型比例为“1”，其他参数均为默认值。<br>（3）新建图层，命名为“标注”，设置颜色为“绿色”，线型为“Continuous”，线型比例为“1”，其他参数均为默认值 |
| 3 | 图形属性 | （1）新建标注样式，命名为“铁路标志图”，设置样式属性如下：<br>● 线：超出尺寸线为“2”，起点偏移量为“3”；<br>● 符号和箭头：箭头均采用“实心闭合”，箭头大小为“3”；<br>● 文字：文字样式为“仿宋-GB2312”，文字高度为“3”，从尺寸线偏移为“1”；<br>● 调整：文字始终保持在尺寸界线之间，文字位置在尺寸线上方，不带引线，使用全部比例为“1”；<br>● 主单位：精度为0；<br>● 其余参数默认。<br>（2）新建文字样式，命名为“铁路标志图”，设置字体为“仿宋-GB2312”，文字高度为“3”，其他参数均为默认值 |
| 4 | 图形绘制 | 按图5.29所示绘制图形：<br>● 在“中心线”图层绘制中心线；<br>● 在“轮廓线”图层绘制轮廓线；<br>● 在“标注”图层添加标注 |
| 5 | 文件输出 | 将完成的图形以“全部缩放”的形式显示，并以“钢轨廓形图”为文件名保存至所创建的文件夹 |
| 6 | 任务注释 | 本任务中未注明单位的尺寸均以毫米（mm）为单位 |

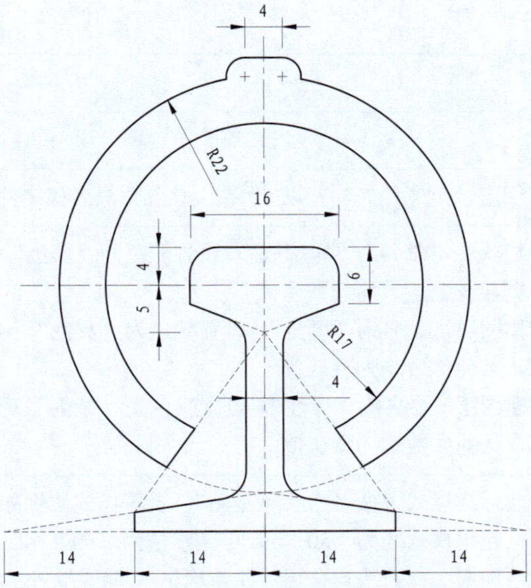


图 5.28 铁路标志图

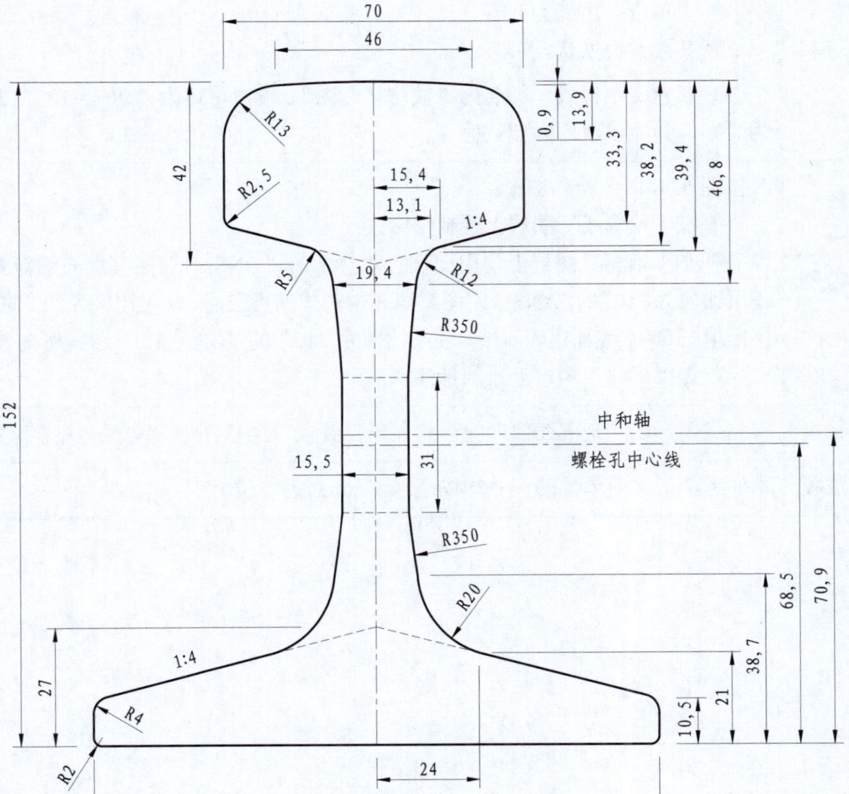


图 5.29 钢轨廓形图

## （三）路基图

| 任　务　单 | | |
|---|---|---|
| 序号 | 步骤 | 操　作　要　求 |
| 1 | 创建文件 | 在桌面上创建一个文件夹，并以“班级–姓名”命名该文件夹 |
| 2 | 图层设置 | （1）新建图层，命名为“轮廓线”，设置颜色为“灰色”，线型为“Continuous”，线型比例为“1”，其他参数均为默认值。<br>（2）新建图层，命名为“填充”，设置颜色为“灰色”，线型为“Continuous”，线型比例为“1”，其他参数均为默认值。<br>（3）新建图层，命名为“标注”，设置颜色为“绿色”，线型为“Continuous”，线型比例为“1”，其他参数均为默认值 |
| 3 | 图形属性 | （1）新建标注样式，命名为“路基图”，设置样式属性如下：<br>● 线：超出尺寸线为“50”，起点偏移量为“50”；<br>● 符号和箭头：箭头均采用“建筑标记”，箭头大小为“50”；<br>● 文字：文字样式为“仿宋-GB2312”，文字高度为“50”，从尺寸线偏移为“30”；<br>● 调整：文字始终保持在尺寸界线之间，文字位置在尺寸线上方，不带引线，使用全部比例为“1”；<br>● 主单位：精度为0；<br>● 其余参数默认。<br>（2）新建文字样式，命名为“铁路标志图”，设置字体为“仿宋-GB2312”，文字高度为“3”，其他参数均为默认值 |
| 4 | 图形绘制 | 按图5.30所示绘制图形：<br>● 在“轮廓线”图层上绘制轮廓线；<br>● 在“填充”图层上使用比例为“10”的“ANSI37”图案填充细粒式沥青砼层，使用比例为“10”的“ANSI31”图案填充中粒式沥青砼层，使用比例为“1”的“AR-CONC”图案填充5%水泥稳定碎石层，使用比例为“10”的“GRAVEL”图案填充未筛分碎石层；<br>● 在“标注”图层上绘制标注 |
| 5 | 文件输出 | 将完成图形以“全部缩放”的形式显示，并以“路基图”为文件名保存至所创文件夹 |
| 6 | 任务注释 | 本任务中未注明单位的尺寸均以毫米（mm）为单位 |

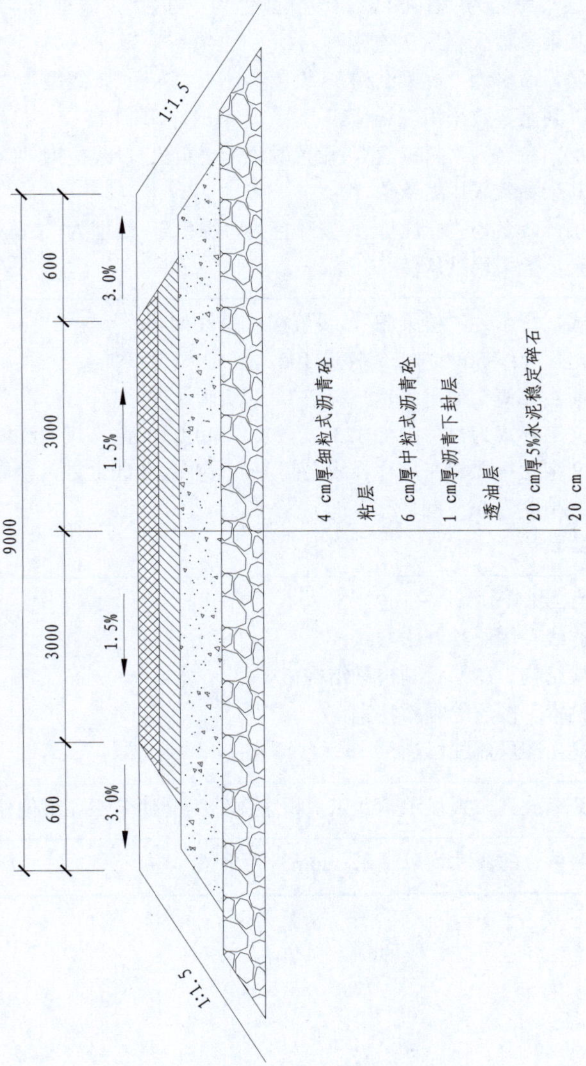

9000
600
3000
3000
600
3.0%
1.5%
1.5%
3.0%
1:1.5
1:1.5
4 cm厚细粒式沥青砼
粘层
6 cm厚中粒式沥青砼
1 cm厚沥青下封层
透油层
20 cm厚5%水泥稳定碎石
20 cm


图 5.30　路基图

## （四）桥梁图

| 任　务　单 | | |
|---|---|---|
| 序号 | 步骤 | 操　作　要　求 |
| 1 | 创建文件 | 在桌面上创建一个文件夹，并以“班级–姓名”命名该文件夹 |
| 2 | 图层设置 | （1）新建图层，命名为“中心线”，设置颜色为“红色”，线型为“CENTER”，线型比例为“5”，其余参数采用默认值。<br>（2）新建图层，命名为“桥梁结构”，设置颜色为“灰色”，线型为“Continuous”，线型比例为“1”，其余参数采用默认值。<br>（3）新建图层，命名为“斜拉索”，设置颜色为“黄色”，线型为“Continuous”，线型比例为“1”，其余参数采用默认值。<br>（4）新建图层，命名为“标注”，设置颜色为“绿色”，线型为“Continuous”，线型比例为“1”，其余参数采用默认值 |
| 3 | 图形属性 | 新建标注样式，命名为“桥梁图”，设置样式属性如下：<br>● 线：超出尺寸线 50，起点偏移量 100；<br>● 符号和箭头：箭头使用“建筑标记”，箭头大小 50；<br>● 文字：文字样式为“仿宋-GB2312”，文字高度 100，从尺寸线偏移 50；<br>● 调整：文字始终保持在尺寸界线之间，位置在尺寸线上方，全局比例为 1；<br>● 主单位：精度为 0；<br>● 其余参数默认 |
| 4 | 图形绘制 | 按图 5.31 所示绘制图形：<br>● 在“中心线”图层绘制中心线；<br>● 在“桥梁结构”图层绘制桥梁结构；<br>● 在“斜拉索”图层绘制斜拉索；<br>● 在“标注”图层添加标注 |
| 5 | 文件输出 | 将图形以“全部缩放”方式显示，并以“桥梁图”为文件名保存至创建的文件夹中 |
| 6 | 任务注释 | 本任务中未注明单位的尺寸均以毫米（mm）为单位 |

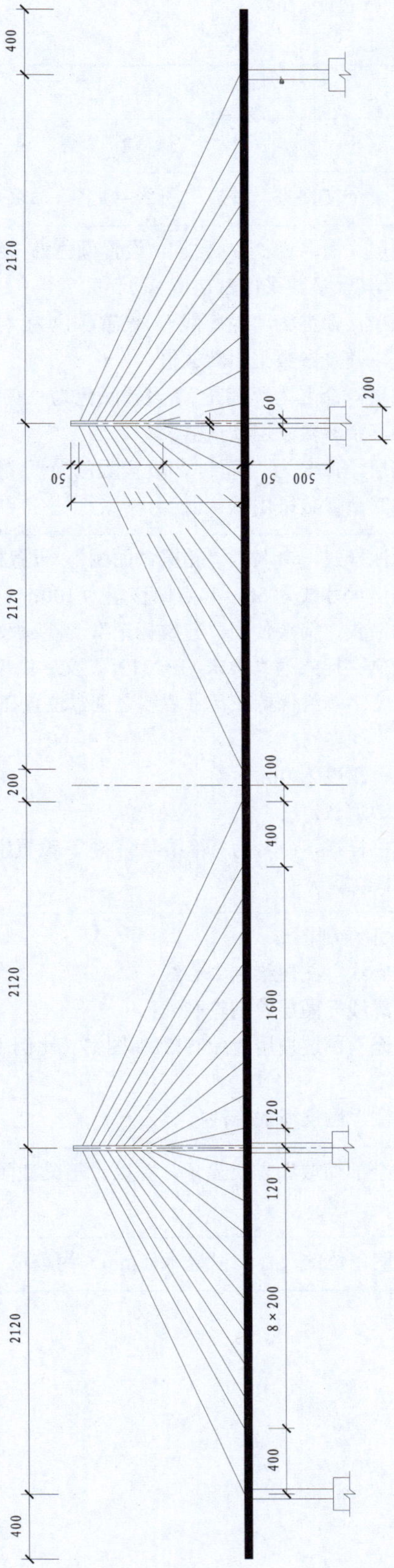
400
2120
60
200
50
50
500
2120
100
200
400
2120
1600
120
120
8×200
2120
400
400

图 5.31　桥梁图

## （五）箱梁截面图

| 任务单 | | |
|---|---|---|
| 序号 | 步骤 | 操作要求 |
| 1 | 创建文件 | 在桌面上创建一个文件夹，并以“班级–姓名”命名该文件夹 |
| 2 | 图层设置 | （1）新建图层，命名为“中心线”，设置颜色为“红色”，线型为“CENTER”，线型比例为“10”，其余参数采用默认值。<br>（2）新建图层，命名为“轮廓线”，设置颜色为“灰色”，线型为“Continuous”，线型比例为“1”，其余参数采用默认值。<br>（3）新建图层，命名为“填充”，设置颜色为“灰色”，线型为“Continuous”，线型比例为“1”，其余参数采用默认值。<br>（4）新建图层，命名为“标注”，设置颜色为“绿色”，线型为“Continuous”，线型比例为“1”，其余参数采用默认值 |
| 3 | 图形属性 | （1）新建标注样式，命名为“箱梁截面图”，设置样式属性如下：<br>● 线：超出尺寸线为50，起点偏移量为100；<br>● 符号和箭头：箭头使用“建筑标记”，箭头大小为50；<br>● 文字：文字样式为“仿宋-GB2312”，文字高度为100，从尺寸线偏移为100；<br>● 调整：文字始终保持在尺寸界线之间，位置在尺寸线上方（不带引线），全局比例为1；<br>● 主单位：精度为0；<br>● 其余参数默认。<br>（2）新建文字样式，命名为“箱梁截面图”，设置字体为“仿宋-GB2312”，文字高度为100，其余参数默认 |
| 4 | 图形绘制 | 按图5.32所示绘制图形：<br>● 在“中心线”图层绘制中心线；<br>● 在“轮廓线”图层绘制轮廓线；<br>● 在“填充”图层使用“ANSI31”图案（比例20）和“AR-CONC”图案（比例1.5）填充截面；<br>● 在“标注”图层添加标注 |
| 5 | 文件输出 | 将图形以“全部缩放”方式显示，并以“箱梁截面图”为文件名保存至创建的文件夹中 |
| 6 | 任务注释 | 本任务中未注明单位的尺寸均以毫米（mm）为单位 |

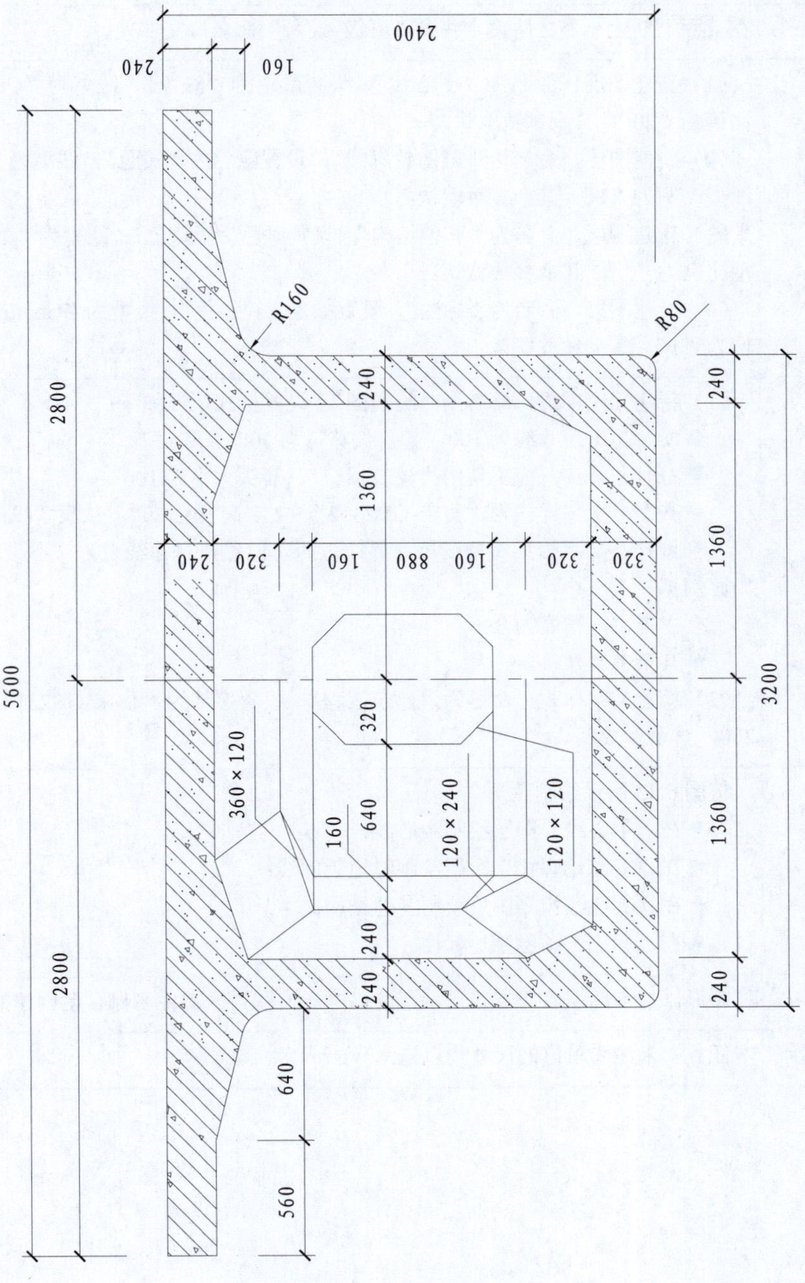
2400
240
160
R160
R80
2800
5600
240
1360
240
320
160
880
160
320
320
1360
3200
320
360×120
640
160
120×240
120×120
1360
240
240
240
2800
640
560

图 5.32　箱梁截面图

## （六）隧道图

| 任 务 单 | | |
|---|---|---|
| 序号 | 步骤 | 操 作 要 求 |
| 1 | 创建文件 | 在桌面上创建一个文件夹，并以“班级–姓名”命名该文件夹 |
| 2 | 图层设置 | （1）新建图层，命名为“中心线”，设置颜色为“红色”，线型为“CENTER”，线型比例为“20”，其余参数默认。<br>（2）新建图层，命名为“隧道轮廓线”，设置颜色为“黄色”，线型为“Continuous”，线型比例为“1”，其余参数默认。<br>（3）新建图层，命名为“其他结构”，设置颜色为“灰色”，线型为“Continuous”，线型比例为“1”，其余参数默认。<br>（4）新建图层，命名为“标注”，设置颜色为“绿色”，线型为“Continuous”，线型比例为“1”，其余参数默认 |
| 3 | 图形属性 | （1）新建标注样式，命名为“隧道图”，设置样式属性如下：<br>● 线：超出尺寸线为100，起点偏移量为100；<br>● 符号和箭头：箭头使用“建筑标记”，箭头大小为100；<br>● 文字：文字样式为“仿宋-GB2312”，文字高度为200，从尺寸线偏移为100；<br>● 调整：文字始终保持在尺寸界线之间，位置在尺寸线上方（不带引线），使用全局比例1；<br>● 主单位：精度为0；<br>● 其余参数默认。<br>（2）新建文字样式，命名为“建筑工程”，设置字体为“仿宋-GB2312”，文字高度为200，其余参数默认 |
| 4 | 图形绘制 | 按图5.33所示绘制图形：<br>● 在“中心线”图层绘制中心线；<br>● 在“隧道轮廓线”图层绘制隧道轮廓线；<br>● 在“其他结构”图层绘制其他结构；<br>● 在“标注”图层添加标注 |
| 5 | 文件输出 | 将图形以“全部缩放”方式显示，并以“隧道图”为文件名保存至创建的文件夹中 |
| 6 | 任务注释 | 本任务中未注明单位的尺寸均以毫米（mm）为单位 |

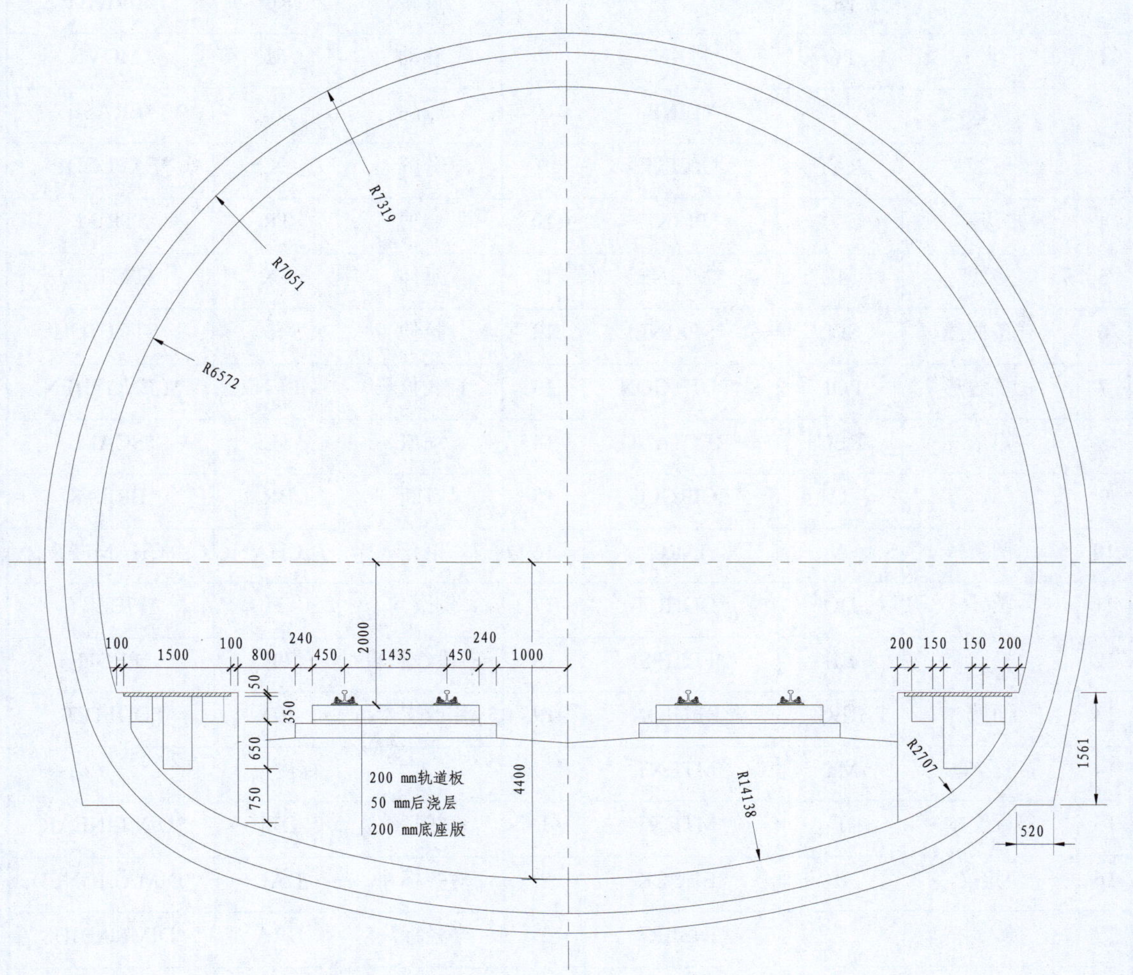
R7319
R7051
R6572
100
1500
100
800
240
450
2000
1435
240
450
1000
200
150
150
200
50
350
650
750
200 mm轨道板
50 mm后浇层
200 mm底座版
4400
R14138
R2707
1561
520

图 5.33　隧道图

# 附录A　常见命令快捷键

| | | | | | | | |
|---|---|---|---|---|---|---|---|
| 绘图 | | | | 6 | 旋转 | RO | *ROTATE |
| 1 | 点 | PO | *POINT | 7 | 移动 | M | *MOVE |
| 2 | 直线 | L | *LINE | 8 | 删除 | E | *ERASE |
| 3 | 射线 | RAY | *XLINE | 9 | 分解 | X | *EXPLODE |
| 4 | 多段线 | PL | *PLINE | 10 | 修剪 | TR | *TRIM |
| 5 | 多线 | ML | *MLINE | 11 | 延伸 | EX | *EXTEND |
| 6 | 样条曲线 | SPL | *SPLINE | 12 | 拉伸 | S | *STRETCH |
| 7 | 正多边形 | POL | *POLYGON | 13 | 直线拉长 | LEN | *LENGTHEN |
| 8 | 矩形 | REC | *RECTANG | 14 | 缩放 | SC | *SCALE |
| 9 | 圆 | C | *CIRCLE | 15 | 打断 | BR | *BREAK |
| 10 | 圆弧 | A | *ARC | 16 | 倒角 | CHA | *CHAMFER |
| 11 | 圆环 | DO | *DONUT | 17 | 倒圆角 | F | *FILLET |
| 12 | 椭圆 | EL | **FLLIPSE | 18 | 多段线编辑 | PE | *PEDIT |
| 13 | 面域 | REG | *REGION | 19 | 修改文本 | ED | *DDEDIT |
| 14 | 多行文本 | MT | *MTEXT | 标注 | | | |
| 15 | 单行文本 | T | *MTEXT | 1 | 直线标注 | DLI | *DIMLINEAR |
| 16 | 块定义 | B | *BLOCK | 2 | 对齐标注 | DAL | *DIMALIGNED |
| 17 | 插入块 | I | *INSERT | 3 | 半径标注 | DRA | *DIMRADIUS |
| 18 | 定义块文件 | W | *WBLOCK | 4 | 直径标注 | DDI | *DIMDIAMETER |
| 19 | 等分 | DIV | *DIVIDE | 5 | 角度标注 | DAN | *DIMANGULAR |
| 20 | 填充 | H | *BHATCH | 6 | 中心标注 | DCE | *DIMCENTER |
| 21 | 切点 | TAN | *TANGENT | 7 | 点标注 | DOR | *DIMORDINATE |
| 修改 | | | | 8 | 标注形位公差 | TOL | *TOLERANCE |
| 1 | 撤销 | U | Undo | 9 | 快速引出标注 | LE | *QLEADER |
| 2 | 复制 | CO | *COPY | 10 | 基线标注 | DBA | *DIMBASELINE |
| 3 | 镜像 | MI | *MIRROR | 11 | 标注样式 | D | *DIMSTYLE |
| 4 | 阵列 | AR | *ARRAY | 12 | 编辑标注 | DED | *DIMEDIT |
| 5 | 偏移 | O | *OFFSET | 13 | 连续标注 | DCO | *DIMCONTINUE |

续表

| | | | | | | | |
|---|---|---|---|---|---|---|---|
| CTRL 组合 | | | | 11 | 输入文件 | IMP | *IMPORT |
| 1 | 修改特性 | CTRL+1 | *PROPERTIES | 12 | 设置极轴追踪 | DS | *DSETTINGS |
| 2 | 设计中心 | CTRL+2 | *ADCENTER | 13 | 设置捕捉模式 | OS | *OSNAP |
| 3 | 打开文件 | CTRL+O | *OPEN | 14 | 输出其他格式文件 | EXP | *EXPORT |
| 4 | 新建文件 | CTRL+N | *NEW 或+M | 15 | 重命名 | REN | *RENAME |
| 5 | 打印文件 | CTRL+P | *PRINT | 16 | 重新生成 | RE | *REDRAW |
| 6 | 保存文件 | CTRL+S | *SAVE | 17 | 命名视图 | V | *VIEW |
| 7 | 放弃 | CTRL+Z | *UNDO | 18 | 工具栏 | TO | *TOOLBAR |
| 8 | 剪切 | CTRL+X | *CUTCLIP | 19 | 属性定义 | ATT | *ATTDEF |
| 9 | 复制 | CTRL+C | *COPYCLIP | 三维命令 | | | |
| 10 | 粘贴 | CTRL+V | *PASTECLIP | 1 | 三维拉伸 | EXT | *EXTRUD |
| 11 | 栅格捕捉 | CTRL+B | *SNAP | 2 | 三维旋转 | REV | *REVOLVE |
| 12 | 对象捕捉 | CTRL+F | *OSNAP | 3 | 三维坐标系 | UCS | |
| 13 | 栅格 | CTRL+G | *GRID | 4 | 并集 | UNI | *UNION |
| 14 | 正交 | CTRL+L | *ORTHO | 5 | 差集 | SU | *SUBTRACT |
| 15 | 对象追踪 | CTRL+W | | 6 | 交集 | IN | *INTERSECT |
| 16 | 极轴 | CTRL+U | | 功能键 | | | |
| 17 | 全选 | CTRL+A | | 1 | 帮助 | F1 | *HELP |
| 特性 | | | | 2 | 打开/关闭文本 | F2 | |
| 1 | 线型 | LT | *LINETYPE | 3 | 对象捕捉 | F3 | *OSNAP |
| 2 | 线宽 | LW | *LWEIGHT | 4 | 开/关“数字化仪” | F4 | |
| 3 | 线型比例 | LTS | *LTSCALE | 5 | 等轴测平面设置 | F5 | |
| 4 | 图形单位 | UN | *UNITS | 6 | 开/关“坐标” | F6 | |
| 5 | 属性匹配 | MA | *MATCHPROP | 7 | 开/关“栅格” | F7 | *GRIP |
| 6 | 文字样式 | ST | *STYLE | 8 | 开/关“正交” | F8 | *ORTHO |
| 7 | 设置颜色 | COL | *COLOR | 10 | 开/关“捕捉” | F9 | |
| 8 | 图层操作 | LA | *LAYER | 11 | 开/关“极轴追踪” | F10 | |
| 10 | 边界创建 | BO | *BOUNDARY | 12 | 开/关“捕捉追踪” | F11 | |

# 参考文献


[1] 沈凌. 工程制图及 CAD[M]. 北京：高等教育出版社，2020.

[2] 许妍. 中文版 AutoCAD2020 基础教程[M]. 北京：清华大学出版社，2020.

[3] 杨桂林，王英. 工程制图（第二版）[M]. 北京：中国铁道出版社，2021.

[4] 武荣. 工程制图 CAD 与识图（第二版）[M]. 北京：中国水利水电出版社，2017.

[5] 中国住房与城乡建设部. 房屋建筑制图统一标准：GB/T 50001—2017[M]. 北京：中国建筑工业出版社，2017.

[6] 中国国家铁路局. 铁道工程制图标准：TB/T 10058—2015[M]. 北京：中国铁道出版社，2015.

[7] 中国国家标准化管理委员会. 技术制图 图纸幅面和格式：GB/T 14689—2008[M]. 北京：中国标准出版社，2008.

[8] 中国国家标准化管理委员会. 技术制图 图样画法 剖面区域的表示法：GB/T 17453—2005[M]. 北京：中国标准出版社，2005.